大数据管理与应用
新形态精品教材

Access 2016

数据库教程

微课版 第 2 版

谢萍 周蓉 苏林萍◎编著

人民邮电出版社

北 京

图书在版编目（CIP）数据

Access 2016 数据库教程：微课版 / 谢萍，周蓉，苏林萍编著. -- 2 版. -- 北京：人民邮电出版社，2024. --（大数据管理与应用新形态精品教材）.
ISBN 978-7-115-65009-2

Ⅰ. TP311.132.3

中国国家版本馆 CIP 数据核字第 2024FX1976 号

内 容 提 要

全书以学生成绩管理数据库案例为主线，从建立空数据库开始，逐步讲解数据库中的表、查询、窗体、报表、宏、模块、VBA 程序设计与数据库编程等 Access 2016 的主要功能，并提供丰富的微课视频和习题，以便读者更好地掌握数据库理论知识；以图书馆借还书管理数据库项目实训为辅线，结合每章知识设计项目实训内容，帮助读者巩固和加深对所学知识的理解和掌握；以商品销售管理数据库实战演练为扩展训练，帮助读者提高应用数据库技术分析和处理数据的操作技能。

本书配有 PPT 课件、教学大纲、电子教案、课堂案例数据库、项目实训数据库、实战演练数据库、课后习题答案等教学资源，用书老师可在人邮教育社区免费下载使用。

本书符合最新版《全国计算机等级考试二级 Access 数据库程序设计考试大纲》的要求，可作为高等院校非计算机专业数据库应用技术相关课程的教材，也可作为"全国计算机等级考试二级 Access 数据库程序设计"科目考试的参考资料。

◆ 编　著　谢　萍　周　蓉　苏林萍
　　责任编辑　王　迎
　　责任印制　胡　南

◆ 人民邮电出版社出版发行　　北京市丰台区成寿寺路 11 号
　　邮编　100164　电子邮件　315@ptpress.com.cn
　　网址　https://www.ptpress.com.cn
　　北京市艺辉印刷有限公司印刷

◆ 开本：787×1092　1/16
　　印张：15　　　　　　　　　　2024 年 10 月第 2 版
　　字数：365 千字　　　　　　　2025 年 7 月北京第 3 次印刷

定价：59.80 元

读者服务热线：(010)81055256　印装质量热线：(010)81055316
反盗版热线：(010)81055315

数据库技术是计算机应用最广泛的领域之一，随着计算机数据处理技术的迅速发展，数据库技术的应用范围和领域也在不断扩大。为了适应数据库技术广泛应用的现状，提高学生的数据库技术应用水平，许多高等院校开设了数据库应用技术相关课程。

本书以党的二十大报告指出的"实施科教兴国战略，强化现代化建设人才支撑"为指导思想，在第 1 版的基础上，结合编者在教学中的实际使用情况和广大读者的反馈意见修订而成。第 2 版在保留第 1 版教材原有特点的基础上，增加了"学习目标""课堂案例""项目实训"和"实战演练"等模块。本书特色如下。

（1）学习目标明确。在每章开头增加了"学习目标"，便于读者明确需要掌握的知识点。

（2）内容翔实，覆盖面广。全书以学生成绩管理数据库课堂案例为主线，从建立空数据库开始，逐步讲解数据库中的表、查询、窗体、报表、宏、模块、VBA 程序设计与数据库编程等 Access 2016 的主要功能。

（3）形式新颖，配有微课视频。全书按照每章的知识点结构，针对重点和难点录制了微课视频。每个微课视频都有明确的教学目标，集中讲解一个知识点，方便读者反复播放学习，是对课堂教学的有益补充。

（4）理论与实际相结合。每章不仅介绍了数据库相关的理论知识，而且新增了丰富的课堂案例，应用场景非常贴近读者的日常生活，使读者更容易理解与掌握相关的理论知识。

（5）注重操作技能。全书以图书馆借还书管理数据库项目实训为辅线，以商品销售管理数据库实战演练为扩展训练，帮助读者提高应用数据库技术分析和处理数据的操作技能。

本书符合新版《全国计算机等级考试二级 Access 数据库程序设计考试大纲》的要求。

本书的参考学时为 64 学时，建议采用理论和项目实训并行的教学模式，各章的理论教学学时和项目实训学时分配见下表。

章	理论教学学时数	项目实训学时数
第 1 章 数据库基础	4	2
第 2 章 Access2016 数据库的创建	2	2
第 3 章 表	4	4
第 4 章 查询	4	4
第 5 章 SQL 查询	4	4
第 6 章 窗体	4	4
第 7 章 报表	2	2
第 8 章 宏	2	2
第 9 章 VBA 程序设计与数据库编程	6	8
学时总计	32	32

  本书由华北电力大学的一线教师谢萍、周蓉和苏林萍编写，3 位编者多次获得华北电力大学教学优秀奖，教学经验丰富，已出版多部 Excel、Access、MySQL、Python 等方面的教材。其中，第 1 章、第 2 章、第 3 章和第 6 章由谢萍编写，第 4 章、第 5 章和第 9 章由苏林萍编写，第 7 章和第 8 章由周蓉编写。全书由谢萍统稿。

  为更好地辅助教师使用本书进行教学工作，本书提供 PPT 课件、教学大纲、电子教案、课堂案例数据库、项目实训数据库、实战演练数据库、课后习题答案等教学资源，用书教师可从人邮教育社区（https://www.ryjiaoyu.com）免费下载使用。

  由于编者水平有限，书中难免存在不妥之处，恳请广大读者批评指正。

编 者

目录

第1章　数据库基础 ················· 1

1.1　数据库概述 ···················· 1

1.1.1　数据管理技术的发展历程 ······· 1

1.1.2　数据库系统的组成 ············· 4

1.1.3　数据库系统的特点 ············· 5

1.1.4　数据库系统的内部体系结构 ···· 5

1.2　数据模型 ······················ 6

1.2.1　数据模型中的相关概念 ········· 6

1.2.2　数据模型分类 ················· 8

1.3　关系数据库 ···················· 9

1.3.1　关系数据库的基本术语 ········· 9

1.3.2　关系的基本性质 ··············· 11

1.3.3　关系完整性约束 ··············· 11

1.3.4　关系运算 ····················· 11

1.4　Access数据库设计基础 ········· 16

1.4.1　Access数据库设计步骤 ········· 16

1.4.2　数据库规范化 ················· 16

1.5　课堂案例：学生成绩管理数据库
设计 ·························· 19

【理论练习】 ····················· 20

【项目实训】图书馆借还书管理数据库
设计 ······················· 21

【实战演练】商品销售管理数据库
设计 ······················· 22

第2章　Access 2016数据库的创建 ····· 23

2.1　Access 2016的工作环境 ········· 23

2.2　Access 2016数据库的创建 ······· 25

2.3　Access 2016数据库中的对象 ····· 27

2.4　Access 2016数据库的常用操作 ··· 29

2.4.1　打开和关闭数据库 ············· 30

2.4.2　备份数据库 ··················· 31

2.4.3　生成ACCDE文件 ············· 31

2.5　课堂案例：创建学生成绩管理
数据库 ························ 32

【理论练习】 ····················· 32

【项目实训】创建图书馆借还书管理
数据库 ······················ 33

【实战演练】创建商品销售管理
数据库 ······················ 33

第3章　表 ························· 34

3.1　表结构设计 ···················· 34

3.1.1　字段名称的命名规定 ··········· 35

3.1.2　字段的数据类型 ··············· 35

3.1.3　表结构的设计 ················· 37

3.2　创建表 ························ 38

3.2.1　使用数据表视图创建表 ········· 39

3.2.2　使用表设计视图创建表 ········· 40

3.2.3 设置表的主键 ………… 41
3.2.4 修改表的结构 ………… 41
3.2.5 设置字段的属性 ………… 42
3.3 建立表之间的联系 ………… 46
3.4 表数据的操作 ………… 47
3.4.1 表数据的录入 ………… 48
3.4.2 表数据的编辑 ………… 50
3.4.3 表数据的导入和导出 ………… 50
3.4.4 表数据的排序 ………… 53
3.4.5 表数据的筛选 ………… 55
3.5 表的外观设置 ………… 57
3.6 表的复制、删除和重命名 ………… 60
3.7 课堂案例：学生成绩管理
数据库表 ………… 61
【理论练习】 ………… 67
【项目实训】图书馆借还书管理
数据库表 ………… 68
【实战演练】商品销售管理数据库表 … 71

第 4 章 查询 ………… 72

4.1 查询概述 ………… 72
4.1.1 查询的类型 ………… 72
4.1.2 查询的视图 ………… 73
4.1.3 查询的创建方法 ………… 73
4.2 选择查询 ………… 75
4.2.1 使用查询向导创建选择
查询 ………… 75
4.2.2 使用查询设计创建选择
查询 ………… 76
4.2.3 查询的运行和修改 ………… 77
4.3 设置查询条件 ………… 77
4.3.1 表达式与表达式生成器 ………… 78
4.3.2 在设计网格中设置查询
条件 ………… 82
4.4 设置查询的计算 ………… 83

4.4.1 预定义计算 ………… 83
4.4.2 自定义计算 ………… 85
4.5 交叉表查询 ………… 85
4.5.1 使用查询向导创建交叉表
查询 ………… 85
4.5.2 使用查询设计创建交叉表
查询 ………… 86
4.6 参数查询 ………… 87
4.7 操作查询 ………… 89
4.8 课堂案例：学生成绩管理数据库
查询 ………… 92
【理论练习】 ………… 95
【项目实训】图书馆借还书管理数据库
查询 ………… 96
【实战演练】商品销售管理数据库
查询 ………… 97

第 5 章 SQL 查询 ………… 98

5.1 SQL 视图 ………… 98
5.2 SQL 语句 ………… 99
5.2.1 SELECT 语句 ………… 99
5.2.2 数据分组和聚合函数 ………… 102
5.2.3 多表连接查询 ………… 104
5.3 SQL 数据定义 ………… 107
5.4 SQL 数据操作 ………… 108
5.5 SQL 特定查询 ………… 110
5.6 课堂案例：学生成绩管理数据库
的 SQL 查询 ………… 112
【理论练习】 ………… 114
【项目实训】图书馆借还书管理数据库
的 SQL 查询 ………… 115
【实战演练】商品销售管理数据库的
SQL 查询 ………… 115

第 6 章 窗体 ………… 117

6.1 窗体概述 ………… 117
6.1.1 窗体的视图模式 ………… 117

6.1.2 窗体的类型 ················ 117

6.2 自动创建窗体 ················ 118

6.3 使用窗体向导创建窗体 ······ 120

6.4 使用导航创建窗体 ·········· 121

6.5 使用设计视图创建窗体 ······ 122

　　6.5.1 窗体的设计视图 ·········· 123

　　6.5.2 属性表 ·················· 124

　　6.5.3 控件的类型和功能 ······ 126

　　6.5.4 控件的基本操作 ········ 127

　　6.5.5 常用控件的使用 ········ 129

6.6 课堂案例：学生成绩管理数据库
　　　窗体 ······················ 140

【理论练习】 ······················ 146

【项目实训】图书馆借还书管理数据库
　　　　　　窗体 ·················· 147

【实战演练】商品销售管理数据库
　　　　　　窗体 ·················· 148

第7章　报表 ······················ 150

7.1 报表概述 ···················· 150

　　7.1.1 报表的类型 ············ 150

　　7.1.2 报表的组成 ············ 151

　　7.1.3 报表的视图模式 ········ 151

7.2 创建报表 ···················· 152

　　7.2.1 使用"报表"按钮创建
　　　　　报表 ················ 152

　　7.2.2 使用"空报表"按钮创建
　　　　　报表 ················ 153

　　7.2.3 使用"报表向导"按钮创建
　　　　　报表 ················ 154

　　7.2.4 使用"报表设计"按钮创建
　　　　　报表 ················ 156

　　7.2.5 创建图表报表 ·········· 158

　　7.2.6 创建标签报表 ·········· 160

7.3 编辑报表 ···················· 162

7.3.1 报表中记录的排序与分组····· 162

7.3.2 报表中计算控件的使用 ········ 165

7.3.3 在报表中添加日期和时间及
　　　页码 ···················· 166

7.4 报表的打印 ·················· 166

7.5 课堂案例：学生成绩管理数据库
　　　报表 ······················ 167

【理论练习】 ······················ 170

【项目实训】图书馆借还书管理数据库
　　　　　　报表 ·················· 170

【实战演练】商品销售管理数据库
　　　　　　报表 ·················· 171

第8章　宏 ························ 172

8.1 宏概述 ······················ 172

　　8.1.1 宏的概念 ·············· 172

　　8.1.2 宏的类型 ·············· 173

　　8.1.3 宏的设计视图 ·········· 173

8.2 创建宏 ······················ 174

　　8.2.1 创建独立宏 ············ 175

　　8.2.2 创建宏组和子宏 ········ 176

　　8.2.3 创建嵌入宏 ············ 176

　　8.2.4 创建数据宏 ············ 180

8.3 编辑宏 ······················ 181

8.4 运行宏 ······················ 182

8.5 课堂案例：学生成绩管理
　　　数据库宏 ·················· 182

【理论练习】 ······················ 185

【项目实训】图书馆借还书管理
　　　　　　数据库宏 ············ 185

【实战演练】商品销售管理数据库宏····186

第9章　VBA 程序设计与数据库编程···187

9.1 模块概述 ···················· 187

　　9.1.1 模块的分类 ············ 187

　　9.1.2 模块的组成 ············ 187

9.2 VBA 程序设计概述·············189
　9.2.1 对象和对象名 ·········189
　9.2.2 对象的属性 ···········190
　9.2.3 对象的方法 ···········191
　9.2.4 对象的事件和事件过程·····192
　9.2.5 DoCmd 对象 ··········193
9.3 VBA 程序开发环境··········193
　9.3.1 VBE 窗口的打开 ·······193
　9.3.2 VBE 窗口的组成 ·······194
　9.3.3 VBE 窗口中编写代码·····195
9.4 VBA 程序基础 ············196
　9.4.1 数据类型 ············196
　9.4.2 常量、变量与数组 ·····196
　9.4.3 表达式 ·············199
9.5 VBA 程序语句 ············199
　9.5.1 语句的书写规则 ·······200
　9.5.2 声明语句 ············200
　9.5.3 赋值语句 ············200
　9.5.4 注释语句 ············201
　9.5.5 输入语句和输出语句 ····201

9.6 VBA 程序的控制结构 ·······203
　9.6.1 顺序结构 ············204
　9.6.2 选择结构 ············205
　9.6.3 循环结构 ············210
9.7 VBA 自定义过程 ··········215
　9.7.1 子过程声明和调用·······215
　9.7.2 函数声明和调用 ·······217
9.8 VBA 程序调试 ············218
　9.8.1 错误类型 ············218
　9.8.2 程序调试 ············218
9.9 VBA 数据库编程 ··········219
　9.9.1 ADO 概述 ···········219
　9.9.2 ADO 主要对象 ········220
　9.9.3 操作记录集中的数据 ····222
9.10 课堂案例：学生成绩管理数据库
　　 的 VBA 编程············227
【理论练习】 ··············231
【项目实训】图书馆借还书管理数据库
　　 的 VBA 编程············231
【实战演练】商品销售管理数据库的 VBA
　　 编程················232

第1章 数据库基础

数据库技术主要研究如何科学地组织和管理数据，以提供可共享的、安全可靠的数据。本章主要介绍数据管理技术的发展历程、数据库系统、数据模型、关系数据库的基本术语和关系运算等基础理论知识，以及 Access 数据库设计基础。

【学习目标】

- 掌握数据库系统的组成和内部体系结构。
- 了解常见的数据模型。
- 掌握关系数据库的基本术语及关系运算。
- 了解 Access 数据库设计步骤。

1.1 数据库概述

从最初的人工管理到当今的各种数据库系统，计算机的数据管理方式发生了翻天覆地的变化。数据库技术作为数据管理的有效手段，极大地促进了计算机应用的发展。目前，许多单位的业务开展都离不开数据库系统，如学校的教务管理、银行业务、证券市场业务、飞机票/火车票的订票业务、超市业务和电子商务等。

1.1.1 数据管理技术的发展历程

自从世界上第一台电子数字计算机诞生以来，数据管理技术经历了人工管理、文件系统和数据库系统 3 个阶段。

1-1 数据管理技术的发展历程

> 数据管理是利用计算机技术对数据进行有效地收集、存储、处理和应用的过程。

1. 人工管理阶段

在 20 世纪 50 年代中期以前，受到当时的计算机软硬件技术的限制，计算机主要用于科学计算。硬件方面，外部存储设备只有磁带、卡片和纸带；软件方面，既没有操作系统，也没有可进行数据管理的软件。在这个阶段，计算机没有数据管理功能，程序员将程序和数据编写在一起，每个程序都有属于自己的一组数据，程序之间不能共享数据，即便是几个程序处理同一批数据，也必须重复存储，数据冗余度很大。人工管理阶段应用程序与数据的关系如图 1-1 所示。

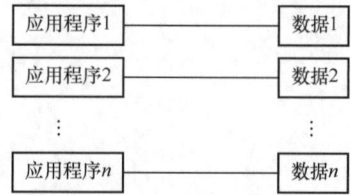

图 1-1　人工管理阶段应用程序与数据的关系

例如，分别编写程序求出 10 个整数的最大值和最小值，采用人工管理方式的 C 语言程序示例如图 1-2 所示。

```
/*程序1：求10个整数的最大值*/
#include<stdio.h>
int main( )
{
    int i, max;
    int a[10]={23, 45, 79, 12, 31, 98, 38, 56, 81, 92};
    max=a[0];
    for(i=1; i<10; i++)
        if(max<a[i])    max=a[i];
    printf ("最大值为%d", max);
}
```

```
/*程序2：求10个整数的最小值*/
#include<stdio.h>
int main( )
{
    int i, min;
    int a[10]={23, 45, 79, 12, 31, 98, 38, 56, 81, 92};
    min=a[0];
    for(i=1; i<10; i++)
        if(min>a[i])    min=a[i];
    printf ("最小值为%d", min);
}
```

图 1-2　人工管理阶段应用程序与数据处理程序示例

从这个例子可以看出，在人工管理阶段，程序和数据是不可分割的整体。每个程序都有自己的数据，而且数据与程序之间不独立，完全依赖于程序，根本无法实现数据共享，造成严重的数据冗余。

2. 文件系统阶段

在 20 世纪 60 年代中期，计算机不仅用于科学计算，还大量用于信息处理。硬件上已经有了可直接存取的外部存储设备（如磁盘），软件上出现了操作系统。在这个阶段，数据能够以文件的形式存储在外存上，由操作系统中的文件系统统一管理，按名存取。这就使得程序与数据可以分离，程序与数据之间有了一定的独立性。不同应用程序可以共享一组数据，实现了以文件为单位的数据共享。文件系统阶段应用程序与数据的关系如图 1-3 所示。

例如，同样是分别编写程序求出 10 个整数的最大值和最小值，采用文件系统管理方式时，可以将这 10 个整数存放在一个文本文件（如 data.txt）中，用 Windows 的附件程序"记事本"就可以编辑文本文件，如图 1-4 所示。然后，让应用程序从该文件中获得数据，实现数据共享。具体的 C 语言程序示例如图 1-5 所示。此外，如果想继续求出另外 10 个整数的最大值和最小值，不需要改变程序，只需要修改文本文件（data.txt）中的数据，从而使程序与数据具有了一定的独立性。

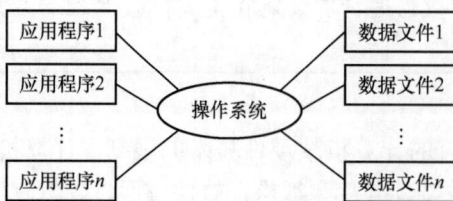

图 1-3　文件系统阶段应用程序与数据的关系

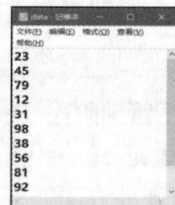

图 1-4　data.txt 文本文件

```
/*程序3: 求文件中10个整数的最大值*/
#include<stdio.h>
#include<limits.h>
int main( )
{
    int i, x, max=INT_MIN;
    FILE *fp;
    fp=fopen("e:\data.txt", "r");        /*打开文件*/
    for(i=0;i<10;i++)
    {
        fscanf(fp, "%d", &x);        /*从文件中读取数据*/
        if(max<x)    max=x;
    }
    printf("最大值为%d", max);
    fclose(fp);                          /*关闭文件*/
}
```

```
/*程序4: 求文件中10个整数的最小值*/
#include<stdio.h>
#include<limits.h>
int main( )
{
    int i, x, min=INT_MAX;
    FILE *fp;
    fp=fopen("e:\data.txt", "r");        /*打开文件*/
    for(i=0;i<10;i++)
    {
        fscanf(fp, "%d", &x);        /*从文件中读取数据*/
        if(min>x)    min=x;
    }
    printf("最小值为%d", min);
    fclose(fp);                          /*关闭文件*/
}
```

图 1-5　文件系统阶段应用程序与数据处理程序示例

从这个例子可以看出，在文件系统阶段，数据可以长期保存，由文件系统统一管理。但由于文件中只保存了数据，并未存储数据的结构信息，这导致读取文件数据的操作必须在程序中实现，从而使程序与数据之间的独立性仍然有局限性，数据不能完全脱离程序。

3. 数据库系统阶段

在 20 世纪 60 年代后期，随着计算机应用范围日益广泛，数据管理的规模越来越大，为了解决数据的独立性问题，实现数据的统一管理，达到数据共享的目的，数据库技术应运而生。在数据库系统阶段，应用程序通过数据库管理系统获取数据，实现数据共享。数据库系统阶段应用程序与数据的关系如图 1-6 所示。数据库系统提供了对数据更高级、更有效的管理，使数据不再面向特定的某个应用，而是面向多个应用甚至整个应用系统。

例如，同样是求 10 个整数的最大值和最小值，采用数据库系统管理方式时，可以将这 10 个整数存放在 Access 数据库的一个 data 表（见图 1-7）中，然后通过 Access 数据库管理系统提供的结构化查询语言（Structured Query Language，SQL），编写相应的查询语句就能够得出结果。

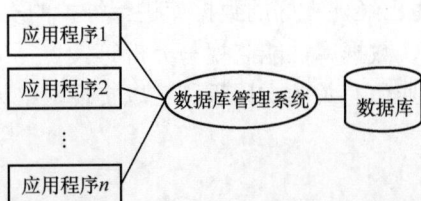

图 1-6　数据库系统阶段应用程序与数据的关系

图 1-7　data 表

求最大值的 SQL 查询语句为：Select Max(Num) From data

求最小值的 SQL 查询语句为：Select Min(Num) From data

其中，Select 是查询命令，Max() 是求最大值的函数，Min() 是求最小值的函数，data 是存放数据的表名，Num 是表中具体存放数据的列（字段）名称。

从这个例子可以看出，在数据库系统阶段，数据库中不仅保存了数据，还保存了数据的结构信息（如 Num 列），应用程序可以不考虑数据的存取问题，具体的工作由数据库管理系统完成。只有在数据库系统阶段，数据才真正实现了独立和共享。

随着数据量的不断增大和数据应用场景的不断扩展，各个行业、领域对数据库技术提出了更高的需求。除了传统的数据库系统（层次数据库系统、网状数据库系统和关系数据库系统），还出现了分布式数据库系统、面向对象数据库系统和多媒体数据库系统等。目前，大数据、云计算、人工智能已经成为未来数据库技术的发展趋势。

1.1.2 数据库系统的组成

1-2 数据库系统的组成

数据库系统（DataBase System，DBS）是指引入数据库技术后的计算机系统。DBS 实际上是一个集合体，除了计算机硬件系统和操作系统，还包括数据库、数据库管理系统、应用程序和相关人员等，如图 1-8 所示。

1. 数据库

数据库（DataBase，DB）是按照一定方式组织起来的有联系、可共享的数据集合。数据库中的数据按照一定的数据模型进行组织、描述和存储，能够被多个用户共享，并独立于应用程序。

2. 数据库管理系统

数据库管理系统（DataBase Management System，DBMS）是数据库系统的核心软件，在操作系统的支持下工作，为用户提供使用数据库的界面。DBMS 的基本功能如下。

图 1-8 数据库系统的组成

（1）数据定义：DBMS 提供了数据定义语言（Data Description Language，DDL）供用户定义数据库的结构、数据之间的联系等。

（2）数据操作：DBMS 提供了数据操作语言（Data Manipulation Language，DML）来满足用户对数据库提出的各种要求，以实现数据的插入、修改、删除和检索等基本操作。

（3）数据库运行控制：DBMS 提供了数据控制语言（Data Control Language，DCL）来实现对数据库的并发控制、安全性检查和完整性约束等功能。

（4）数据库维护：DBMS 提供了一些可用于对已经建立好的数据库进行维护的实用程序，包括数据库的备份与恢复、数据库的重组与重构、数据库性能监视与分析等。

（5）数据库通信：DBMS 还提供了与数据库通信有关的实用程序，以实现网络环境下的数据库通信功能。

3. 应用程序

应用程序是指利用各种开发工具开发的、用以满足特定应用环境要求的程序。不管使用什么数据库管理系统和开发工具，应用程序的运行模式主要分为两种：客户机/服务器（Client/Server，C/S）模式和浏览器/服务器（Browser/Server，B/S）模式。

腾讯 QQ 软件就属于 C/S 模式，需要在客户机上安装专门的应用程序，后台的数据库主要完成数据的管理工作，因此需要开发客户机端应用程序。

互联网上的购物网站就属于 B/S 模式。只需要在客户机上安装浏览器（如 Microsoft Edge），用户即可通过浏览器访问购物网站，但在 B/S 模式下需要开发服务器端 Web 应用程序。

4. 相关人员

相关人员主要包括数据库管理员、应用程序开发人员和最终用户 3 类。

（1）数据库管理员（DataBase Administrator，DBA）：负责确定数据库的存储结构和存取

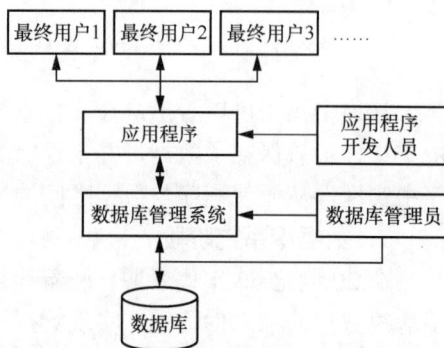

策略, 定义数据库的安全性要求和数据完整性约束条件, 监控数据库的使用和运行。

（2）应用程序开发人员：负责应用程序的需求分析、数据库设计、编写访问数据库的应用程序等方面的工作。

（3）最终用户：通过应用程序的接口或数据库查询语言访问数据库。

1.1.3 数据库系统的特点

数据库系统具有以下特点。

1. 数据集成性强

数据库系统具有很强的数据集成性, 体现在数据库系统中的数据不是仅针对某一个应用程序, 而是将与多个应用程序相关的数据存放在同一个数据库中, 从而实现数据的集成管理, 可以避免数据之间的不相容与不一致。

2. 数据共享性高且冗余度低

因为数据库中的数据是与多个应用程序相关的, 所以数据可以被多个用户或多个应用程序共享使用, 因此数据库系统可以大大降低数据冗余度, 节省存储空间。

3. 数据独立性高

数据独立性是指数据和应用程序相互独立。把数据的定义从程序中分离出去, 并且数据的存取由 DBMS 来负责, 这使开发人员可以把更多的精力放在应用程序的编写上, 从而能大大减少应用程序维护和修改的工作量。数据独立性包括逻辑独立性和物理独立性。

- 逻辑独立性：是指用户的应用程序与数据的总体逻辑结构是相互独立的, 即当数据的总体逻辑结构改变时, 只要局部逻辑结构不变, 那么应用程序就可以不变。例如, 增加新的数据项、增加或删除数据之间的联系, 都不必修改原有的应用程序。
- 物理独立性：是指当数据的物理存储结构改变时, 数据的逻辑结构不会改变, 因而应用程序也不必改变。例如, 当用户改变数据库的存储位置（存到另一个磁盘上）时, 不必修改原有的应用程序。

4. 数据由 DBMS 统一管理和控制

DBMS 提供了一套有效的数据管理和控制手段, 以保证数据库中数据的安全可靠和正确有效, 主要包括数据的安全性控制、数据的完整性检查、数据库的并发访问控制和数据库的故障恢复等功能。

1.1.4 数据库系统的内部体系结构

数据库系统的内部体系结构是三级模式和二级映射结构, 如图1-9所示。

1-3 数据库系统的内部体系结构

三级模式分别是外模式、概念模式和内模式, 二级映射分别是外模式到概念模式的映射和概念模式到内模式的映射。

1. 数据库系统的三级模式

- 外模式：也称为子模式或用户模式, 它是对数据库用户（包括应用程序开发人员和最终用户）能够看见和使用的局部数据逻辑结构的描述, 是与某一应用程序相关的数据的逻辑表示。
- 概念模式：也称为逻辑模式, 它是对数据库中全局数据逻辑结构的描述, 是所有用户（或应用程序）的公共数据视图。它不涉及具体的硬件环境与平台, 也与具体的软件环境无关。针对不同的用户需求, 一个概念模式可以有若干个外模式。

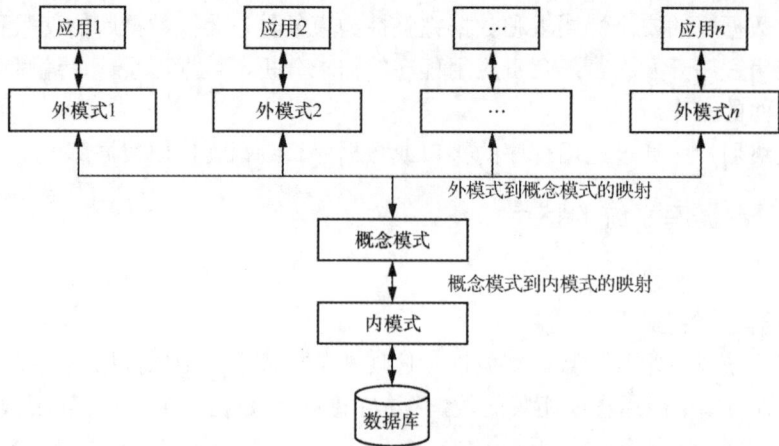

图 1-9　数据库系统的内部体系结构

- 内模式：也称为存储模式或物理模式，它是对数据库物理结构和存储方法的描述，是数据在存储介质上的保存方式。内模式对一般用户是透明的，一般用户通常不需要关心内模式的具体实现细节，但它的设计会直接影响到数据库的性能。

数据库系统的三级模式反映了 3 个不同的环境及要求，其中，内模式处于最底层，它反映了数据在计算机中的实际存储形式；概念模式处于中间层，它反映了设计者的数据全局逻辑要求；而外模式处于最高层，它反映了用户对数据的要求。一个数据库系统通常只有一个内模式和概念模式，但可以有多个外模式。

2．数据库系统的二级映射

- 外模式到概念模式的映射：是指外模式与概念模式之间的对应关系。外模式是用户的局部模式，而概念模式是全局模式。当概念模式发生改变时，由数据库管理员负责改变相应的映射关系，使外模式保持不变，也就没有必要修改应用程序，从而保证了数据的逻辑独立性。

- 概念模式到内模式的映射：是指数据的全局逻辑结构与物理存储结构间的对应关系。当数据库的存储结构发生改变时，由数据库管理员负责改变相应的映射关系，使概念模式保持不变，从而保证了数据的物理独立性。

1.2　数据模型

计算机不能直接处理现实世界中的具体事物，需要采用数据模型对事物的特征信息进行描述、组织并将其转换成数据，然后按一定方式进行处理。数据模型是数据库系统设计的核心，数据库管理系统的实现通常是建立在某种数据模型的基础之上的。

1.2.1　数据模型中的相关概念

这里主要介绍实体、属性、实体集、实体之间的联系以及 E-R 图等数据模型中的基本概念。

1-4　数据模型中的相关概念

1．实体

客观存在并可相互区别的事物称为实体。实体可以是具体的人、事、物，也可以是抽象的概念。例如，一个学生、一名教师、一门课程、一本书等。

2．属性

描述实体的特性称为属性。一个实体可以由若干个属性来刻画，如一个学生实体有学号、姓名、性别、出生日期、班级等方面的属性。属性的具体取值称为属性值。例如，某一个男学生实体的"性别"属性的属性值应是"男"。

3．实体集

同类型实体的集合称为实体集。例如，对于"学生"实体来说，全体学生就是一个实体集；对于"课程"实体来说，学校开设的所有课程也是一个实体集。

4．实体之间的联系

实体之间的联系是指两个不同实体集之间的联系。实体集 A 与实体集 B 之间的联系可分为 3 种类型。

- 一对一联系（1：1）。实体集 A 中的一个实体最多与实体集 B 中的一个实体相对应，反之亦然，则称实体集 A 与实体集 B 之间是一对一联系。例如，一个班级只有一位班长，而一位班长也只能管理一个班级，所以班级和班长两个实体集是一对一联系。

- 一对多联系（1：n）。对于实体集 A 中的一个实体，实体集 B 中可以有多个实体与之对应；反之，对于实体集 B 中的一个实体，实体集 A 中最多只有一个实体与之对应，则称实体集 A 与实体集 B 之间是一对多联系。例如，一个班级有多个学生，而一个学生只能属于一个班级，所以班级和学生两个实体集是一对多联系。

- 多对多联系（m：n）。对于实体集 A 中的一个实体，实体集 B 中可以有多个实体与之对应；反之，对于实体集 B 中的一个实体，实体集 A 中也可以有多个实体与之对应，则称实体集 A 与实体集 B 之间是多对多联系。例如，一个学生可以选修多门课程，而一门课程也可以被多个学生选修，所以学生和课程两个实体集是多对多联系。

5．E-R 图

实体联系（Entity-Relationship，E-R）方法是使用最广泛的数据模型表示方法，该方法使用 E-R 图来描述现实世界中的实体（实体集）以及实体之间的联系。E-R 图使用 3 种图形来分别描述实体、属性和联系。

- 实体：用矩形表示，矩形内写明实体的名称。
- 属性：用椭圆表示，椭圆内写明属性名，并用线条将其与对应的实体连接起来。
- 联系：用菱形表示，菱形内写明联系名，并分别用线条将其与有关的实体连接起来，同时标注联系的类型。

图 1-10 中的 E-R 图示例从左到右分别显示了学生实体及其属性、班级与班长两个实体集之间的一对一联系、班级与学生两个实体集之间的一对多联系及学生与课程两个实体集之间的多对多联系。

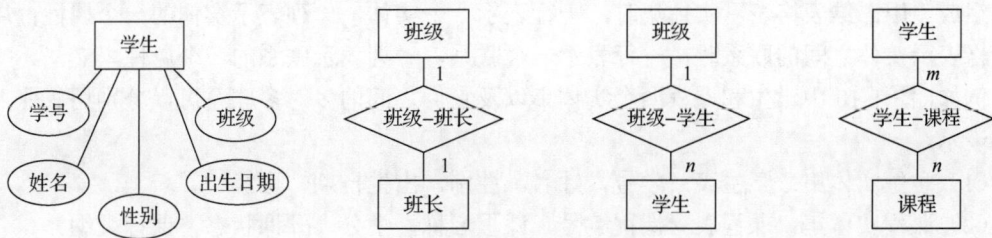

图 1-10 E-R 图示例

1.2.2　数据模型分类

常用的数据模型有 3 种类型：层次模型、网状模型和关系模型。

1．层次模型

层次模型是按照层次结构组织数据的数据模型，用树形结构表示实体之间的联系，具有以下两个特点。

（1）有且仅有一个根结点（没有父结点的结点）。

（2）除根结点之外的其他结点有且只有一个父结点。

层次模型只能反映实体间的一对多联系，具有层次清晰、构造简单、处理方便等优点，但不能表示含有多对多联系的复杂结构。图 1-11 所示为院系数据库的层次模型示例，树根为院系，每一个院系都有自己的学生、开设的课程以及教师。

图 1-11　层次模型示例

2．网状模型

网状模型是按照网状结构组织数据的数据模型，易于表现实体间的多对多联系，具有以下两个特点。

（1）允许一个以上的结点没有父结点。

（2）一个结点可以有多个父结点。

网状模型能更好地描述现实世界，但其结构复杂，用户不容易掌握。图 1-12 所示为学生、教师和课程 3 个实体之间的联系的网状模型示例。由于学生要学习课程，而教师要讲授课程，所以学生和教师都与课程有联系。

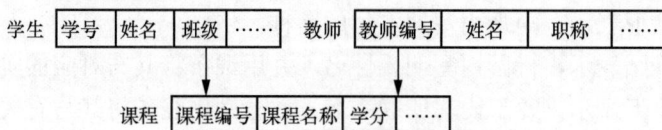

图 1-12　网状模型示例

3．关系模型

关系模型是用二维表格来表示实体集及实体之间联系的模型。二维表格由表头和若干行数据组成。用二维表格表示实体集时，一行表示一个实体，一列表示实体的一个属性；用二维表格表示实体之间的联系时，一行表示一个联系，一列表示联系的一个属性。

例如，图 1-10 中学生和课程两个实体集以及它们之间的多对多联系可以分别用 3 张二维表格表示。

（1）学生实体集：学生表（学号，姓名，性别，出生日期，班级）

（2）课程实体集：课程表（课程编号，课程名称，学分，开课状态，课程大纲）

（3）学生-课程之间的联系：选课成绩表（学号，课程编号，学年，学期，成绩）

表 1-1 所示为课程实体集的部分课程信息，表中一行表示一门课程，一列表示一个属性。其他实体集及实体之间的联系的详细信息将在后续章节中详细介绍。

表 1-1　　　　　　　　　　　　　　　课程表

课程编号	课程名称	学分	开课状态	课程大纲
10101400	学术英语	4	False	
10101410	通用英语	3	True	
10400350	模拟电子技术基础	3.5	True	
10500131	证券投资学	2	False	
10600200	C 语言程序设计	3.5	True	Microsoft Word 文档
10600611	数据库应用	3.5	True	Microsoft Word 文档
10700053	大学物理	3.5	False	
10700140	高等数学	4	True	
10700462	线性代数	3	True	

关系模型是建立在严格的数学概念基础上的，自出现以后就迅速发展。基于关系模型建立的数据库称为关系数据库。目前，世界上许多计算机软件开发商都开发了各自的关系数据库管理系统，如美国甲骨文公司的 Oracle、美国微软公司的 SQL Server、美国 Sybase 公司的 Sybase 以及美国 IBM 公司的 DB2 等大型的关系数据库管理系统。除此之外，还有一些小型的关系数据库管理系统，如 dBase、Visual FoxPro、Access、MySQL 等。本书主要介绍 Microsoft Office 2016 组件中的 Access 2016 关系数据库管理系统。

1.3　关系数据库

关系数据库是建立在关系模型基础上的数据库，是由若干张二维表格组成的集合，它借助于集合代数等概念和方法来处理数据库中的数据。

1.3.1　关系数据库的基本术语

这里主要介绍关系、属性（字段）、元组（记录）、分量、域、主关键字以及外部关键字等关系数据库中的基本术语。

1. 关系

关系是满足关系模型基本性质的二维表格，一个关系就是一张二维表格。对关系的描述称为关系模式，一个关系模式对应一个关系的结构。关系模式的一般格式如下。

关系名（属性名 1，属性名 2，…，属性名 n）

例如，表 1-1 课程表的关系模式为：课程表（课程编号，课程名称，学分，开课状态，课程大纲）。

2. 属性（字段）

二维表格中的一列称为一个属性，每一列都有一个属性名。在关系数据库中的一列称为一个字段，每个字段都有字段名称。例如，表 1-1 课程表中有 5 列，因此它有 5 个字段，其字段名称分别为课程编号、课程名称、学分、开课状态和课程大纲。

3．元组（记录）

二维表格中的一行称为一个元组，在关系数据库中的一行称为一条记录。例如，表 1-1 课程表中有 9 行，因此它有 9 条记录，其中的一行（如 10600611，数据库应用，3.5，True，Microsoft Word 文档）为一条记录。

4．分量

记录中的一个字段值称为一个分量。关系数据库要求每一个分量必须是不可分的数据项，即不允许表中还有表。例如，表 1-2 就不满足关系数据库的要求，因为"成绩"列包含了 3 个子列。要想满足关系数据库的要求，删掉"成绩"项，将"通用英语""高等数学"和"大学物理"直接作为基本字段即可，如表 1-3 所示。

表 1-2　　　　　　　　　　　　　不满足关系数据库的二维表格

学号	姓名	成绩		
		通用英语	高等数学	大学物理
1201010103	宋洪博	95	92	90
1201010105	刘向志	88	95	91
1201010230	李媛媛	92	82	79
1201030110	王　琦	76	65	71

表 1-3　　　　　　　　　　　　　满足关系数据库的二维表格

学号	姓名	通用英语	高等数学	大学物理
1201010103	宋洪博	95	92	90
1201010105	刘向志	88	95	91
1201010230	李媛媛	92	82	79
1201030110	王　琦	76	65	71

5．域

字段的取值范围称为域。例如，选课成绩表中的"成绩"字段只能输入整数值，而且只能在[0,100]的范围。

6．主关键字

关系中能够唯一标识一条记录的字段集（一个字段或几个字段的组合）称为主关键字，也称为主键或主码。例如，在学生表中，学号可以唯一确定一个学生，因此"学号"字段就可以设置为主关键字。在课程表中，课程编号可以唯一确定一门课程，因此"课程编号"字段就可以设置为主关键字。在选课成绩表中，一个学生可以选修多门课程，就有可能出现多条学号相同，课程编号不同的记录，但学号和课程编号可以唯一确定一个学生某门课程的成绩，因此可以将它们组合在一起作为主关键字。

7．外部关键字

如果一个字段集不是所在关系的主关键字，而是另一个关系的主关键字，则该字段集称为外部关键字，也称外键或外码。例如，在选课成绩表中，"学号"字段单独使用时不是主键，但它是学生表的主键，因此，选课成绩表中的"学号"字段是一个外部关键字。同理，选课成绩表中的"课程编号"字段也是一个外部关键字。

1.3.2 关系的基本性质

一个关系就是一张二维表格，但并不是所有的二维表格都是关系，关系应具有以下 7 个性质。

（1）元组（记录）个数有限。

（2）元组（记录）均各不相同。

（3）元组（记录）次序可以交换。

（4）元组（记录）的分量是不可分的基本数据项。

（5）属性（字段）名各不相同。

（6）属性（字段）次序可以交换。

（7）属性（字段）分量具有与该属性相同的值域。

由关系的基本性质可知，二维表格的每一行都是唯一的，而且每一列的数据类型都是相同的。

1.3.3 关系完整性约束

关系完整性约束是为了保证数据库中数据的正确性和相容性，对关系模型提出的某种约束条件或规则。完整性包括域完整性、实体完整性、参照完整性和用户定义完整性。其中域完整性、实体完整性和参照完整性是关系模型必须满足的完整性约束条件，而用户定义完整性是针对具体应用领域的关系模型需要遵循的约束条件。

1．域完整性

域完整性用于保证关系中每个字段取值的合理性。例如，字段的数据类型、格式、值域范围、是否允许空值等。以字段的数据类型为例，如果数据类型是整型，那么该字段就不能取任何非整数的数值。

2．实体完整性

实体完整性是指关系的主关键字既不能重复也不能取空值，因此组成主关键字的每一个字段值都不能为空值。例如，学生表的主关键字"学号"字段的值既不能重复也不能为空值，课程表的主关键字"课程编号"字段的值同样既不能重复也不能为空值。

3．参照完整性

参照完整性是建立在两个关系上的约束条件。关系数据库中通常包含多个存在相互联系的关系，关系与关系之间的联系是通过一个关系中的主关键字和另一个关系中的外部关键字实现的。参照完整性要求一个关系中外部关键字的取值只能是与其关联的关系中主关键字的值或空值。例如，选课成绩表中含有与学生表的主键"学号"相对应的外键字段，则选课成绩表中"学号"字段的取值只能是在学生表中已有学号的值或空值。

4．用户定义完整性

用户定义完整性是根据应用环境的要求和实际需要，对某一具体应用所涉及的数据提出约束性条件。例如，学生表中"性别"字段的值只能是"男"或"女"，选课成绩表中"成绩"字段的值只能在[0,100]的范围内取值。

1.3.4 关系运算

关系运算有两类：一类是传统的集合运算（并、交、差、广义笛卡儿积运算等），另一类是专门的关系运算（选择运算、投影运算、连接运算等）。关系运算的结果也是一个关系。

1. 传统的集合运算

1-5 传统的集合运算

传统的集合运算包括并、交、差和广义笛卡儿积运算。参与并、交、差运算的两个关系必须具有相同的结构。假设"喜欢唱歌的学生 R"和"喜欢跳舞的学生 S"是两个结构相同的关系，分别如表 1-4 和表 1-5 所示。下面基于这两个关系介绍集合的并、交、差运算。

表 1-4　喜欢唱歌的学生 R

学号	姓名	班级
1201010103	宋洪博	英语 2001
1201010105	刘向志	英语 2001
1201050102	唐明卿	财务 2001
1201041102	李 华	电气 2011
1201030110	王 琦	机械 2001

表 1-5　喜欢跳舞的学生 S

学号	姓名	班级
1201010103	宋洪博	英语 2001
1201010230	李媛媛	英语 2002
1201050101	张 函	财务 2001
1201050102	唐明卿	财务 2001
1201041102	李 华	电气 2011

（1）并运算。R 和 S 是两个结构相同的关系，则 R 和 S 两个关系的并运算可以记作 R∪S，运算结果是将两个关系的所有元组组成一个新的关系，若有相同的元组则只保留一个。喜欢唱歌的学生 R 和喜欢跳舞的学生 S 的并运算结果如表 1-6 所示。

表 1-6　　　　喜欢唱歌或喜欢跳舞的学生（R∪S）

学号	姓名	班级
1201010103	宋洪博	英语 2001
1201010105	刘向志	英语 2001
1201050102	唐明卿	财务 2001
1201041102	李 华	电气 2011
1201030110	王 琦	机械 2001
1201010230	李媛媛	英语 2002
1201050101	张 函	财务 2001

（2）交运算。R 和 S 是两个结构相同的关系，则 R 和 S 两个关系的交运算可以记作 R∩S，运算结果是将两个关系中的公共元组组成一个新的关系。喜欢唱歌的学生 R 和喜欢跳舞的学生 S 的交运算结果如表 1-7 所示。

（3）差运算。R 和 S 是两个结构相同的关系，则 R 和 S 两个关系的差运算可以记作 R-S，运算结果是将属于 R 但不属于 S 的元组组成一个新的关系。喜欢唱歌的学生 R 和喜欢跳舞的学生 S 的差运算结果如表 1-8 所示。

表 1-7　既喜欢唱歌又喜欢跳舞的学生（R∩S）

学号	姓名	班级
1201010103	宋洪博	英语 2001
1201050102	唐明卿	财务 2001
1201041102	李 华	电气 2011

表 1-8　喜欢唱歌但不喜欢跳舞的学生（R-S）

学号	姓名	班级
1201010105	刘向志	英语 2001
1201030110	王 琦	机械 2001

（4）广义笛卡儿积运算。假设 R 和 S 是两个结构不同的关系，R 有 m 个属性，i 个元组；S 有 n 个属性，j 个元组。则两个关系的广义笛卡儿积可以记作 R×S，运算结果是一个具有 $m+n$ 个属性，$i×j$ 个元组的关系。

假定学生 R 和课程 S 两个关系分别如表 1-9 和表 1-10 所示，则 R×S 的运算结果如表 1-11 所示。

表 1-9　　　学生 R

学号	姓名	班级
1201010103	宋洪博	英语 2001
1201010105	刘向志	英语 2001
1201050102	唐明卿	财务 2001

表 1-10　　　课程 S

课程编号	课程名称	学分
10600611	数据库应用	3.5
10700140	高等数学	4
10101410	通用英语	3

表 1-11　　　学生选修课程（R×S）

学号	姓名	班级	课程编号	课程名称	学分
1201010103	宋洪博	英语 2001	10600611	数据库应用	3.5
1201010103	宋洪博	英语 2001	10700140	高等数学	4
1201010103	宋洪博	英语 2001	10101410	通用英语	3
1201010105	刘向志	英语 2001	10600611	数据库应用	3.5
1201010105	刘向志	英语 2001	10700140	高等数学	4
1201010105	刘向志	英语 2001	10101410	通用英语	3
1201050102	唐明卿	财务 2001	10600611	数据库应用	3.5
1201050102	唐明卿	财务 2001	10700140	高等数学	4
1201050102	唐明卿	财务 2001	10101410	通用英语	3

2. 专门的关系运算

关系数据库中有 3 种专门的关系运算：选择运算、投影运算和连接运算。

（1）选择运算。选择运算是指从指定关系中选择出满足给定条件的元组组成一个新的关系。选择运算是一元运算，通常记作：$σ_{<条件表达式>}$（R）。其中，σ 是选择运算符。例如，在表 1-4 所示的"喜欢唱歌的学生 R"关系中，选择出"英语 2001"班级的学生，可以写为 $σ_{班级="英语2001"}$（喜欢唱歌的学生 R）。运算结果如表 1-12 所示。

1-6　专门的关系运算

表 1-12　　　英语 2001 班喜欢唱歌的学生（σ运算）

学号	姓名	班级
1201010103	宋洪博	英语 2001
1201010105	刘向志	英语 2001

（2）投影运算。投影运算是指从指定关系中选择出某些属性组成一个新的关系。投影运算是一元运算，通常记作 $Π_A(R)$。其中，Π 是投影运算符，A 是投影的属性或属性组。例如，在表 1-4 所示的"喜欢唱歌的学生 R"关系中，投影出所有学生的学号和姓名，可以写为 $Π_{学号, 姓名}$（喜欢唱歌的学生 R）。运算结果如表 1-13 所示。

表 1-13　　　　　　　　　　喜欢唱歌的学生学号和姓名（∏ 运算）

学号	姓名
1201010103	宋洪博
1201010105	刘向志
1201050102	唐明卿
1201041102	李 华
1201030110	王 琦

（3）连接运算。连接运算是关系的横向结合，它把两个关系中满足连接条件的元组组成一个新的关系。连接运算是二元运算，通常记作 R⋈S。其中，⋈是连接运算符。

连接分为内连接和外连接。内连接的运算结果仅包含符合连接条件的元组，最常用的内连接是等值连接和自然连接。外连接的运算结果不仅包含符合连接条件的元组，同时也会包含不符合连接条件的元组，外连接有 3 种：左外连接、右外连接和全外连接。

① 等值连接

等值连接就是从关系 R 和 S 的广义笛卡儿积中选取满足等值条件的元组组成一个新的关系。这个运算要求将两个关系的连接条件设置为属性值相等，运算结果包含两个关系的所有属性，也包括重复的属性。

例如，将表 1-14 所示的学生 R 与表 1-15 所示的选课成绩 S 两个关系进行等值连接运算，等值条件设置为关系 R 和 S 的"学号"属性值相等，则在关系 R 和 S 的广义笛卡儿积中只保留"学号"属性值相等的元组，运算结果如表 1-16 所示。

表 1-14　　　学生 R

学号	姓名	班级
1201040101	王晓红	电气 2001
1201040108	李 明	电气 2001
1201060104	王 刚	计算 2001

表 1-15　　　　选课成绩 S

学号	课程编号	课程名称	成绩
1201040101	10600611	数据库应用	98
1201060104	10700140	高等数学	80
1201070106	10101410	通用英语	91

表 1-16　　　　　　　　　　学生选课成绩单（等值连接）

（R）学号	姓名	班级	（S）学号	课程编号	课程名称	成绩
1201040101	王晓红	电气 2001	1201040101	10600611	数据库应用	98
1201060104	王 刚	计算 2001	1201060104	10700140	高等数学	80

② 自然连接

自然连接是按照公共属性值相等的条件进行连接，要求两个关系中必须有相同的属性，运算结果就是从关系 R 和 S 的广义笛卡儿积中选取公共属性满足等值条件的元组，并且在结果中去除重复的属性。

例如，将表 1-14 所示的学生 R 与表 1-15 所示的选课成绩 S 两个关系进行自然连接运算，其运算的结果如表 1-17 所示。结果中只有一个"学号"属性，自然连接实际上就是在等值连接的基础上去掉重复的属性。

表 1-17　　　　　　　　　　　　　　学生选课成绩单（自然连接）

学号	姓名	班级	课程编号	课程名称	成绩
1201040101	王晓红	电气 2001	10600611	数据库应用	98
1201060104	王　刚	计算 2001	10700140	高等数学	80

提示　　　等值连接和自然连接都会舍弃不满足等值条件的元组，那如何能够不舍弃元组呢？外连接可以解决这个问题。

③ 左外连接

左外连接是在等值连接的基础上，保留左边关系 R 中要舍弃的元组，同时将右边关系 S 对应的属性值用 Null（空值）代替。

例如，将表 1-14 所示的学生 R 与表 1-15 所示的选课成绩 S 两个关系进行左外连接运算，其运算结果如表 1-18 所示。左外连接能够保证其运算结果包含左边关系 R 中的所有元组。

表 1-18　　　　　　　　　　　　　　学生选课成绩单（左外连接）

（R）学号	姓名	班级	（S）学号	课程编号	课程名称	成绩
1201040101	王晓红	电气 2001	1201040101	10600611	数据库应用	98
1201040108	李　明	电气 2001	Null	Null	Null	Null
1201060104	王　刚	计算 2001	1201060104	10700140	高等数学	80

④ 右外连接

右外连接是在等值连接的基础上，保留右边关系 S 中要舍弃的元组，同时将左边关系 R 对应的属性值用 Null 代替。

例如，将表 1-14 所示的学生 R 与表 1-15 所示的选课成绩 S 两个关系进行右外连接运算，其运算结果如表 1-19 所示。右外连接能够保证其运算结果包含右边关系 S 中的所有元组。

表 1-19　　　　　　　　　　　　　　学生选课成绩单（右外连接）

（R）学号	姓名	班级	（S）学号	课程编号	课程名称	成绩
1201040101	王晓红	电气 2001	1201040101	10600611	数据库应用	98
1201060104	王　刚	计算 2001	1201060104	10700140	高等数学	80
Null	Null	Null	1201070106	10101410	通用英语	91

⑤ 全外连接

全外连接是在等值连接的基础上，同时保留关系 R 和 S 中要舍弃的元组，将其他属性值用 Null 代替。

例如，将表 1-14 所示的学生 R 与表 1-15 所示的选课成绩 S 两个关系进行全外连接运算，其运算结果如表 1-20 所示。全外连接能够保证其运算结果包含关系 R 和 S 中的所有元组。

表 1-20			学生选课成绩单（全外连接）			
（R）学号	姓名	班级	（S）学号	课程编号	课程名称	成绩
1201040101	王晓红	电气 2001	1201040101	10600611	数据库应用	98
1201040108	李 明	电气 2001	Null	Null	Null	Null
1201060104	王 刚	计算 2001	1201060104	10700140	高等数学	80
Null	Null	Null	1201070106	10101410	通用英语	91

1.4 Access 数据库设计基础

设计一个满足用户需求、性能良好的数据库是数据库应用系统开发的核心问题之一。对于 Access 数据库的设计，主要任务就是设计出合理的、符合一定规范化要求的表（二维表格）及表之间的联系。

1.4.1 Access 数据库设计步骤

Access 数据库设计的一般步骤如下。

1. 需求分析

数据库开发人员要与数据库的最终用户进行交流，详细了解最终用户的需求并认真进行分析，确定本数据库应用系统的目标、功能以及所涉及的数据。

2. 确定数据库需要建立的表和各表包含的字段及主键

首先，根据数据库概念设计的思想，遵循概念单一化的原则，对需求分析的结果进行抽象处理，以确定数据库中的基本实体并绘制 E-R 图。

其次，将 E-R 图转换为关系模式，从而确定数据库中有哪些表（二维表格），每张表所包含的字段及其主键。主键字段中不允许有重复值或空值。

3. 确定表之间的联系

确定表之间的联系也就是确定实体之间的联系，即确定表之间是一对一联系（1∶1）、一对多联系（1∶n），还是多对多联系（$m∶n$）。

4. 优化设计

应用数据库规范化理论对每张表进行检查，以消除不必要的重复字段，降低数据冗余度。

1.4.2 数据库规范化

数据库规范化通常以关系数据库范式理论为指导，其目的是尽可能地消除数据冗余，保证数据的准确性和可靠性，以提高数据库的查询效率。关系数据库范式理论是在数据库设计过程中需要遵守的准则，这些准则称为规范化形式，即范式。

在实际的数据库设计中，通常会用到 3 种范式，即第一范式、第二范式和第三范式。下面分别对它们进行介绍。

1. 第一范式（1NF）

1NF 是关系数据库最基本的规范形式，不符合 1NF 的数据库就不是关系数据库。它要求表中的每一个字段值都必须是不可再分割的数据项，即一个字段中不能有多列值。例如，

表 1-2 是不符合 1NF 的表，表 1-3 是符合 1NF 的表。

2．第二范式（2NF）

2NF 是在 1NF 的基础上建立起来的，即要想符合 2NF，必先符合 1NF。2NF 要求表中的每条记录必须是唯一的，而且记录的每个属性必须完全依赖于主键。所谓完全依赖于主键是指不能仅依赖主键中的一部分属性。如果存在不完全依赖于主键的属性，应该分离出来形成一个新表，新表与原表之间是一对多联系（$1:n$）。

例如，表 1-21 是不符合 2NF 的学生选课信息表。该表以"学号+课程名称"为主键，每条记录对应一个学生某门课程的成绩。我们从表 1-21 中可以发现，"成绩"完全依赖主键，而"姓名"和"班级"仅依赖于学号，"学分"仅依赖于"课程名称"。

表 1-21　　　　　　　　　　　　不符合 2NF 的学生选课信息表

学号	姓名	班级	课程名称	成绩	学分
1201010103	宋洪博	英语 2001	数据库应用	98	3.5
1201050102	唐明卿	财务 2001	高等数学	80	4

该学生选课信息表存在以下问题。

（1）数据冗余。同一个学生选修了 m 门课程，姓名和班级都会重复 m-1 次。同一门课程有 n 个学生选修，学分就重复 n-1 次。

（2）更新异常。若调整了某门课程的学分，则该学生选课信息表中与该门课程相关的所有记录的学分值都必须更新，否则会出现同一门课程学分不同的情况。

（3）插入异常。假设要开设一门新课，暂时还没人选修。由于主键"学号"没有值，所以课程名称和学分都无法加入该学生选课信息表中。

（4）删除异常。假设有一批学生毕业了，他们的选课记录应该从该学生选课信息表中删除，这样有可能把某些课程的课程名称和学分也同时删除了，从而导致删除异常。

这里将表 1-21 拆分为 3 张表，如表 1-22～表 1-24 所示，这样就符合 2NF，解决了以上问题。

表 1-22　　　　学生表

学号	姓名	班级
1201010103	宋洪博	英语 2001
1201050102	唐明卿	财务 2001

表 1-23　　　　课程表

课程编号	课程名称	学分
10600611	数据库应用	3.5
10700140	高等数学	4

表 1-24　　　　　　　　　　　　选课成绩表

学号	课程编号	成绩
1201010103	10600611	98
1201050102	10700140	80

3．第三范式（3NF）

3NF 是在 2NF 的基础上建立起来的，即要想符合 3NF，必先符合 2NF。3NF 要求表中不存在非主属性对任意主属性的传递函数依赖。主属性是指能够唯一标识一条记录的所有属性。所谓传递函数依赖，是指如果存在主属性 A 决定非主属性 B，而非主属性 B 决定非主属性 C，则称非主属性 C 传递函数依赖于主属性 A。

例如，表 1-25 是符合 2NF 但不符合 3NF 的教师表。该表的主键是"教师编号"，每条记录对应 1 个教师，所有属性都完全依赖于主键。表中的"教师编号"是主属性，"教师编号"决定了非主属性"院系名称"，而"院系名称"又可以决定非主属性"院长"，存在传递函数依赖。所以也会存在数据冗余、更新异常、插入异常和删除异常问题。

（1）数据冗余。一个院系有 n 个教师，院系名称和院长就重复 n-1 次。

（2）更新异常。若调整了某个院系的院长，则该教师表中与该院系相关的所有记录的院长值都必须更新，否则会出现同一院系院长不同的情况。

（3）插入异常。插入新教师的院系名称如果不存在，无法确定院长。

（4）删除异常。如果删除某个院系的所有教师，有可能把该院系名称和院长也同时删除。

表 1-25　　　　　　　　　　　　　　　　不符合 3NF 的教师表

教师编号	姓名	职称	院系名称	院长
10610050	朱军	教授	计算机学院	李丁
10101561	赵晓丽	副教授	外国语学院	张艳红

这里将表 1-25 拆分为两张表，如表 1-26 和表 1-27 所示，这样就符合 3NF。

表 1-26　　　　　　　　　　　　　　　符合 3NF 的教师表

教师编号	姓名	职称	院系代码
10610050	朱军	教授	106
10101561	赵晓丽	副教授	101

表 1-27　　　　　　　　　　　　　　　　院系代码表

院系代码	院系名称	院长
106	计算机学院	李丁
101	外国语学院	张艳红

另外，3NF 还要求不要在数据库中存储可以通过简单计算得出的数据。这样不但可以节省存储空间，而且在拥有函数依赖的一方发生变化时，避免成倍修改数据的麻烦，同时也避免了修改过程中可能造成的人为错误。例如，表 1-28 是符合 2NF 但不符合 3NF 的课程表，该表的主键为"课程编号"。其中"课程编号"决定了"学时"，而"学分"可以根据学时计算得到（例如，1 学分对应 16 学时）。或者也可以理解为"课程编号"决定了"学分"，而"学时"可以根据学分计算得到。所以"学时"和"学分"只能保留其中的 1 个。

表 1-28　　　　　　　　　　　　　　　不符合 3NF 的课程表

课程编号	课程名称	学时	学分
10600611	数据库应用	56	3.5
10700140	高等数学	64	4

1.5　课堂案例：学生成绩管理数据库设计

下面以学生成绩管理数据库为例，按照 Access 数据库设计的一般步骤逐步完成对数据库的设计。

1．需求分析

某高校的在校学生有 2 万名左右，每个学生在校期间要修几十门课程，与学生相关的数据量非常大，特别是学生毕业时需要取成绩单的时候，如果由教务工作人员人工去查学生的学籍表，再为每个学生抄填成绩单，工作量是巨大的。因此，有必要建立学生成绩管理数据库系统，以实现学生成绩管理方面的计算机信息化。

学生成绩管理数据库系统的主要任务之一就是能够打印出学生的成绩单，所以成绩单中包括的各项数据（如学号、姓名、班级、院系名称、每门课程的名称、学分、成绩、学年、学期等）都必须能够从学生成绩管理数据库中获得。

2．确定数据库需要建立的表和各表包含的字段及主键

（1）绘制 E-R 图。根据需求分析，学生成绩管理数据库中包括院系、课程和学生 3 个实体。各个实体及其属性、实体之间的联系用 E-R 图进行描述，如图 1-13～图 1-16 所示。一个院系可以有多个学生，所以院系与学生之间是一对多的联系（$1:n$）；一个学生可以选修多门课程，而一门课程也可以被多个学生选修，所以学生和课程之间是多对多的联系（$m:n$）。

图 1-13　院系实体及其属性的 E-R 图

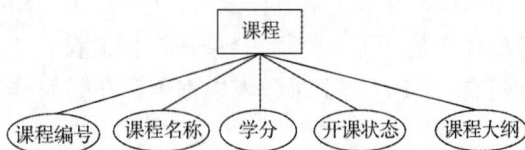

图 1-14　课程实体及其属性的 E-R 图

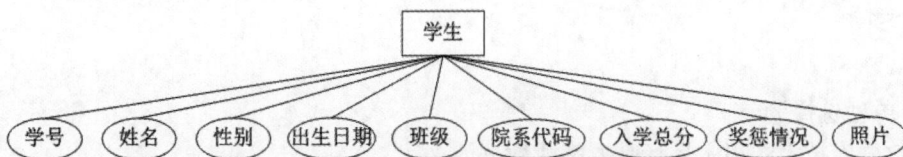

图 1-15　学生实体及其属性的 E-R 图

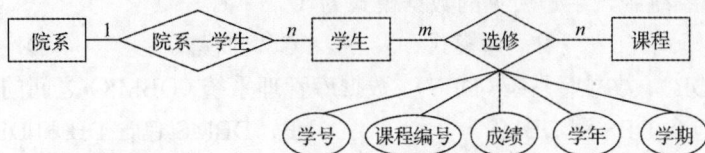

图 1-16　各实体之间的联系的 E-R 图

（2）将 E-R 图转换为关系模式。对于 Access 数据库来说，关系就是二维表格，关系模式也就是表模式。因此，学生成绩管理数据库有关的实体及实体之间的联系可表示为以下 4 张表。

① 院系实体转换为院系代码表，表模式为：院系代码表（院系代码，院系名称，院系网址），主键是"院系代码"字段。

② 学生实体转换为学生表，表模式为：学生表（学号，姓名，性别，出生日期，班级，院系代码，入学总分，奖惩情况，照片），主键是"学号"字段，外键是"院系代码"字段。

③ 课程实体转换为课程表，表模式为：课程表（课程编号，课程名称，学分，开课状态，课程大纲），主键是"课程编号"字段。

④ 学生实体与课程实体之间的多对多联系转换为选课成绩表，表模式为：选课成绩表（学号，课程编号，成绩，学年，学期），主键是"学号+课程编号"字段，同时"学号"字段和"课程编号"字段分别是两个外键。

3．确定表之间的联系

根据图 1-16 所示的各实体之间的联系的 E-R 图，可以确定 4 张表之间的联系。

（1）院系代码表与学生表之间是一对多联系，即一个院系可以有多个学生，而一个学生只能属于一个院系。两张表之间通过"院系代码"字段进行关联。

（2）学生表与选课成绩表之间是一对多联系，即一个学生可以有多门课程的成绩，而选课成绩表中的每一个成绩都只能是某一个学生的。两张表之间通过"学号"字段进行关联。

（3）课程表与选课成绩表之间是一对多联系，即一门课程可以有多个学生的成绩，而选课成绩表中每一个学生该门课程只能有一个成绩。两张表之间通过"课程编号"字段进行关联。

4．优化设计

应用规范化理论对表模式进行检查，从 1NF 开始，逐步进行规范化检验。由于每张表中所有属性都是不可再分割的数据项，因此符合 1NF。由于每张表中所有属性都完全依赖主键，因此符合 2NF。由于每张表中都不存在任何非主属性对主属性的传递函数依赖，因此符合 3NF。

综上所述，这 4 张表的设计符合规范化要求。

【理论练习】

一、单项选择题

1．数据库技术的根本目标是要解决数据的（　　　）。
　　A．存储问题　　　　　B．共享问题　　　　　C．安全问题　　　　　D．保护问题

2．在数据库系统中，用户所见的数据模式为（　　　）。
　　A．概念模式　　　　　B．外模式　　　　　C．内模式　　　　　D．物理模式

3．数据库（DB）、数据库系统（DBS）、数据库管理系统（DBMS）之间的关系是（　　　）。
　　A．DB 包含 DBS 和 DBMS　　　　　　　　B．DBMS 包含 DB 和 DBS
　　C．DBS 包含 DB 和 DBMS　　　　　　　　D．没有任何关系

4．用二维表格来表示实体及实体之间联系的数据模型是（　　　）。
　　A．关系模型　　　　　B．层次模型　　　　　C．网状模型　　　　　D．E-R 模型

5．在 E-R 图中，用来表示实体之间联系的图形是（　　　）。
　　A．椭圆形　　　　　B．矩形　　　　　C．菱形　　　　　D．平行四边形

6. 一间宿舍对应多个学生，则宿舍和学生之间的联系是（　　）。

    A．一对一　　　　　　　B．一对多　　　　　　C．多对一　　　　　　D．多对多

7. 下列说法中正确的是（　　）。

    A．一个关系的元组个数是有限的

    B．关系中各元组的每一个分量还可以分为若干个数据项

    C．一个关系的属性名称为关系模型

    D．一个关系可以包含多张二维表格

8. 在下面两个关系中，职工号和部门号分别为职工关系和部门关系的主关键字。

职工（职工号，职工名，部门号，职务，工资）

部门（部门号，部门名，部门人数，工资总额）

在这两个关系的属性中，只有一个属性是外键，它是（　　）。

    A．职工关系中的"职工号"　　　　　　　　B．职工关系中的"部门号"

    C．部门关系中的"部门号"　　　　　　　　D．部门关系中的"部门名"

9. 有两个关系 R、S 如下，其中关系 S 由关系 R 通过某种运算得到，则该运算为（　　）。

R		
A	B	C
a	3	2
b	0	1
c	2	1

S	
A	B
a	3
b	0
c	2

    A．选择运算　　　　　B．投影运算　　　　　C．连接运算　　　　D．差运算

10. 设关系 R 和关系 S 的属性个数分别是 3 和 4，关系 T 是 R 和 S 的广义笛卡儿积运算的结果，则关系 T 的属性个数是（　　）。

    A．7　　　　　　　　　B．9　　　　　　　　　C．12　　　　　　　　D．16

二、填空题

1. 数据独立性分为逻辑独立性与物理独立性。当数据的物理存储结构改变时，其逻辑结构可以不变，因此，基于逻辑结构的应用程序不必修改，这种独立性是＿＿＿＿＿。

2. 一个数据库有＿＿＿＿＿个内模式＿＿＿＿＿个外模式。

3. 人员基本信息一般包括身份证号、姓名、性别等，其中可以作为主键的是＿＿＿＿＿。

4. 数据库管理系统常见的数据模型有层次模型、网状模型和＿＿＿＿＿3 种。

5. 若关系 R 有 k1 个元组，关系 S 有 k2 个元组，则 R×S 有＿＿＿＿＿个元组。

6. 对两个关系进行并运算时，要求两个关系的＿＿＿＿＿必须相同。

【项目实训】图书馆借还书管理数据库设计

一、实训目的

1. 了解 Access 数据库设计步骤。

2. 掌握数据库设计的基本方法。

3. 独立设计一个小型关系数据库。

二、实训内容

1．绘制图书馆借还书管理数据库的 E-R 图。

2．将 E-R 图转换为关系模式并规范化。

图书馆借还书管理系统是针对一个小型图书馆开发的数据库应用系统，其基本功能需求如下。

（1）存储所有图书和读者信息，能够维护图书和读者信息。

（2）按照多种条件查询图书和读者信息。

（3）实现图书的借阅和归还、查询图书的借阅信息和到期未还图书信息等。

（4）实现各种数据统计，如统计读者借阅数量、图书库存等。

图书馆借还书管理数据库主要包含以下 3 个实体集。

读者类别（类别编号、类别名称、最大可借数量、最多可借天数）

读者（读者编号、姓名、性别、类别编号、所属院系、联系电话）

图书（图书编号、书名、作者、出版社、出版日期、定价、库存数量、存放位置、图书简介）

其中，一种读者类别下有多个读者，一个读者只能属于一种读者类别，是一对多联系；一个读者可以借阅多本图书，一本图书也可以被多个读者借阅，是多对多联系。此外，图书借阅需要记录借书日期和还书日期。读者类别主要有教师和学生，读者编号是教师的工号或学生的学号。

【实战演练】商品销售管理数据库设计

1．绘制商品销售管理数据库的 E-R 图。

2．将 E-R 图转换为关系模式并规范化。

商品销售管理系统是针对一个小型超市开发的数据库应用系统，其基本功能需求如下。

（1）录入、更改和删除商品信息，如商品编号、商品名称、定价和库存数量等。

（2）录入、更改和删除会员信息。

（3）查询商品信息。

（4）生成会员购买商品的订单。

（5）对库存数量不足的商品提出采购请求。

（6）统计各种商品的销售情况。

请根据基本功能需求确定商品销售管理数据库中包含的实体集及实体之间的联系。

第2章 Access 2016 数据库的创建

Access 2016 是美国微软公司开发的一个基于 Windows 操作系统的关系数据库管理系统，是 Microsoft Office 2016 的组件之一，常用于小型数据库系统的开发。本章主要介绍 Access 2016 的工作环境，数据库创建，数据库包含的对象以及常用的数据库操作。

【学习目标】

- 了解 Access 2016 的工作环境。
- 掌握空白桌面数据库的创建方法。
- 了解 Access 2016 数据库的对象和常用的数据库操作。

2-1　Access 2016 的
工作环境

2.1　Access 2016 的工作环境

通过快捷方式启动 Access 2016 后，可以看到启动屏幕。用户在创建或打开一个 Access 数据库文件后看到的是含有功能区和导航窗格的数据库窗口。与文件相关的操作都是在 Backstage 视图窗口中完成的。

1. Access 2016 启动屏幕

通过快捷方式启动 Access 2016 后，可以看到系统默认的启动屏幕，如图 2-1 所示。在启动屏幕的左侧，列表中列出了"最近使用的文档"，可以单击某个文件将其打开，单击"打开其他文件"选项可以浏览并打开现有的 Access 数据库文件。在启动屏幕的右侧，可以联机搜索 Access 数据库模板，还可以创建空白桌面数据库、自定义 Web 应用程序，或者基于模板创建数据库。

> **提示**　如果通过双击 Access 数据库文件启动 Access 2016，则看不到启动屏幕。

2. Access 2016 数据库窗口

用户创建或打开一个数据库文件后会进入数据库窗口，如图 2-2 所示。Access 2016 数据库窗口由标题栏、快速访问工具栏、功能区、导航窗格、工作区和状态栏等部分组成。

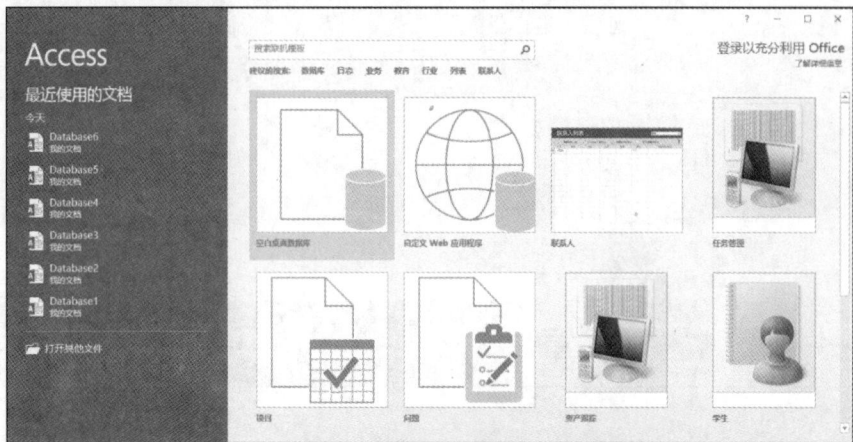

图 2-1　Access 2016 启动屏幕

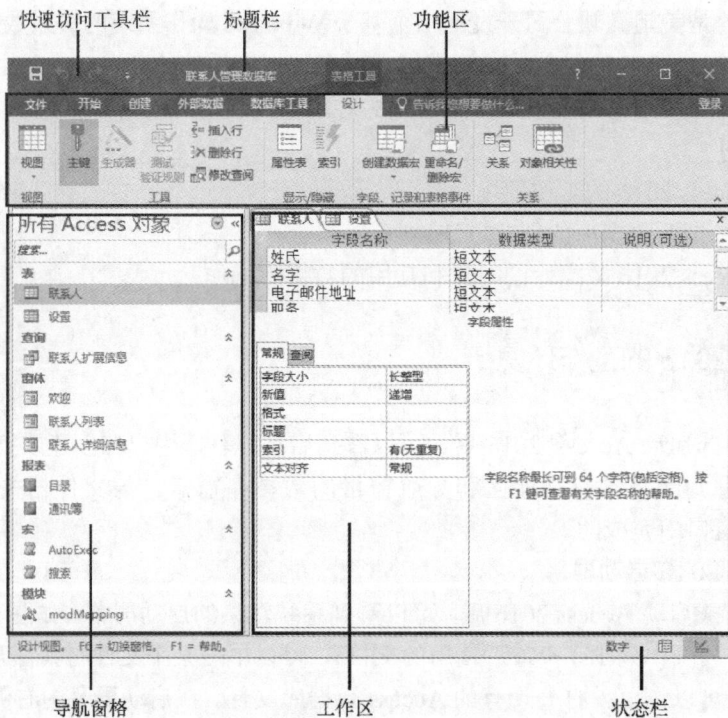

图 2-2　Access 2016 数据库窗口

- 标题栏：位于 Access 2016 数据库窗口的顶端。标题栏中显示的是当前已经打开的数据库的名称。标题栏左侧是快速访问工具栏，右侧是"Microsoft Access 帮助"和窗口的最小化、最大化及关闭按钮。

- 快速访问工具栏：位于 Access 2016 数据库窗口顶端标题栏的左侧。其中默认的按钮包括"保存""撤销"和"恢复"，用户也可以自定义快速访问工具栏中包含的按钮。

- 功能区：位于标题栏下方，包含了多个选项卡。Access 2016 包含"文件""开始""创建""外部数据"和"数据库工具"5 个标准选项卡。除此之外，根据当前操作的对象，在标准选项卡的右侧还会自动添加一个或多个与该对象相关的选项卡。例如，图 2-2 所示是对表对象进行操作时，自动添加了表格工具"设计"选项卡。

- 导航窗格：位于功能区下方的左侧，可以隐藏起来。用户可以在导航窗格中查看和访问各种数据库对象。
- 工作区：位于功能区下方的右侧。在 Access 2016 中，可以同时打开多个对象，并在工作区顶端以选项卡的形式显示出所有已打开对象的名称，但仅显示活动选项卡的内容。图 2-2 所示的工作区顶端以选项卡的形式显示出当前已经打开的两个对象，分别是"联系人"和"设置"，但仅显示了活动选项卡"联系人"的内容。
- 状态栏：位于 Access 2016 数据库窗口的底端，反映了 Access 当前的运行状态和视图模式，其右侧是与工作区活动对象相关的视图切换按钮。

3．Backstage 视图窗口

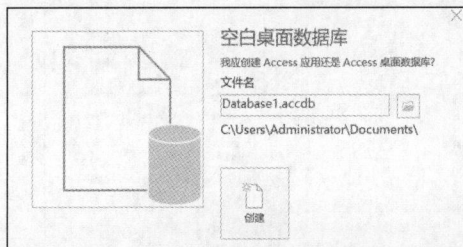

Backstage 视图窗口其实就是 Access 2016 的"文件"选项卡，并默认选中其中的"信息"选项，如图 2-3 所示。在 Backstage 视图窗口中，可以新建数据库、打开现有数据库、关闭数据库以及完成其他与文件相关的操作任务。

2.2　Access 2016 数据库的创建

Access 2016 将一个数据库作为一个独立的文件存储在磁盘上，默认扩展名为.accdb。Access 2016 提供了 3 种创建数据库的方法：创建空白桌面数据库、自定义 Web 应用程序以及使用模板创建数据库，下面将分别介绍这 3 种方法。

1．创建空白桌面数据库

空白桌面数据库是在个人计算机上使用的数据库。这里以创建 Database1.accdb 数据库为例来说明创建空白桌面数据库的具体操作步骤。

2-2　创建空白桌面数据库

（1）启动 Access 2016 应用程序，在启动屏幕中单击"空白桌面数据库"选项，弹出空白桌面数据库对话框，如图 2-4 所示。在"文件名"文本框中默认的文件名为 Database1.accdb（或其他有序编号）。"文件名"文本框下方显示的是数据库的存储路径，可以单击文本框右侧的　按钮来重新选择数据库存储的位置。

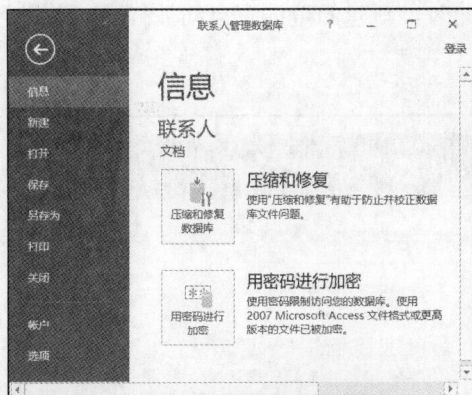

图 2-3　Backstage 视图窗口　　　　　图 2-4　空白桌面数据库对话框

（2）单击"创建"按钮，完成空白桌面数据库的创建。此时，新建的 Database1 数据库

25

自动被打开，在数据库中同时自动创建了一个名为"表 1"的空表，如图 2-5 所示。

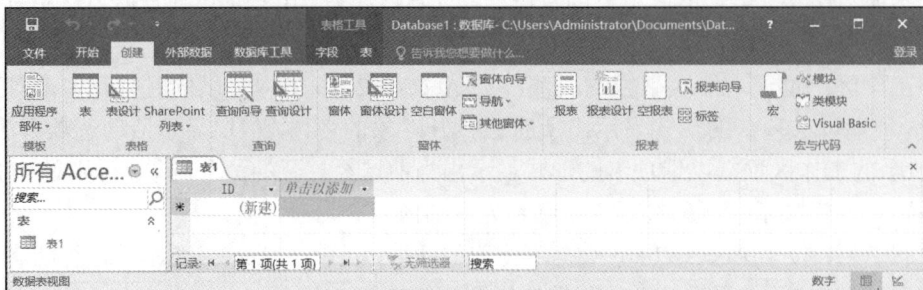

图 2-5　Database1 空白桌面数据库

新建的空白桌面数据库中没有任何数据，只是创建好了一个能够容纳数据的容器。这时通过"创建"选项卡中相关的按钮就可以在数据库中创建表、查询、窗体、报表、宏和模块等数据库对象。

2. 自定义 Web 应用程序

自定义 Web 应用程序是需要通过 SharePoint 发布的 Access 应用程序，也是在互联网中利用浏览器以 Web 查询接口方式访问的数据库资源。在创建 Access 自定义 Web 应用程序之前，用户必须完成本地 SharePoint 的部署。本书重点讨论的是桌面数据库，有关 Web 数据库（应用程序）的知识请读者参考相关书籍。

3. 使用模板创建数据库

创建数据库最快捷的方法是使用模板。Access 2016 提供了很多模板，如"联系人""学生""任务管理"和"项目"等，用户也可以联网下载更多的模板。Access 模板是预先设计好的数据库，它们含有由专业人员设计的表、查询、窗体和报表等，可以为创建新数据库提供极大的便利。下面以创建"联系人"模板数据库为例说明具体的操作步骤。

2-3　使用模板创建数据库

（1）在 Access 2016 启动屏幕中，单击"联系人"选项，此时系统自动弹出一个对话框，默认文件名为"Database1.accdb"，如图 2-6 所示。

（2）单击"创建"按钮，完成数据库的创建。此时，新建的数据库自动被打开，并显示联系人数据库欢迎界面，如图 2-7 所示。

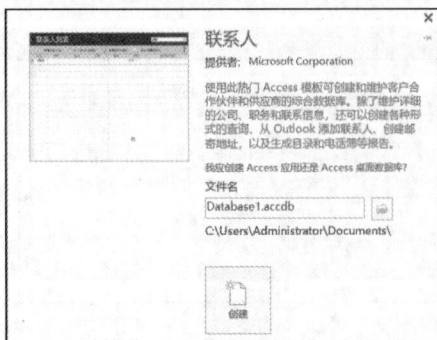

图 2-6　使用"联系人"模板创建数据库

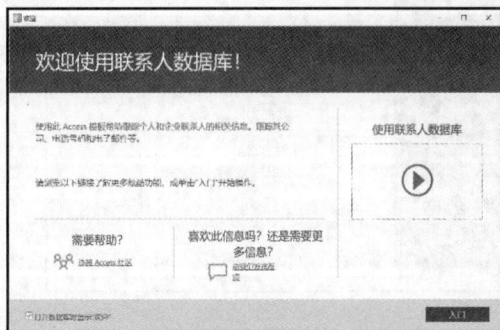

图 2-7　联系人数据库欢迎界面

（3）单击右下角的"入门"按钮，即可看到数据库的详细内容，如图 2-8 所示。

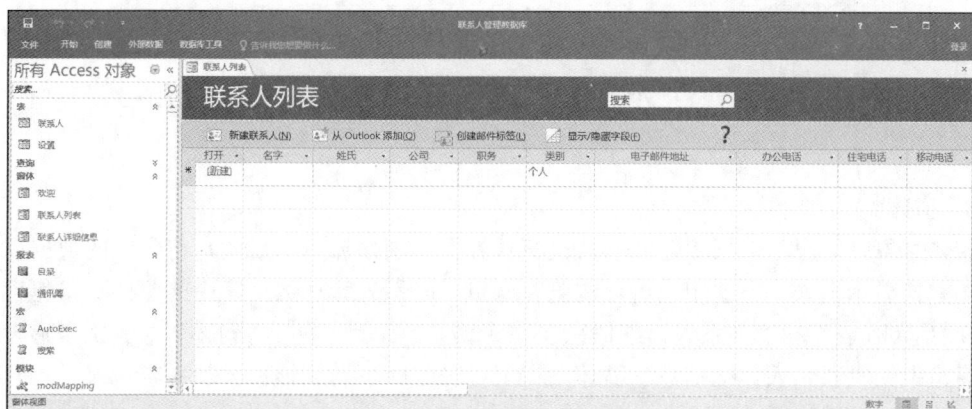

图 2-8　联系人管理数据库窗口

2.3　Access 2016 数据库中的对象

2-4　Access 2016
数据库中的对象

Access 2016 数据库包含表、查询、窗体、报表、宏和模块 6 类对象，利用这些对象可以完成对数据库中数据的管理。这里以联系人管理数据库为例来说明各类对象。

单击导航窗格最上方"所有 Access 对象"右端的下拉按钮，从列表中选择"对象类型"选项，以方便按照"对象类型"方式查看数据库中的对象，结果如图 2-9 所示。导航窗格中共有 6 种对象类型，单击其中某种对象类型右端的 ⌄ 展开按钮，即可查看该对象类型下的所有对象。

1. 表

表是 Access 数据库中最基本的对象。创建表的目的是用来存储数据。联系人管理数据库中的表对象包含"联系人"和"设置"。如图 2-10 所示，展开"表"对象类型后，双击导航窗格中的"联系人"表，在工作区中即可看到该表的内容，目前该表还没有任何数据。

图 2-9　按"对象类型"查看
　　　　 对象

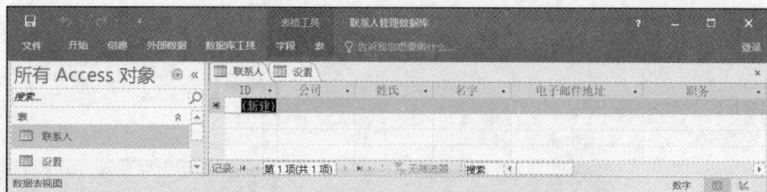

图 2-10　联系人管理数据库中的表"联系人"

2. 查询

查询对象实际上是一个查询命令。创建查询的目的是从一张或多张表（或查询）中根据要求选出一部分数据供用户查看。联系人管理数据库中的查询对象只有一个，名为"联系人扩展信息"。如图 2-11 所示，展开"查询"对象类型后，双击导航窗格中的"联系人扩展信息"查询，在工作区中即可看到该查询的结果，由于数据库中还没有任何数据，所以查询结果为空。

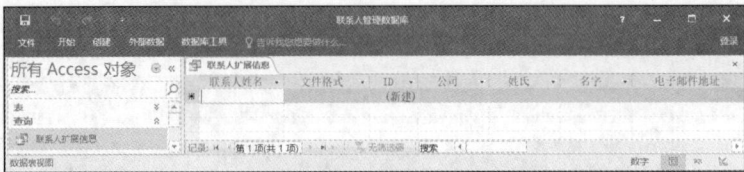

图 2-11　联系人管理数据库中的查询"联系人扩展信息"

3．窗体

窗体对象是用户与数据库之间的人机交互界面。创建窗体的目的是将表中的数据以更加友好的方式显示出来，方便用户进行浏览和编辑。联系人管理数据库中的窗体对象包含"欢迎""联系人列表"和"联系人详细信息"。如图 2-12 所示，展开"窗体"对象类型后，双击导航窗格中的"联系人详细信息"窗体，在工作区中即可看到该窗体的内容。

图 2-12　联系人管理数据库中的窗体"联系人详细信息"

4．报表

报表对象是控制数据库中需要打印输出的数据内容及其格式的界面。创建报表的目的是将数据库中的数据提取出来并以格式化的方式打印。联系人管理数据库中的报表对象包含"目录"和"通讯簿"。如图 2-13 所示，展开"报表"对象类型后，双击导航窗格中的"通讯簿"报表，在工作区中即可看到该报表的数据内容。

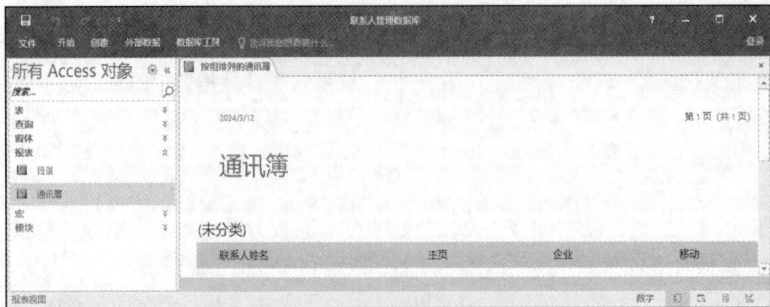

图 2-13　联系人管理数据库中的报表"通讯簿"

5．宏

宏对象是一系列操作命令的组合，每个操作命令实现特定的功能，如打开表、运行查询、打开窗体、预览或打印报表等。当数据库中有大量重复性的工作需要处理时，利用宏可以简化操作。联系人管理数据库中的宏对象包含"AutoExec"和"搜索"。如图 2-14 所示，展开"宏"对象类型后，右键单击导航窗格中的"AutoExec"宏，在弹出的快捷菜单中选择"设计视图"选项，在工作区中即可看到该宏所包含的操作命令。

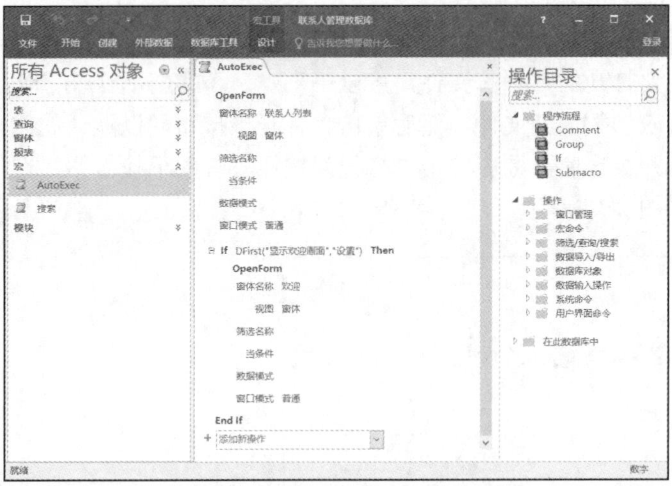

图 2-14　联系人管理数据库中的宏"AutoExec"

6．模块

模块对象实际上是实现 Access 数据库操作的程序代码，使用的编程语言是 VBA（Visual Basic for Application）语言。在联系人管理数据库中的模块对象只有一个，名为"modMapping"。如图 2-15 所示，展开"模块"对象类型后，双击导航窗格中的"modMapping"模块，即可查看该模块的 VBA 程序代码。

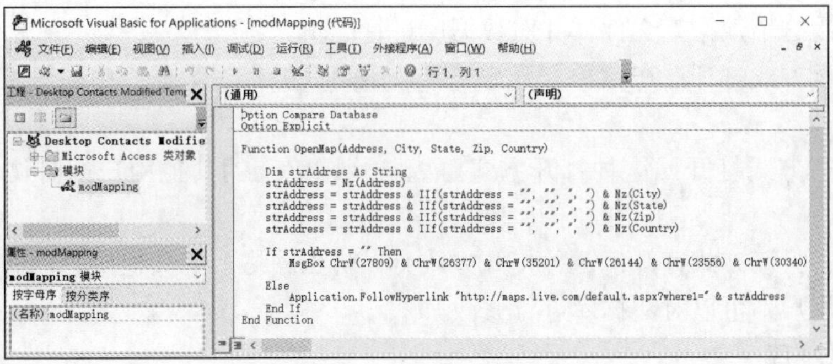

图 2-15　联系人管理数据库中的模块"modMapping"

2.4　Access 2016 数据库的常用操作

当一个 Access 数据库创建好之后，Access 2016 还提供了一些常用的数据库维护功能，主要包括打开和关闭数据库、备份数据库和生成 ACCDE 文件等。

2.4.1 打开和关闭数据库

1. 打开数据库

在 Access 2016 中，打开一个已经存在的数据库的操作步骤如下。

（1）启动 Access 2016 数据库管理系统，在"文件"选项卡的 Backstage 视图窗口中单击"打开"选项，如图 2-16 所示。

（2）在"最近使用的文件"列表中单击要打开的数据库文件，即可打开该数据库。如果在列表中没有找到要打开的数据库文件，可以单击" 浏览"选项，弹出"打开"对话框，在对话框中找到相应的数据库文件，然后单击"打开"按钮便以默认的方式打开数据库。如果想以其他方式打开数据库，则应单击"打开"按钮右端的下拉按钮，在下拉列表中选择相应的打开方式，如图 2-17 所示。

图 2-16　在 Backstage 视图窗口中打开数据库　　　图 2-17　"打开"按钮下拉列表

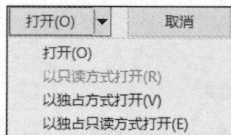

"打开"按钮下拉列表中的打开方式有以下 4 种。

（1）打开：这是默认的打开方式，是以共享方式打开数据库。网络上的其他用户也可以同时打开和使用这个数据库文件，并对数据库进行编辑。

（2）以只读方式打开：在这种打开方式下，用户只能查看数据库中的对象，不可以对数据库进行修改。

（3）以独占方式打开：这种打开方式可以防止网络上的其他用户同时访问这个数据库文件。

（4）以独占只读方式打开：这种打开方式可以防止网络上的其他用户同时访问这个数据库文件，而且用户不可以对数据库进行修改。

2. 关闭数据库

常用的关闭数据库的方法有如下两种。

方法 1：在"文件"选项卡的 Backstage 视图窗口中单击"关闭"选项，即可关闭当前数据库。

方法 2：单击 Access 2016 数据库窗口右上角的"关闭"按钮，即可关闭当前数据库并关闭 Access 2016 数据库管理系统。

2.4.2 备份数据库

备份数据库是最常用的安全措施之一。所有的数据库都是存放在计算机上的，即使是最可靠的计算机硬件和软件，也可能会出现故障。所以，用户应该在意外发生之前做好充分的备份工作，以便在意外发生之后能采取相应的措施快速地恢复数据库的运行，并使丢失的数据量减少到最小。

打开一个 Access 2016 数据库后，对数据库进行备份的具体操作步骤如下。

（1）在"文件"选项卡 Backstage 视图窗口的左侧单击"另存为"选项，窗口的右侧会列出"数据库另存为"的各种文件类型，如图 2-18 所示。

（2）选中"备份数据库"选项，然后单击底部的"另存为"按钮，弹出"另存为"对话框，如图 2-19 所示，文件名右侧默认会附上备份日期。

（3）在"另存为"对话框中确定要保存的文件夹位置后，单击"保存"按钮即可。

此外，在 Windows 操作系统的文件资源管理器中，也可以通过对文件进行"复制"和"粘贴"操作来实现数据库文件的备份。

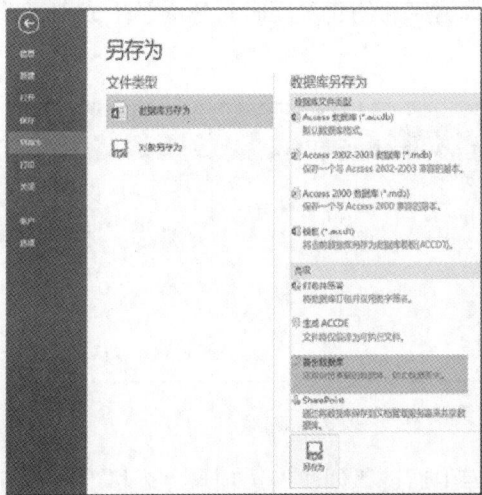

图 2-18 "备份数据库"窗口

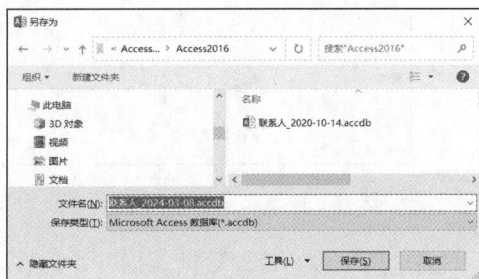

图 2-19 "另存为"对话框

2.4.3 生成 ACCDE 文件

将数据库生成为 ACCDE 文件是保护数据库的一种方法。生成 ACCDE 文件的目的是把原数据库以 .accdb 为扩展名的文件编译为可执行的 ACCDE 文件。如果以 .accdb 为扩展名的数据库文件中包含了任何 VBA 程序代码，那么在 ACCDE 文件中将只包含编译后的代码，使他人不能查看或修改 VBA 程序代码，从而提高了数据库系统的安全性。

2-5 生成 ACCDE 文件

具体来说，生成的 ACCDE 文件能防止其他用户进行以下操作。

（1）在设计视图中查看、修改或创建窗体、报表和模块。

（2）添加、删除或更改对数据库对象的引用。

（3）查看或修改 VBA 程序代码。

（4）导入或导出窗体、报表或模块。

从.accdb 文件生成 ACCDE 文件的具体操作步骤如下。

（1）打开需要生成 ACCDE 文件的数据库。

（2）在 Backstage 视图窗口的右侧选中"生成 ACCDE"选项，如图 2-18 所示。

（3）单击底部的"另存为"按钮，弹出"另存为"对话框。在"另存为"对话框中确定要保存的文件位置后，单击"保存"按钮即可。

2.5　课堂案例：创建学生成绩管理数据库

在 1.5 节课堂案例设计的学生成绩管理数据库中，一共包含了 4 张表，这 4 张表实际上是 Access 数据库中的对象，因此必须先创建一个空白桌面数据库作为存放这 4 张表的容器。创建学生成绩管理数据库的主要操作步骤如下。

（1）新建一个空白桌面数据库，弹出空白桌面数据库对话框。在"文件名"文本框中输入数据库文件名"学生成绩管理.accdb"。

（2）单击"创建"按钮，完成学生成绩管理数据库的创建，同时新建的学生成绩管理数据库自动被打开，如图 2-20 所示。

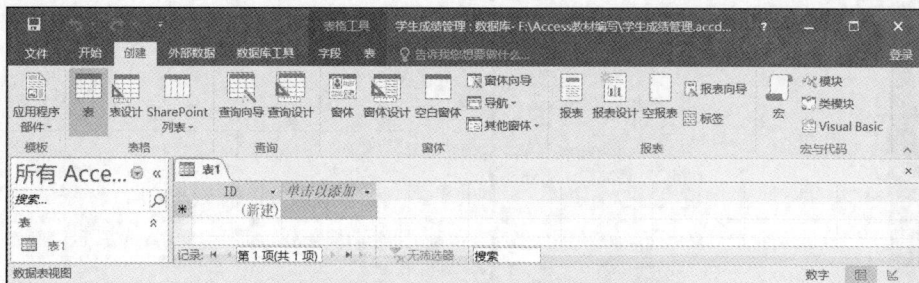

图 2-20　学生成绩管理数据库窗口

创建学生成绩管理数据库后，才能在该数据库中通过"创建"选项卡"表格"选项组中相关的按钮创建表对象。

【理论练习】

一、单项选择题

1．Access 2016 是一种（　　　）。

    A．数据库   B．数据库系统

    C．数据库管理系统   D．数据库应用系统

2．在 Access 2016 数据库中，在个人计算机上使用的数据库是（　　　）。

    A．桌面数据库   B．网络数据库

    C．自定义 Web 应用程序   D．Web 数据库

3．在 Access 2016 数据库中，数据保存在（　　　）对象中。

    A．窗体   B．模块   C．报表   D．表

4. 在 Access 2016 数据库中，若使打开的数据库文件可以与网上其他用户共享，并且可以维护其中的数据库对象，应选择打开数据库文件的方式是（　　）。

    A. 以只读方式打开　　　　　　　　B. 以独占方式打开

    C. 以独占只读方式打开　　　　　　D. 打开

5. 将 Access 2016 数据库文件生成 ACCDE 文件后，不能防止用户进行的操作是（　　）。

    A. 在设计视图中查看、修改或创建窗体、报表和模块

    B. 添加、删除或更改对数据库对象的引用

    C. 更改程序代码

    D. 插入、修改或删除表中的记录

二、填空题

1. Access 2016 是_____的组件之一。

2. Access 2016 应用程序的"文件"选项卡又称为_____窗口。

3. 一个 Access 2016 数据库对应一个文件，其文件扩展名默认为_____。

4. 在同一个 Access 数据库窗口中，可以打开_____个数据库。

5. Access 数据库的对象有_____、_____、_____、_____、宏和模块 6 类。

【项目实训】创建图书馆借还书管理数据库

一、实训目的

1. 掌握创建数据库的方法。

2. 了解数据库中的对象

3. 学会备份数据库的操作。

二、实训内容

1. 创建图书馆借还书管理数据库。

2. 在数据库的"创建"选项卡中查看创建数据库对象的相关按钮。

3. 备份图书馆借还书管理数据库，以保证在出现系统故障时数据库能够快速恢复。

4. 将图书馆借还书管理数据库生成为 ACCDE 文件，以防止其他用户查看数据库中的 VBA 程序代码。

【实战演练】创建商品销售管理数据库

1. 创建商品销售管理数据库。

2. 备份商品销售管理数据库，以保证在出现系统故障时数据库能够快速恢复。

3. 将商品销售管理数据库生成为 ACCDE 文件，以防止其他用户查看数据库中的 VBA 程序代码。

第 3 章 表

表是数据库中存储数据的容器，它是 Access 数据库中最重要和最基本的对象。建立了数据库后，需要首先创建表，然后才能建立查询、窗体和报表等其他数据库对象。本章主要介绍表结构设计、创建表及表之间的联系，表数据的操作，表的外观设置和表的复制、删除、重命名等操作。

【学习目标】

- 掌握 Access 提供的数据类型。
- 掌握使用表设计视图创建表并设置主键及字段属性的方法。
- 掌握表之间联系的创建方法及实施参照完整性的作用。
- 掌握表数据的录入、编辑、导入和导出的方法。
- 了解表的外观设置，表的复制、删除和重命名的方法。

3.1 表结构设计

Access 数据库中的表与人们日常生活中使用的二维表格类似，由行和列组成，如表 3-1 中的部分学生信息和表 3-2 中的部分院系信息（具体的院系网址略）所示。其中列标题所在行称为表头，每列称为一个字段，列的标题称为字段名称，同一个字段中数据的类型相同。一行数据称为一条记录，每条记录都包括若干个字段。每张表中通常都有一个主键，用来唯一地确定一条记录。

表 3-1　　　　　　　　　　　学生表中的部分学生信息

学号	姓名	性别	出生日期	班级	院系代码	入学总分	奖惩情况	照片
1201010103	宋洪博	男	2002/05/15	英语2001	101	698	三好学生，一等奖学金	
1201010105	刘向志	男	2001/10/08	英语2001	101	625		
1201010230	李媛媛	女	2002/09/02	英语2002	101	596		
1201030110	王 琦	男	2002/01/23	机械2001	103	600	优秀学生干部，二等奖学金	

表 3-2　　　　　　　　　　　　　院系代码表中的部分院系信息

院系代码	院系名称	院系网址
101	外国语学院	http://…
102	可再生能源学院	http://…
103	能源动力与机械工程学院	http://…

从表 3-1 和表 3-2 可以看出，表一般由表头和多行数据组成，其中表头就是表的结构。学生表的结构共包含 9 个字段，"学号"字段可以作为主键；院系代码表的结构共包含 3 个字段，"院系代码"字段可以作为主键。学生表和院系代码表之间通过"院系代码"字段进行关联。

要创建表，首先必须确定表的结构，即确定表中各字段的字段名称、数据类型和字段大小等。

3.1.1　字段名称的命名规定

字段名称是表中一列的标识，在同一张表中的字段名称不可重复，通常将表头中的文字作为字段名称。在 Access 数据库中，字段名称的命名有如下规定。

（1）字段名称最长为 64 个字符。

（2）字段名称中不允许使用的字符有叹号（!）、句点（.）、方括号（[ ]）、单引号（'），除此之外的所有字符（包括汉字和特殊字符）都可以使用。

（3）字段名称不能以空格开头。

3.1.2　字段的数据类型

3-1　字段的数据类型

字段的数据类型决定了该字段所要保存数据的类型。不同的数据类型，其存储方式、数据范围、占用计算机内存空间的大小都各不相同。Access 2016 提供了 12 种数据类型，如表 3-3 所示。针对不同的字段数据，应选择适当的数据类型，这样既便于数据的输入与处理，也可以节约磁盘存储空间。

表 3-3　　　　　　　　　　　Access 2016 提供的 12 种数据类型

数据类型	可存储的数据	存储大小
短文本	字符数据	不超过 255 个字符
长文本	字符数据	不超过 1GB 个字符
数字	数值	1、2、4、8、12 或 16 字节
日期/时间	日期和时间数据	8 字节
货币	货币数据	8 字节
自动编号	自动编号数据	4 字节或 16 字节
是/否	逻辑值：Yes/No、True/False	1 位（-1 或 0）
OLE 对象	图片、图表、声音、视频等	最大为 1GB
超链接	本地或网络资源的地址	不超过 1GB 个字符
附件	将外部文件附加到 Access 数据库中	因附件而异
计算	计算得到的结果值	因计算结果而异
查阅向导	显示一个列表或其他表中的数据	一般情况下为 4 字节

1．短文本

短文本型字段用于保存字符数据，如学生的姓名、班级等。一些只作为字符用途的数字数据也可以使用短文本型，如学生的学号、身份证号、电话号码和邮政编码等。短文本型字段最大为 255 个字符，可以根据实际情况设置 1～255 之间的值。在存储字符数据时，Access 采用可变长度字段进行存储。例如，如果用户将字段大小设置为 20 个字符，而某条记录该字段实际仅仅输入了 5 个字符，那么其在数据库中只会占用 5 个字符的存储空间。

提示　在 Access 数据库中，一个英文字符或一个汉字都被认为是一个字符。

2．长文本

长文本型字段一般用于保存较长（超过 255 个字符）的文本信息，如学生的奖惩情况、个人简历等，最多可以保存 1GB 个字符。长文本型字段也是按照实际大小进行存储，不需要指定字段大小，Access 会自动为数据分配所需空间。

3．数字

数字型字段用于保存可以进行数值计算的数据，如学生的入学总分、考试成绩等。当把字段设置为数字型时，用户可以通过"字段大小"属性将其指定为字节、整型、长整型、单精度型、双精度型、同步复制 ID 和小数这 7 种类型之一，不同类型所占用的存储空间和表示的数据范围是不同的，如下所示。

（1）字节。字段大小为 1 字节，可以保存 0～255 之间的整数。

（2）整型。字段大小为 2 字节，可以保存 -32768～32767 之间的整数。

（3）长整型。字段大小为 4 字节，可以保存 -2147483648～2147483647 之间的整数。

（4）单精度型。字段大小为 4 字节，可以保存 -3.4×10^{38}～3.4×10^{38} 之间且最多具有 7 位有效数字的浮点数。

（5）双精度型。字段大小为 8 字节，可以保存 -1.797×10^{308}～1.797×10^{308} 之间且最多具有 15 位有效数字的浮点数。

（6）同步复制 ID。字段大小为 16 字节，用于存储同步复制所需的全局唯一标识。

（7）小数。字段大小为 12 字节，可以保存 $-9.999\cdots \times 10^{27}$～$9.999\cdots \times 10^{27}$ 之间且最多具有 15 位有效数字的数值。

4．日期/时间

日期/时间型字段用于保存 100 年 1 月 1 日～9999 年 12 月 31 日之间任意的日期和时间数据，字段大小固定为 8 字节，如学生的出生日期、考试时间等。

5．货币

货币型字段主要用于保存货币值或用于科学计算的数值数据，字段大小固定为 8 字节，其精度为整数部分最多 15 位，小数部分不超过 4 位。一般情况下，在输入数据后系统会自动在其左侧加上货币符号"¥"。

6．自动编号

自动编号型字段默认字段大小为长整型，即 4 字节；设置为"同步复制 ID"时，字段大小为 16 字节。当向表中添加新记录时，自动编号型字段会自动为每条记录存储一个唯一的编号（从 1 开始每次递增 1 或随机编号），因此用户可以将这种数据类型的字段设置为主键。但自动编号型字段的字段值不会自动调整，因此删除记录后自动编号型字段的字段值有可能会变得不连续。

7. 是/否

是/否型实际上就是布尔型，用于表示只可能取两个逻辑值中的一个，如是/否（Yes/No）、真/假（True/False）、开/关（On/Off）等。是/否型字段内部存储的值为-1（是）或 0（否），占用一个存储位。

8. OLE 对象

OLE 对象型字段用于存储其他应用程序所创建的文件，如 Word 文档、Excel 电子表格、图片、声音、视频等，只能存储一个文件，最大为 1GB。

9. 超链接

超链接型字段用于存放链接到本地或网络上资源的地址，最多可以保存 1GB 个字符。超链接地址可以是 URL（Uniform Resource Locator，统一资源定位符）地址（网页地址），也可以是 UNC（Universal Naming Convention，通用命名规则）路径（局域网上的文件地址）。超链接地址最多可以包含显示文本、地址、子地址 3 个部分（也可以只有前两个部分），用"#"符号隔开，一般格式为"显示文本#地址#子地址#"。其中，显示文本是在字段中显示的内容，地址可以是一个文件的 UNC 路径或一个网页的 URL 地址，子地址是文件或网页中的地址（如锚地址）。

10. 附件

附件型字段用于存储其他应用程序所创建的文件，如 Word 文档、Excel 电子表格、图片等，可以在一条记录的单个字段中同时存储多个文件，类似于在电子邮件中添加附件。

11. 计算

计算型字段用于存放根据同一张表中的其他字段计算而来的结果值。计算型字段不能引用其他表中的字段，其存储的结果值的数据类型可以是短文本、数字、日期/时间、货币或是/否等。

12. 查阅向导

查阅向导型字段提供了一个建立字段内容的列表，允许用户从列表中选择该字段的值，从而提高输入数据的效率。当某一个字段的内容是已经创建好的其他表或查询中的值，或者是固定的几个值时，可以将该字段设置为查阅向导型字段。例如，可以为学生表中的"性别"字段建立查阅向导，即在列表中定义"男""女"两个选项，则用户在输入学生的性别时可以直接通过组合框进行选择，效果如图 3-1 所示。

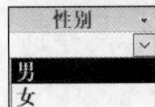

查阅向导型字段没有固定的数据类型，其最终的数据类型取决于列表中的数据来源。如果列表中的数据来源于另一张表中的某个字段值，那么该查阅向导字段的数据类型就是源表中对应字段的类型；如果列表中的数据来源是"自行键入所需要的值"，那么该查阅向导字段的数据类型就是短文本。

图 3-1　查阅向导

3.1.3　表结构的设计

在创建表之前，要根据表的关系模式（表模式）及对数据的具体要求详细地设计出表的结构。

1. 学生表的结构

学生表的表模式为：学生表（学号，姓名，性别，出生日期，班级，院系代码，入学总分，奖惩情况，照片）。根据学生表中数据的实际情况可以确定它的表结构如表 3-4 所示，其中主键是"学号"字段，外键是"院系代码"字段。学生表与院系代码表之间通过"院系代码"字段建立联系。

3-2 学生表的结构

表 3-4 　　　　　　　　　　　　　　　学生表的结构

字段名称	数据类型	字段大小	说明
学号	短文本	10 个字符	主键
姓名	短文本	255 个字符	
性别	短文本	1 个字符	
出生日期	日期/时间	默认值	
班级	短文本	6 个字符	
院系代码	短文本	3 个字符	外键
入学总分	数字	整型	
奖惩情况	长文本	默认值	
照片	附件	默认值	

这里"姓名"字段采用了短文本默认的 255 个字符，以便于存储不同国籍、不同长度的姓名。但实际上，Access 仅存储实际输入到该字段中的字符数。因此，分配 255 个字符并不是意味着每个人的姓名都要占用 255 个字符的空间。

2. 院系代码表的结构

院系代码表的表模式为：院系代码表（院系代码，院系名称，院系网址）。根据院系代码表中数据的实际情况可以确定它的表结构如表 3-5 所示，其中主键是"院系代码"字段。

表 3-5 　　　　　　　　　　　　　　　院系代码表的结构

字段名称	数据类型	字段大小	说明
院系代码	短文本	3 个字符	主键
院系名称	短文本	20 个字符	
院系网址	超链接	默认值	

3.2 创建表

在 Access 的"创建"选项卡"表格"选项组中，提供了 3 个创建表的按钮，如图 3-2 所示。这 3 个按钮提供了 3 种创建表的方法。

图 3-2 "创建"选项卡的"表格"选项组

方法 1：使用数据表视图创建表，对应按钮"表"。

方法 2：使用表设计视图创建表，对应按钮"表设计"。

方法 3：使用 SharePoint 列表创建表，对应按钮"SharePoint 列表"。

下面具体介绍前 2 种创建表的方法，它们也是创建表最常用的方法。

3.2.1 使用数据表视图创建表

使用数据表视图创建表是一种简单方便的方式，能够迅速地构造一个较简单的数据表。下面通过例子来说明具体的操作步骤。

【**例 3-1**】使用数据表视图创建院系代码表，其表结构见表 3-5。

具体操作步骤如下。

（1）单击"创建"选项卡"表格"选项组中的"▦表"按钮，系统自动创建一个默认名为"表 1"的新表，并以数据表视图显示。如图 3-3 所示，新表中默认自动创建了一个名为"ID"的字段，数据类型为自动编号。

图 3-3　使用数据表视图创建表

（2）单击"单击以添加"列标题，在下拉列表中选择"短文本"，则添加一个短文本型的字段，字段名称默认为"字段 1"。

（3）将字段名称"字段 1"修改为"院系代码"，并在表格工具"字段"选项卡的"属性"选项组中将"字段大小"修改为"3"，如图 3-4 所示。

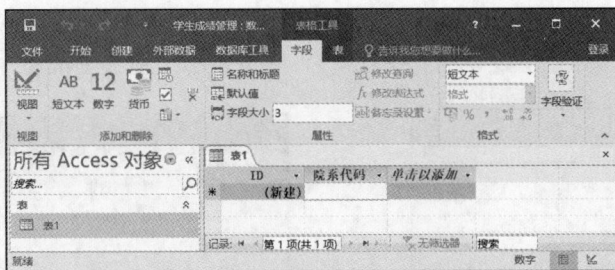

图 3-4　添加"院系代码"字段

（4）重复步骤（2）、步骤（3）的操作，添加"院系名称"字段，并设置"字段大小"为"20"。

（5）再次单击"单击以添加"，在下拉列表中选择"超链接"，添加一个超链接型的字段，修改字段名称为"院系网址"。

（6）单击快速访问工具栏中的"▦保存"按钮，以"院系代码表"为名进行保存，此时在数据库的导航窗格中可以看到一个名为"院系代码表"的表对象，如图 3-5 所示。院系代码表创建完成。

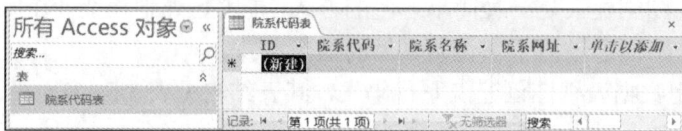

图 3-5 "院系代码表"的数据表视图

使用数据表视图创建表后，新表会自动创建一个"ID"字段，并且该字段会被自动设置为表的主键，这是 Access 2016 自带的功能。该字段的默认数据类型为自动编号，用户可以更改该字段的名称及数据类型等属性，也可以删除该字段。

3.2.2 使用表设计视图创建表

虽然用户可以使用数据表视图直观地创建表，但使用表设计视图的方法可以根据需求灵活地创建表。较复杂的表通常在表设计视图下创建，下面通过例子来说明具体的操作步骤。

【例 3-2】使用表设计视图创建学生表，其表结构见表 3-4。

具体操作步骤如下。

3-4 例 3-2

（1）在"创建"选项卡的"表格"选项组中，单击" 表设计"按钮，系统自动创建一个默认名为"表 1"（或其他有序编号）的新表，并显示该表的设计视图。

（2）按照表 3-4 中学生表结构的内容，输入各个"字段名称"、选择相应的"数据类型"，并按要求设置相应的字段大小。图 3-6 展示了"学号""短文本"型的"字段大小"为 10 个字符。

（3）设置表的主键。选中"学号"字段，在表格工具"设计"选项卡"工具"选项组中，单击" 主键"按钮，将"学号"字段设置为主键。设置完成后，"学号"字段的左侧会出现一个钥匙图形，表示已经被设置为主键。

（4）单击"快速访问工具栏"中的" 保存"按钮，以"学生表"为名进行保存，此时数据库的导航窗格中添加了一个名为"学生表"的表对象，学生表创建完成，如图 3-7 所示。

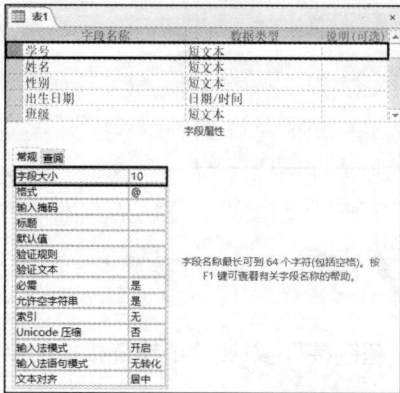

图 3-6 "学号"的字段属性

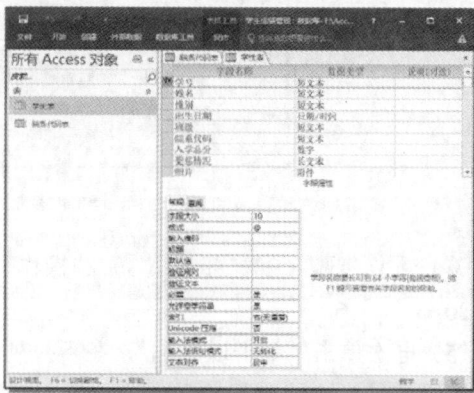

图 3-7 学生表的设计视图

3.2.3　设置表的主键

主键是表中能够唯一标识一条记录的字段集（一个字段或几个字段）。在使用表设计视图创建学生表时，该表的主键设置为"学号"字段。在 Access 2016 中，表的主键有以下 3 种类型。

1．单字段主键

单字段主键是指主键仅由一个字段组成，如学生表的主键只有"学号"字段。设置单字段主键的方法是在表设计视图中选中相应的字段后，直接单击表格工具"设计"选项卡"工具"选项组中的"🔑主键"按钮。

2．多字段主键

多字段主键是指主键由两个或两个以上的字段组成。设置多字段主键的方法是在表设计视图中按住 Ctrl 键，依次选中需要的多个字段后，单击表格工具"设计"选项卡"工具"选项组中的"🔑主键"按钮。

3．自动编号型字段主键

在使用数据表视图创建表时，系统会自动创建一个类型为自动编号的"ID"字段，并默认将其设置为新表的主键。例如，在使用数据表视图创建"院系代码表"时，自动创建了名为"ID"的字段，并且该字段被自动设置为该表的主键。

此外，在表设计视图中保存创建的新表时，如果没有设置主键，系统会提示尚未定义主键，并询问"是否创建主键？"若用户选择"是"，则系统将自动创建一个类型为自动编号的"ID"字段，并将其设置为表的主键。

> **提示**　要取消已经设置的主键，只需要按照设置主键的方法再操作一次。

3.2.4　修改表的结构

用户如果对已经创建的表结构不满意，可以在表的设计视图中对其进行适当的修改。在对表结构进行修改时，用户应注意可能会导致数据丢失的两种情形：一种是缩小"字段大小"的值造成的该字段原有数据部分丢失，另一种是修改数据类型造成的该字段原有数据全部丢失。

【**例 3-3**】修改院系代码表的结构，删除其中的主键"ID"字段，并将"院系代码"字段设置为主键，使其符合表 3-5 的结构要求。

具体操作步骤如下。

3-5　例 3-3

（1）鼠标右键单击导航窗格中的"院系代码表"，在弹出的快捷菜单中选择"设计视图"选项，打开院系代码表的设计视图。

（2）取消主键。选中"ID"字段，在表格工具"设计"选项卡"工具"选项组中单击"🔑主键"按钮，使"ID"字段左侧的钥匙图形消失。

（3）删除"ID"字段。选中"ID"字段，在表格工具"设计"选项卡"工具"选项组中单击"✖删除行"按钮，删除该字段。

（4）将"院系代码"设置为主键。选中"院系代码"字段，在表格工具"设计"选项卡"工具"选项组中单击"📌主键"按钮，使"院系代码"字段的左侧出现钥匙图形。

（5）保存表，完成对院系代码表结构的修改。

【例 3-4】修改学生表的结构，将"性别"字段的数据类型修改为使用"查阅向导"实现。

具体操作步骤如下。

（1）鼠标右键单击导航窗格中的"学生表"，在弹出的快捷菜单中选择"设计视图"选项，打开学生表的设计视图。

3-6 例 3-4

（2）选中"性别"字段，将其"数据类型"修改为"查阅向导"，弹出"查阅向导"对话框，如图 3-8 所示。在"查阅向导"对话框中选择"自行键入所需的值"，单击"下一步"按钮。

（3）在列表中输入"男"和"女"，如图 3-9 所示，单击"完成"按钮结束查阅向导的创建，以这种方式创建的字段最终的数据类型为短文本。

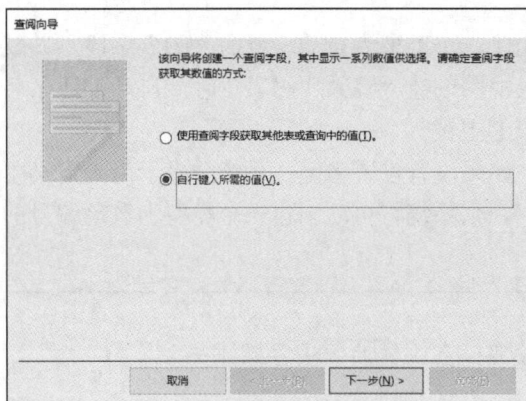

图 3-8　"查阅向导"对话框

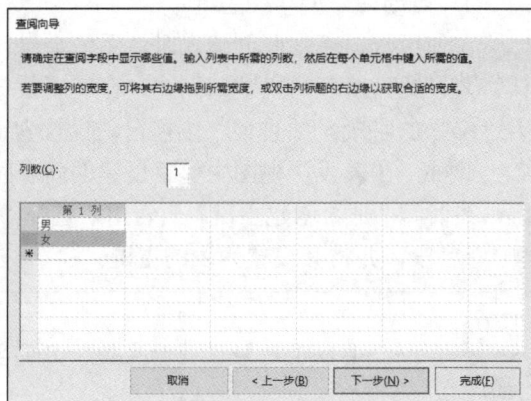

图 3-9　确定查阅字段中显示的值

（4）保存表，完成对学生表结构的修改。

3.2.5　设置字段的属性

不同数据类型的字段有着不同的属性，常见的属性有以下几种。

1. 字段大小

字段大小属性用于指定短文本型字段的长度（1～255）或数字型字段的种类（如字节、整型、长整型、单精度型、双精度型、同步复制 ID、小数等）。例如，学生的学号由 10 位数字组成，则短文本型字段"学号"的大小应该为 10；学生的入学总分都是整数，则数字型字段"入学总分"的大小应该选择整型。

2. 格式

格式属性用于指定字段的显示方式和打印方式，不会影响数据的存储方式。例如，数字型字段的格式有常规数字、货币、欧元、固定、标准、百分比和科学记数等，如图 3-10 所示；日期/时间型字段的格式有常规日期、长日期、中日期、短日期、长时间、中时间和短时间等，如图 3-11 所示；是/否型字段的格式有真/假、是/否和开/关等，如图 3-12 所示。

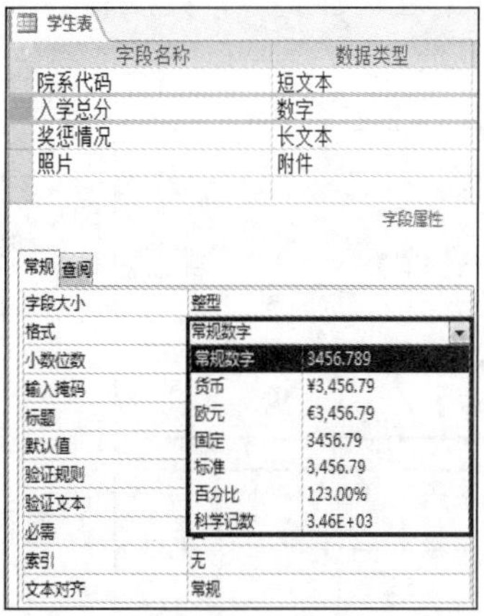

图 3-10 数字型字段的格式 　　图 3-11 日期/时间型字段的格式 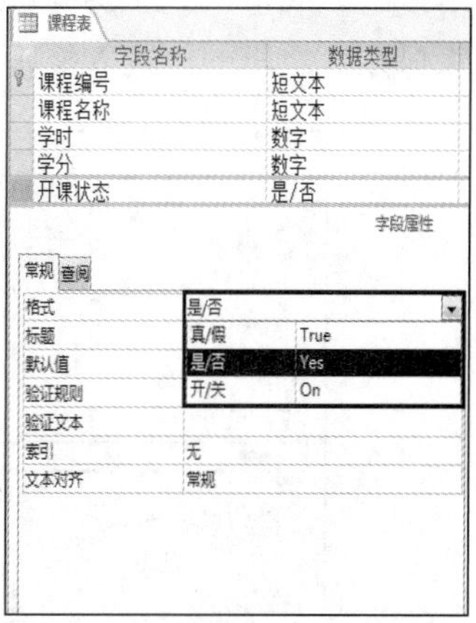　　图 3-12 是/否型字段的格式

3. 小数位数

小数位数属性用于指定数字型或货币型字段的小数位数。对于单精度型字段，小数位数可以是 0～7 位；对于双精度型字段，小数位数可以是 0～15 位。在 Access 2016 数据库中，小数位数默认是"自动"，即小数位数由字段的格式决定。

4. 输入掩码

输入掩码属性用于定义数据的输入格式。在创建输入掩码时，可以使用特殊字符来设置某些数据是必须输入的。表 3-6 所示为用于定义输入掩码的字符。

表 3-6　　　　　　　　　　用于定义输入掩码的字符

字符	说明
0	必须输入一位数字（0～9），不允许输入正号+和负号-
9	可以输入一位数字（0～9）或一个空格，不允许输入正号+和负号-
#	可以输入一位数字（0～9）或一个空格，且允许输入正号+和负号-
L	必须输入一个字母（A～Z）
?	可以输入一个字母（A～Z）
A	必须输入一个字母（A～Z）或一位数字（0～9）
a	可以输入一个字母（A～Z）或一位数字（0～9）
&	必须输入任意一个字符或空格
C	可以输入任意一个字符或空格
<	将所有英文字母转换为小写
>	将所有英文字母转换为大写
!	默认输入的数据是从左到右排列，"!"使输入的数据从右到左显示
\	使"\"之后的字符按原字符显示（如"\A"显示为"A"）
. , : ; - /	分别为小数点占位符，千位、日期与时间分隔符等

例如，学生表的"学号"字段要求是 10 位的数字字符，则可将"学号"的"输入掩码"设置为"0000000000"，以确保必须输入 10 位数字字符，如图 3-13 所示；输入"出生日期"

字段时，规定"年"必须输入 4 位，但"月"和"日"可以输入 1 位或者 2 位，则应将"出生日期"字段的"输入掩码"设置为"0000/99/99"，如图 3-14 所示。

图 3-13 "学号"的"输入掩码" 图 3-14 "出生日期"的"输入掩码"

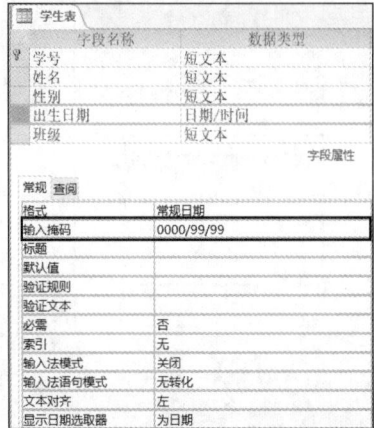

5. 标题

标题属性用于在数据表视图、窗体和报表中取代字段的显示名称，但不改变表结构中的字段名称。在设计表结构时，字段名称应当简明扼要，这样便于对表的管理和使用。但在数据表视图、报表和窗体中为了表示出字段的明确含义，用户反而希望用比较详细的名称。例如，在学生表中可以将学生姓名的"字段名称"定义为"姓名"，但在"标题"中可以输入"学生姓名"，如图 3-15 所示，这样在数据表视图、窗体和报表中该列的列名称将显示为"学生姓名"而不是"姓名"，如图 3-16 所示。如果不设置标题，则会默认显示字段名称。

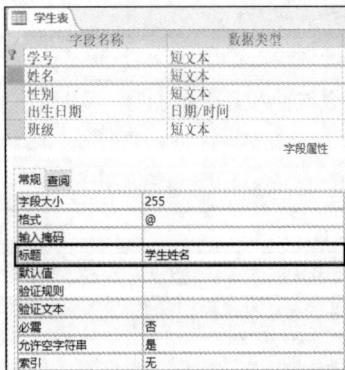

图 3-15 "姓名"字段的"标题" 图 3-16 标题在数据表视图中的显示效果

6. 默认值

默认值属性是指添加新记录时，自动填入字段的值。设置默认值可以减少输入重复数据的工作量。例如，用户可以将学生表中"性别"字段的默认值设置为"男"。当用户添加新学生记录时，该字段的值会自动设置为"男"。

7. 验证规则和验证文本

验证规则属性用来检查字段中的输入值是否符合要求。用户在设置了验证规则属性后，如果输入的数据违反了验证规则，就会弹出验证文本属性中设置的提示信息。例如，将学生表"性别"字段的验证规则设置为""男" or "女""，即只能输入"男"或"女"两个汉字之一，并在验证文本中输入"性别只能是"男"或"女""，如图 3-17 所示。当用户在"性别"字段中输入了其他字符时，会弹出图 3-18 所示的提示框以提示用户输入错误。

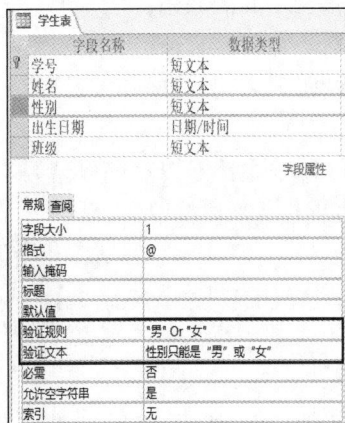

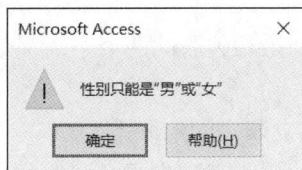

图 3-17 "性别"字段的"验证规则"和"验证文本" 　　　图 3-18 输入错误提示框

8．必需

必需属性可用来限定字段中是否必须有值。如果该属性设置为"是"，则用户在添加新记录时必须在该字段中输入数据。默认情况下，设置为主键的字段其"必需"属性会自动被设置为"是"。

9．索引

索引属性用来确定某字段是否作为索引。索引是将表中的记录按索引字段值排序的技术，可以加快对索引字段的查询、排序和分组等操作。索引虽然是一种记录顺序的重新排序，但不改变表中记录的物理顺序。一张表可以包含多个索引，每一个索引确定表中记录的一种逻辑顺序。

在 Access 数据库中，用户可以对短文本、长文本、数字、货币、日期/时间、自动编号、是/否和超链接等类型的字段进行索引设置。Access 提供了 3 个索引选项，如表 3-7 所示。

表 3-7　　　　　　　　　　　　　　　　索引选项

索引选项	说明
无	该字段没有被索引
有（有重复）	该字段被索引，并且索引字段的值是可重复的
有（无重复）	该字段被索引，并且索引字段的值是不可重复的

例如，对于学生表来说，学号可以唯一确定一条学生记录，但出生日期可能有多个学生相同，则"学号"字段可以设置为"有（无重复）"的索引，而"出生日期"字段只能设置为"有（有重复）"的索引。

> **提示**
> 索引将加快在字段中搜索及排序的速度，但可能会使更新变慢。
> 在 Access 2016 数据库中，不能对"附件"和"OLE 对象"类型的字段使用索引。

3.3　建立表之间的联系

一个 Access 数据库中可以有多张表，但这些表不是独立存在的，它们之间存在着联系。用户可以通过一张表的主键和另一张表的外键来创建两张表之间的联系。

1．对主键和外键的要求

当用户通过一张表的主键和另一张表的外键来创建两张表之间的联系时，这两个相关联的字段必须满足以下条件。

（1）字段名称可以不同，但必须有相同的数据类型（除非主键是自动编号型）。

（2）当主键是自动编号型时，可以与数字型并且字段大小为"长整型"的字段关联。

（3）如果相关联的两个字段都是数字型，那么这两个字段的字段大小必须相同。

3-7　建立表之间的联系

2．建立表之间的联系

院系代码表与学生表之间的联系可以通过院系代码表的主键"院系代码"字段和学生表的外键"院系代码"字段来实现，具体操作步骤如下。

（1）在"数据库工具"选项卡中，单击"关系"选项组中的"关系"按钮，打开关系布局窗口。如果数据库中尚未定义任何联系，则会弹出"显示表"对话框，如图 3-19 所示。如果没有弹出该对话框，用户可以在关系布局窗口中单击鼠标右键，在弹出的快捷菜单中选择"显示表"选项，打开该对话框。

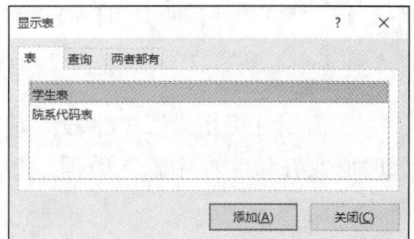

图 3-19　"显示表"对话框

（2）将"显示表"对话框中的院系代码表和学生表添加到关系布局窗口中后关闭该对话框。

（3）在关系布局窗口中，将院系代码表中的主键字段"院系代码"（字段名称左侧有钥匙图形）拖曳到学生表的外键字段"院系代码"上后，弹出图 3-20 所示的"编辑关系"对话框。

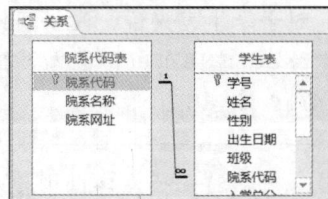

（4）在"编辑关系"对话框中根据需要设置相关的选项。例如，可以勾选"实施参照完整性"复选框，然后单击"创建"按钮完成联系的创建。此时在两张表的关联字段之间会出现一条连线，并在连线的两端分别标注了"1"和"∞"，表明两张表之间建立了一对多联系，如图 3-21 所示。

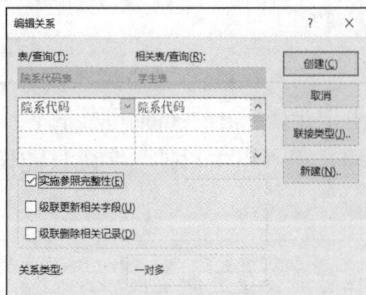

图 3-20　"编辑关系"对话框　　　　图 3-21　院系代码表与学生表之间的一对多联系

（5）关闭关系布局窗口，弹出"是否保存对'关系'布局的更改"对话框，选择"是"以保存该关系布局，两张表的联系创建完成。

> **提示**　如果在创建联系时未勾选"实施参照完整性"复选框，则在表之间的连线上不会出现"1"和"∞"。如果要修改联系，双击相应的连线就会弹出"编辑关系"对话框，用户可对其进行修改。

3. 实施参照完整性

参照完整性是对相关联的两张表的约束。当用户在一张表中更新、删除、插入数据时，系统可通过参照引用相互关联的另一张表中的数据来检查用户对表的数据操作是否正确。简单来说，就是要求子表（一对多联系中两个相关表的"多"端）中每条记录的外键值必须是父表（一对多联系中两个相关表的"一"端）中已经存在的主键值。例如，院系代码表和学生表之间建立了一对多联系，其中，院系代码表是父表，学生表是子表。

3-8　实施参照完整性

在 Access 数据库中实施参照完整性后会产生以下作用。

（1）不能在子表的外键字段中输入父表的主键中不存在的值。例如，学生表中"院系代码"字段的值必须是院系代码表中已经存在的值。这样可以避免出现没有某学院，却存在该学院学生的情况。

（2）如果子表中存在匹配的记录，则不能从父表中删除该记录。例如，在学生表中有某个"院系代码"的学生记录，就不能在院系代码表中删除该"院系代码"的记录。

（3）如果子表中存在匹配的记录，则不能在父表中更改该主键值。例如，在学生表中有某个"院系代码"的学生记录，就不能在院系代码表中修改该"院系代码"字段的值。

因此，用户如果在两张表之间建立了联系并实施了参照完整性，则对一张表进行的操作会影响到另一张表中的记录。

参照完整性的两个选项的作用如下。

（1）"级联更新相关字段"选项。在"编辑关系"对话框中勾选"级联更新相关字段"复选框后，当用户修改父表中记录的主键值时，系统将自动更新子表中相关记录的外键值，使它们保持一致。例如，如果用户在院系代码表中将"院系代码"字段中的"103"更改为"803"，则在学生表中该院系所有学生的"院系代码"字段会自动更新为"803"。

（2）"级联删除相关记录"选项。在"编辑关系"对话框中勾选"级联删除相关记录"复选框后，当用户删除父表中的某条记录时，系统将自动删除子表中的相关记录。例如，如果用户在"院系代码表"中删除了"院系代码"为"103"的记录，则在学生表中该院系的所有学生记录会同时被删除。

4. 删除联系

关系布局窗口中显示的是各表之间联系的图示。如果用户只是在该窗口中选中某张表，然后按 Delete 键，则仅仅会删除该表的图示，不会删除该表相关的联系本身。当用户重新将该表显示到关系布局窗口后，联系连线依然存在。要想删除联系，用户必须选中联系连线后再按 Delete 键。

3.4　表数据的操作

创建表之后，就可以打开表的数据表视图，录入表中的数据，或对表中的数据进行编辑、排序、筛选、导入和导出等操作。

3.4.1 表数据的录入

在 Access 数据库中，只有创建好表的结构之后，用户才可以在数据表视图中录入表的数据。录入数据时，在字段名称下面的单元格中依次输入即可。

1. 不同数据类型对输入数据的要求

默认情况下，在表中输入数据的类型必须是该字段接受的数据类型，否则 Access 会显示错误提示信息。

（1）短文本：可以接受任意的文本或数字字符，但如果设置了输入掩码，则必须按照输入掩码规定的格式输入数据，输入字符的个数受字段大小限制。

（2）长文本：可以接受任意的文本字符，最多 1GB 个字符。

（3）数字：只能输入合法的数值数据，Access 会自动校验输入数据的合法性。

（4）日期/时间：只能输入 100～9999 年之间任意的日期和时间。如果设置了输入掩码，则必须按照掩码规定的格式输入数据。如果未设置输入掩码，则可以采用任意有效的日期或时间格式，但无论采用哪一种格式输入，Access 都将按照统一的格式显示。例如，用户可以输入 11 Mar. 2020、20/3/11、2020-3-11、March 11, 2020 等，但默认都显示为 2020/3/11。

（5）货币：只能输入合法的货币值，但不需要手动输入货币符号。默认情况下，Access 会自动使用 Windows 区域设置中指定的货币符号（¥），而且 Access 会自动校验输入数据的合法性。

（6）自动编号：任何时候都无法在此数据类型的字段中输入或更改数据。只要向表添加了新记录，Access 就会自动填入"自动编号"字段的值。

（7）是/否：默认情况下是通过一个复选框来输入，勾选（√）表示"是"，未勾选（空白）表示"否"。如果有必要，也可以在字段属性中将其"显示控件"更改为文本框或组合框。

（8）OLE 对象：可以链接或嵌入一个其他应用程序所创建的文件（如图片、Word 文档、Excel 图表或 PowerPoint 幻灯片等），在该字段单元格上单击鼠标右键，在弹出的快捷菜单中选择"插入对象"选项，然后选择相应的文件完成输入。

（9）超链接：可以输入任何文本数据，Access 会自动在文本前添加"http://"。

（10）附件：可以将多个其他应用程序所创建的文件附加到该数据类型的字段中，在该字段单元格处双击，即可在弹出的对话框中添加附件。

（11）计算：任何时候都无法在计算型的字段中输入或更改数据，该字段只用于保存计算结果。

（12）查阅向导：从下拉列表中选择字段的值。

提示 如果建立了表之间的联系并实施了参照完整性，则必须先输入父表的数据，然后再输入子表的数据。

---

2. 院系代码表数据的录入

在院系代码表的数据表视图中，用户可以直接输入表 3-2 中的院系代码表数据，效果如图 3-22 所示。

录入院系代码表数据时，有以下几点需要注意。

（1）* 表示可以在该行输入新的记录。

（2）在录入"院系网址"（超链接型）时，可以在相应位置直接输入网址，或通过"插入超链接"对话框来完成输入。如果用户直接输入网址，可以在该字段中按照"显示文本#网页地址#"的格式进行输入。例如，要求在"院系网址"字段显示文字"外国语学院"，并且当用户单击该文字

3-9 院系代码表
数据的录入

时能够跳转到外国语学院的网址，则用户可以直接输入"外国语学院#http://#"（具体网址略）。如果用户通过"插入超链接"对话框输入网址，在该字段单元格上单击鼠标右键，在弹出的快捷菜单中选择"超链接|编辑超链接"选项，打开图 3-23 所示的"插入超链接"对话框，在"要显示的文字"文本框中输入"外国语学院"，在"地址"文本框中输入该学院的网页地址，然后单击"确定"按钮即可。此外，如果用户在该字段中只输入了网页地址，则默认显示文本就是该网页地址。

图 3-22 院系代码表的数据

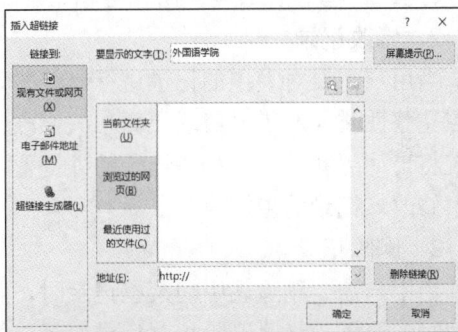

图 3-23 "插入超链接"对话框

3. 学生表数据的录入

在学生表的数据表视图中，用户可以直接输入表 3-1 中的学生数据，效果如图 3-24 所示。

图 3-24 学生表的数据

3-10 学生表数据
的录入

录入学生表数据时，有以下几点需要注意。

（1）"学号"字段如果设置了输入掩码"0000000000"，则只能输入 10 位数字。

（2）录入"性别"字段（查阅向导）时，直接单击单元格右端的下拉按钮，从下拉列表中选择值输入。

（3）"出生日期"字段如果设置了输入掩码"0000/99/99"，则在输入数据时年份必须输入 4 位数字，月和日可以输入 1 位或 2 位数字。

（4）录入 📎（照片附件）时，用户可以双击相应的位置，在弹出的"附件"对话框中添加照片文件。在数据表视图中不能直接显示附件中的图片（但在窗体中可以直接显示），该字段中仅显示所插入的附件数量。

院系代码表和学生表之间建立了联系，其中院系代码表是父表，学生表是子表。在父表的数据表视图中，每条记录的左侧会出现折叠按钮（+或－），单击该折叠按钮可以展开或折叠子表中相关的记录。但子表的数据表视图中不会出现折叠按钮。

3.4.2 表数据的编辑

表数据的编辑包括记录的添加、修改、删除和保存。

1．添加记录

在表的数据表视图中，有以下两种方法可以添加一条新记录。如果实施了参照完整性，则用户在子表中添加记录时，外键字段输入的值必须是父表中已经存在的主键值。

方法1：单击"开始"选项卡"记录"选项组中的"📧 新建"按钮，即可在表尾添加一条新记录，同时将新记录确定为当前记录，按字段要求输入数据。

方法2：直接在表尾 ✱ 所在行输入新记录。

2．修改记录

当用户需要对表中的记录进行修改时，可以在其数据表视图中直接进行修改。如果实施参照完整性时勾选了"级联更新相关字段"复选框，则用户在修改父表中记录的主键值时，系统将自动更新子表中相关记录的外键值。否则，如果子表中存在匹配的记录，则不能在父表中修改该记录的主键值。

3．删除记录

当用户需要删除表中的某些记录时，可以在其数据表视图中进行删除。如果实施参照完整性时勾选了"级联删除相关记录"复选框，则用户在删除父表中某些记录时，系统将自动删除子表中的相关记录。否则，如果子表中存在匹配的记录，则不能从父表中删除这些记录。

删除记录的一般操作步骤如下。

（1）打开表的数据表视图，单击需要删除的记录的记录选择器（记录行最左侧的区域），选中要删除的记录，通过拖曳鼠标，即可选中多条连续的记录，如图3-25所示。

图3-25 选中记录

（2）单击"开始"选项卡"记录"选项组中的"✖ 删除"按钮或按 Delete 键。

（3）在确认删除对话框中单击"是"按钮，即可删除选中的记录。

4．保存记录

在 Access 中，当定位到其他记录时，系统会自动保存正在编辑的记录。因此，用户不必考虑保存记录的问题。

3.4.3 表数据的导入和导出

为了能够兼容大多数数据库系统的文件格式，Access 2016 提供了表数据的导入和导出功能，可实现不同系统之间的数据资源共享。

1．表数据的导入

表数据的导入功能可以将外部数据源中的数据导入本数据库已有的表中，也可以直接创建一个新表。导入的外部数据源可以是 Excel 电子表格文件、文本文件或 XML 文件等。

【例 3-5】在一个 Excel 电子表格文件中已经建立了一张图 3-26 所示的"院系代码表"工作表，要求将该工作表中的数据导入院系代码表中。

具体操作步骤如下。

（1）关闭所有打开的表（工作区为空白）。

（2）在"外部数据"选项卡"导入并链接"选项组中，单击"Excel"按钮，弹出"获取外部数据-Excel 电子表格"对话框，如图 3-27 所示。

3-11　例 3-5

图 3-26　"院系代码表"Excel文件

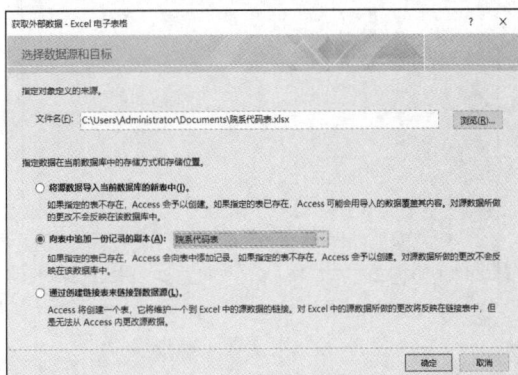

图 3-27　"获取外部数据-Excel电子表格"对话框

（3）在"获取外部数据-Excel 电子表格"对话框中单击"浏览"按钮，找到 Excel 电子表格文件"院系代码表.xlsx"，选中"向表中追加一份记录的副本"单选按钮，并在其右侧的下拉列表中选择"院系代码表"，单击"确定"按钮。

（4）在图 3-28 所示的"导入数据表向导"对话框中，选择合适的工作表或区域，默认选中了"显示工作表"单选按钮，在列表框中选中"院系代码表"，单击"下一步"按钮。

（5）在图 3-29 所示的对话框中，确定第一行是否包含列标题，由于本例中包含了列标题，所以默认选中了"第一行包含列标题"复选框，单击"下一步"按钮。

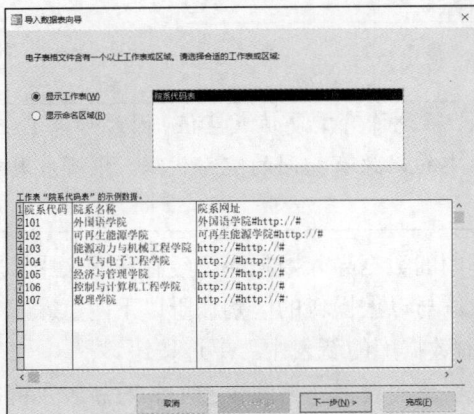

图 3-28　选择合适的工作表或区域

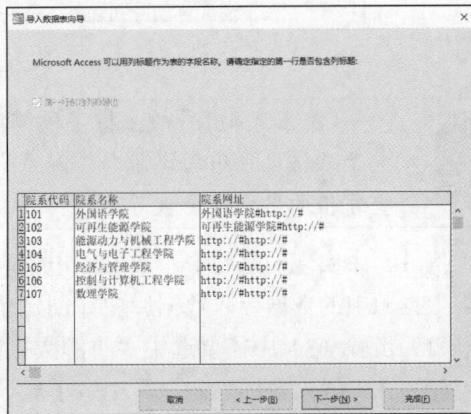

图 3-29　确定第一行是否包含列标题

（6）在图 3-30 所示的对话框中，指定将全部数据导入"院系代码表"，单击"完成"按钮。

（7）如果数据表中当前没有任何数据，则会弹出图 3-31 所示的对话框，确定是否要保存导入步骤。用户如果经常要重复导入同一个文件的操作，则可以勾选"保存导入步骤"复选框。本例不需要重复导入，所以不勾选该复选框。单击"关闭"按钮完成院系代码表的导入操作。

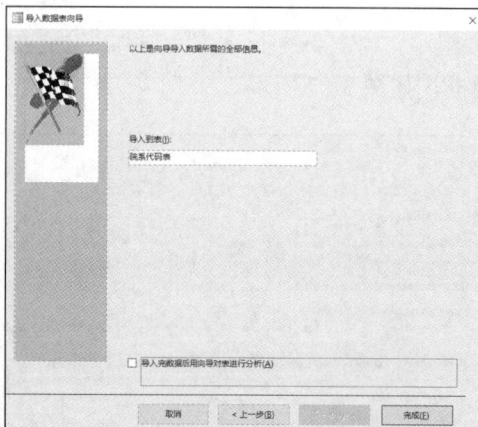

图 3-30　指定导入哪张表

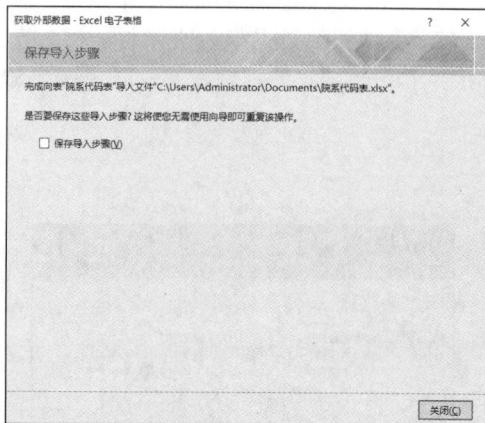

图 3-31　确定是否要保存导入步骤

（8）由于 Excel 电子表格文件"院系代码表.xlsx"中有 3 条记录与院系代码表中已有的记录相同，这里会弹出图 3-32 所示的提示信息"Microsoft Access 无法将所有数据添加到表中。由于键值冲突，0 条记录中的字段内容被删除，而 3 记录被丢失"，即"院系代码表"中已有的 3 条记录不会被覆盖。单击"是"按钮继续，然后再确定是否要保存导入步骤。

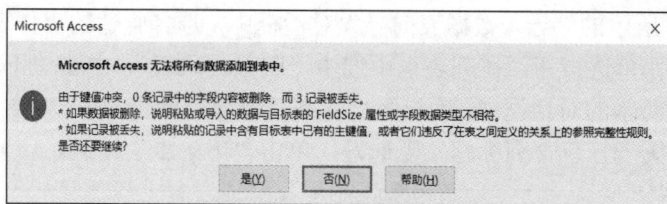

图 3-32　导入提示信息

> **提示**　"院系代码表"的主键字段"院系代码"不允许有重复值或空值，因此如果 Excel 电子表格文件中的记录与"院系代码表"中的记录有相同的院系代码，则那些具有重复值的记录不会被导入。

例 3-5 中实现的是将一个 Excel 电子表格文件中的数据导入数据库已经存在的表中。将外部数据源中的数据导入数据库中并创建新表的操作与以上操作的区别在于以下两点。

（1）步骤（3）中需要选中"将源数据导入当前数据库的新表中"单选按钮。

（2）在"导入数据表向导"中多了对导入字段信息的设置（见图 3-33）和对新表主键的设置（见图 3-34）。其他步骤没有区别。

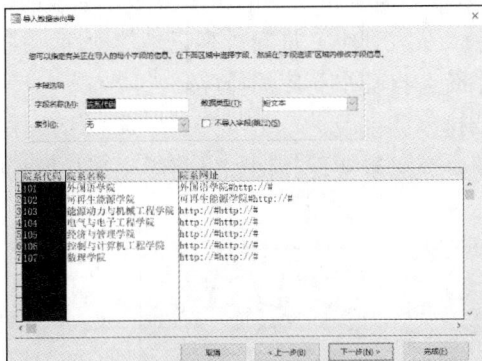

图 3-33 指定导入字段的信息

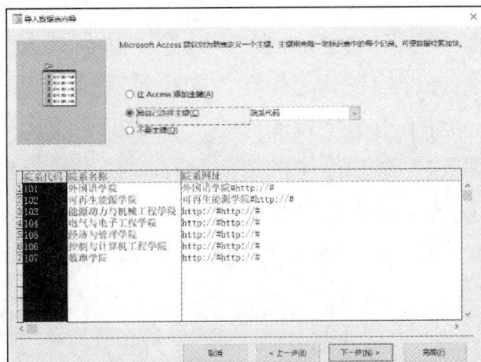

图 3-34 设置新表的主键

2．表数据的导出

表数据的导出功能是将 Access 数据库表中的数据导出到其他 Access 数据库、Excel 电子表格文件、文本文件、Word 文件或 XML 文件中。

【例 3-6】导出学生表中的数据，并以 Excel 电子表格形式存储在磁盘上。

具体操作步骤如下。

（1）在导航窗格中打开或选定"学生表"。

3-12 例 3-6

（2）在"外部数据"选项卡"导出"选项组中，单击" Excel"按钮，弹出"导出-Excel 电子表格"对话框，如图 3-35 所示。在该对话框中可以指定"文件名"及"文件格式"，单击"浏览"按钮，可以修改文件的存储位置。

（3）单击"确定"按钮，系统会提示是否要保存这些导出步骤，如图 3-36 所示。用户如果经常要重复导出同样文件的操作，则可以勾选"保存导出步骤"复选框。这里不需要重复导出，所以不勾选。单击"关闭"按钮完成学生表的导出操作。此时在指定的文件夹中生成了相应的 Excel 电子表格文件。

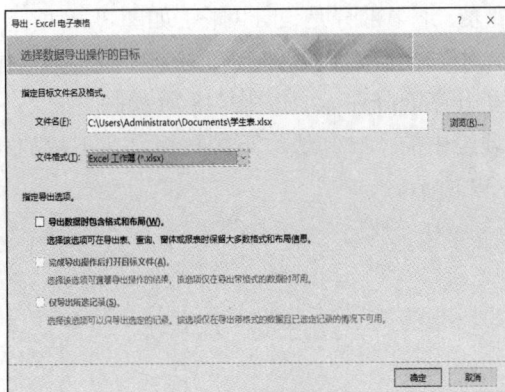

图 3-35 "导出-Excel 电子表格"对话框

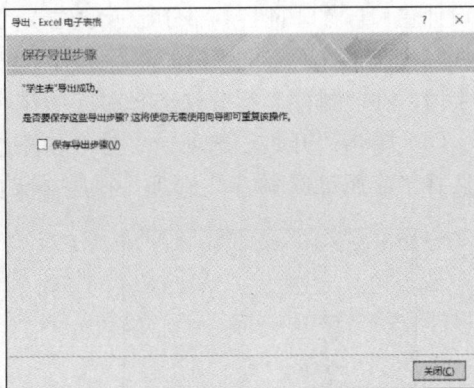

图 3-36 确定是否要保存导出步骤

3.4.4 表数据的排序

Access 默认是以表中定义的主键字段值排序显示记录的。如果在表中没有定义主键，那么将按照记录在表中的物理顺序显示记录。用户可以根据需要按表中的一个或多个字段的值，对整张表中的全部记录按升序（从小到大）或降序（从大到小）重新排列记录的次序。排序的结果可与表一起保存，并在重新打开该表时，系统会自动重新应用排序。

对于单个字段的排序，在数据表视图中选中要排序的字段，单击"开始"选项卡"排序和筛选"选项组中的"↓升序"或"↓降序"按钮，就可以实现。例如，将学生表按照出生日期升序进行排序后的结果如图3-37所示。

图 3-37　学生表按出生日期升序排序后的结果

不同的字段类型的排序规则不同，具体如下。

（1）英文按字母顺序排序，不区分大小写，升序按 A～Z 排序，降序按 Z～A 排序。

（2）汉字按拼音字母的顺序排序，升序按 A～Z 排序，降序按 Z～A 排序。

（3）数字按数值的大小排序，升序按从小到大排序，降序按从大到小排序。

（4）日期和时间按日期、时间的先后顺序排序，升序按从前到后排序，降序按从后向前排序。

多个字段的排序，则要使用"高级筛选/排序"选项。下面通过具体例子说明。

【例 3-7】将学生表按照班级升序和入学总分的降序排序。

具体操作步骤如下。

（1）打开学生表的数据表视图。

（2）在"开始"选项卡"排序和筛选"选项组中单击"高级"下拉按钮，在下拉列表中选择"高级筛选/排序"选项，打开"学生表筛选1"的设计窗口。窗口的上半部分显示学生表的字段列表，下半部分是设计网格，如图3-38所示。

（3）在设计网格的"字段"行选择"班级"作为第一排序字段，"入学总分"作为第二排序字段，在"排序"行分别选择对应的排序方式（升序或降序），如图3-38所示。

（4）单击"开始"选项卡"排序和筛选"选项组中的"高级"下拉按钮，在下拉列表中选择"应用筛选/排序"选项，排序结果如图3-39所示。

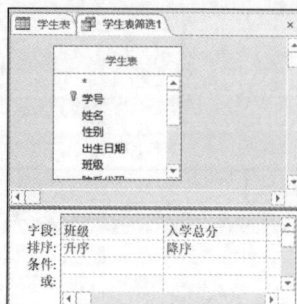

图 3-38　"学生表筛选 1"的设计窗口　　　图 3-39　学生表按班级升序、入学总分降序排序后的结果

如果想要取消排序，可以单击"开始"选项卡"排序和筛选"选项组中的"⁂ 取消排序"按钮，从而恢复表的原始状态。

3.4.5 表数据的筛选

表数据的筛选是指将符合筛选条件的记录显示出来，而将其他记录暂时隐藏起来，方便用户查看。Access 2016 提供了 4 种筛选方法，分别是按选中内容筛选、使用筛选器筛选、按窗体筛选和高级筛选。

1. 按选中内容筛选

按选中内容筛选就是用表中某个字段的值作为筛选条件来快速筛选记录。例如，用户想要在学生表中快速筛选出所有男学生。只要单击"性别"字段中任意一个值为"男"的单元格，然后单击"开始"选项卡"排序和筛选"选项组中的"▼ 选择"按钮，在弹出的下拉菜单中选择"等于"男""选项即可，筛选结果如图 3-40 所示。

学号	姓名	性别	出生日期	班级	院系代码	入学总分	奖惩情况
1201010103	宋洪博	男	2002/5/15	英语2001	101	698	三好学生，一等奖学金
1201010105	刘向志	男	2001/10/8	英语2001	101	625	
1201030110	王琦	男	2002/1/23	机械2001	103	600	优秀学生干部，二等奖学金

图 3-40 学生表中筛选出的所有男学生记录

如果需要进一步筛选，则可重复执行按选中内容筛选，但每次只能给出一个筛选条件。此外，对于不同数据类型的字段，"▼ 选择"按钮提供的筛选条件也不同。例如，文本型字段的筛选条件中会出现"包含""不包含"等条件设置，而数字型字段的筛选条件中会出现"等于""不等于""小于""大于""介于"等条件设置。

2. 使用筛选器筛选

在数据表视图中，选中要筛选的字段，然后单击"开始"选项卡"排序和筛选"选项组中的"▼ 筛选器"按钮即可筛选记录。图 3-41 所示为学生表中"性别"字段的筛选器，这里只勾选了"男"复选框，即只显示男学生的记录，其他记录将被隐藏起来。

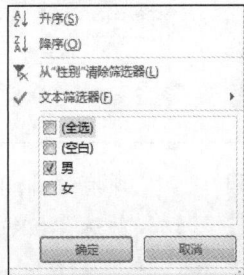

3. 按窗体筛选

图 3-41 "性别"字段的筛选器

按窗体筛选的方法可以方便地实现较为复杂的筛选。在按窗体筛选的设计窗口中，默认有两张选项卡，选项卡标签分别是"查找"和"或"（位于窗口下方），其中"或"选项卡可以插入多张。每张选项卡中均可指定多个筛选条件，同一张选项卡上的多个筛选条件之间是"与"的关系，不同选项卡之间是"或"的关系。

【例 3-8】在学生表中，使用按窗体筛选功能筛选出所有女学生和入学总分在 620（含）分以上的男学生记录。

具体操作步骤如下。

（1）打开学生表的数据表视图。

（2）单击"开始"选项卡"排序和筛选"选项组中的"📷高级"下拉按钮，在下拉列表中选择"按窗体筛选"选项，打开按窗体筛选设计窗口。在"性别"字段下方选择""女""，表示要查找女学生的记录，如图 3-42 所示。

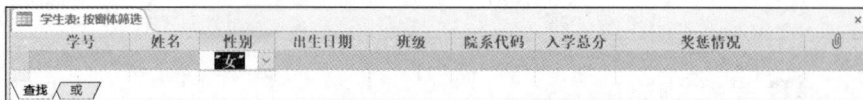

图 3-42　指定女学生筛选条件

（3）单击选项卡标签"或"，然后在"性别"字段下方选择""男""，在"入学总分"字段下方输入">=620"，表示要查找入学总分在 620（含）分以上的男学生记录，如图 3-43 所示。

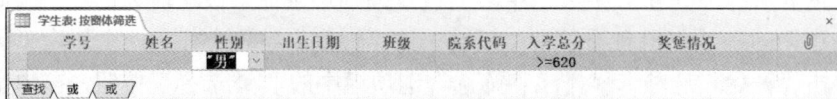

图 3-43　指定男学生入学总分筛选条件

提示 在指定筛选条件时，如果在某个字段下方直接输入或选择一个值，则表示选定字段等于该值，实际上是省略了"="（比较运算符）。

（4）单击"开始"选项卡"排序和筛选"选项组中的"切换筛选"按钮，筛选结果如图 3-44 所示。

图 3-44　在学生表中筛选出的女学生和入学总分在 620（含）分以上的男学生记录

提示 所有的筛选结果都可以通过单击"开始"选项卡"排序和筛选"选项组中的"切换筛选"按钮来取消，从而恢复表的原貌。

4. 高级筛选

用户如果对筛选的结果有排序要求，只能通过高级筛选功能来实现。在高级筛选窗口的设计网格中，同一"条件"行中各个条件之间是"与"的关系，不同条件行之间是"或"的关系。

【例 3-9】在学生表中，使用高级筛选功能筛选出所有女学生和入学总分在 620（含）分以上的男学生记录，并按"入学总分"的升序排序。

具体操作步骤如下。

（1）打开学生表的数据表视图。

（2）单击"开始"选项卡"排序和筛选"选项组中的"高级"下拉按钮，在下拉列表中选择"高级筛选/排序"选项，打开高级筛选设计窗口，如图 3-45 所示。第 1 列的"字段"行选择"性别"，"条件"行输入""女""，"或"行输入""男""；第 2 列的

3-14　例 3-9

"字段"行选择"入学总分","排序"行选择"升序","或"行输入">=620"。

（3）单击"开始"选项卡"排序和筛选"选项组中的"▽切换筛选"按钮，筛选结果如图 3-46 所示。

图 3-45　高级筛选设计窗口

图 3-46　在学生表中筛选记录并按入学总分升序排序的结果

3.5　表的外观设置

表的外观设置实际上是指设置数据表视图中显示的二维表格的外观，通常包括以下几方面。

1．调整字段的显示次序

在数据表视图中打开表时，Access 默认的字段次序与表设计视图中的次序相同，用户可以重新设置字段的显示次序来满足不同的查看要求。

【例 3-10】交换学生表中"性别"和"班级"字段的位置。

具体操作步骤如下。

（1）在学生表的数据表视图中，单击字段名称"性别"，选中"性别"列，如图 3-47 所示。

（2）按住鼠标左键并将其拖曳到"班级"列之前的位置。

（3）同样的方法选中"班级"列，拖曳到"出生日期"列之前的位置，结果如图 3-48 所示。

图 3-47　交换前

图 3-48　交换后

关闭表的数据表视图时，可以选择是否将表的外观设置更改与表一起保存。

2．设置数据表的格式

在数据表视图中打开表时，Access 会按默认的格式显示二维表格，如显示的网格线为银色，背景色为白色。设置数据表的格式就是设置单元格效果、网格线和背景色等。

【例 3-11】将院系代码表数据表视图的单元格效果设置为"凸起"。

具体操作步骤如下。

（1）打开院系代码表的数据表视图。

（2）单击"开始"选项卡"文本格式"选项组右下角的对话框扩展按钮"🖅"，打开"设置数据表格式"对话框，在该对话框中将"单元格效果"设置为"凸起"，如图 3-49 所示。

（3）单击"确定"按钮，院系代码表的"凸起"效果如图 3-50 所示，其奇偶行的区分更明显。

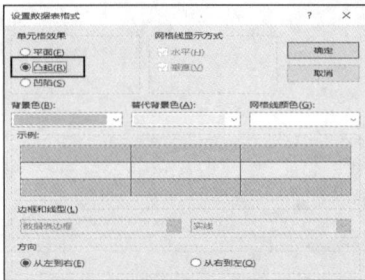

图 3-49 "设置数据表格式"对话框

图 3-50 院系代码表数据的"凸起"效果

3. 隐藏或显示数据表中的列

隐藏数据表中的列就是把数据表中暂时不想看到的列隐藏起来，当需要的时候再显示出来。

【例 3-12】将院系代码表中的"院系网址"列隐藏起来。

具体操作步骤如下。

（1）在院系代码表的数据表视图中单击字段名称"院系网址"，选中"院系网址"列，如图 3-51 所示。若要选定相邻的多列，单击第一个字段名称，拖曳鼠标直到选中最后一个字段名称即可。

（2）在选中的列处单击鼠标右键，在弹出的快捷菜单中选择"隐藏字段"选项，隐藏后的效果如图 3-52 所示。

图 3-51 隐藏列前

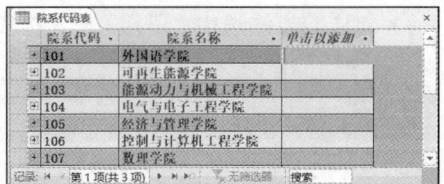

图 3-52 隐藏列后

要想显示数据表中隐藏的列，需选择"取消隐藏字段"选项。

【例 3-13】将院系代码表中隐藏的"院系网址"列显示出来。

具体操作步骤如下。

（1）在院系代码表的数据表视图中，在任意一个字段名称处单击鼠标右键，在弹出的快捷菜单中选择"取消隐藏字段"选项，弹出"取消隐藏列"对话框，如图 3-53 所示。

（2）在"取消隐藏列"对话框中，每个字段名称前面都有

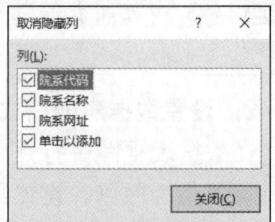

图 3-53 "取消隐藏列"对话框

一个复选框，被勾选（√）的字段都是没有隐藏的列，未被勾选（空白）的字段都是隐藏的列。要取消对"院系网址"列的隐藏，则要勾选该字段名称前的复选框。

（3）单击"关闭"按钮，数据表视图即可重新显示出"院系网址"列。

4．冻结或取消冻结数据表中的列

有时需要将表中的某些列一直显示在屏幕上，用户可以将这些列冻结。冻结后，无论将数据表水平滚动到何处，这些被冻结的列都将始终显示在最左侧，以便用户查看同一条记录的数据。

冻结数据表中的列的具体操作步骤如下。

（1）打开表的数据表视图。

（2）单击要冻结列的字段名称，选中要冻结的一列或相连的多列。

（3）在选中的列处单击鼠标右键，在弹出的快捷菜单中选择"冻结字段"选项，此时水平滚动数据表，被冻结的列始终在最左侧可见。

提示　　　　要冻结多个不相邻的列，则需要多次选择"冻结字段"选项，分别对其冻结。

取消冻结数据表中的列的具体操作步骤如下。

（1）打开表的数据表视图。

（2）在任意一个字段名称处单击鼠标右键，在弹出的快捷菜单中选择"取消冻结所有字段"选项。无论数据表中已冻结了多少个列，都统一取消冻结。

5．调整数据表的行高和列宽

用户可以根据实际操作的需要，改变数据表显示的行高和列宽。调整行高和列宽主要有两种方法，即利用鼠标拖曳调整或指定数值。

利用鼠标拖曳调整行高的具体操作步骤如下。

（1）打开表的数据表视图。

（2）将鼠标指针移动到数据表左侧任意两个记录选择器之间，当鼠标指针变成十字且带有上下双向箭头的形状时，按住鼠标左键拖曳调整到满意的行高即可。

利用鼠标拖曳调整列宽的具体操作步骤如下。

（1）打开表的数据表视图。

（2）将鼠标指针移动到要调整列宽的字段名称的右边缘，当鼠标指针变成十字且带有左右双向箭头的形状时，按住鼠标左键拖曳调整到满意的列宽即可。如果要调整列宽以适合其中的数据，直接双击字段名称的右边缘即可。

指定行高数值的具体操作步骤如下。

（1）打开表的数据表视图。

（2）在任意一个记录选择器处单击鼠标右键，在弹出的快捷菜单中选择"行高"选项，弹出"行高"对话框，如图 3-54 所示。

（3）在"行高"对话框中输入行高值，单击"确定"按钮。

指定列宽数值的具体操作步骤如下。

（1）打开表的数据表视图。

（2）选中需要调整列宽的列后，在选中列的字段名称处单击鼠标右键，在弹出的快捷菜单中选择"字段宽度"选项，弹出"列宽"对话框，如图 3-55 所示。

（3）在"列宽"对话框中输入列宽值，单击"确定"按钮。

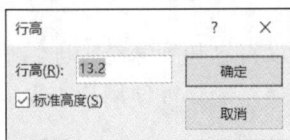

图 3-54　"行高"对话框

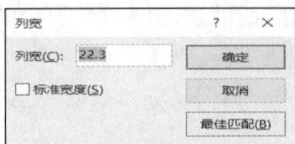

图 3-55　"列宽"对话框

3.6　表的复制、删除和重命名

在 Access 数据库中，表的复制、删除和重命名都是在导航窗格中完成的。

1．复制表

复制表的操作可以通过"开始"选项卡"剪贴板"选项组中的" 复制"和" 粘贴"按钮来完成。打开准备复制的表对象所在的数据库，在导航窗格中选中该表，然后单击" 复制"

按钮即可将该表复制到剪贴板中。如果是在同一个数据库中复制表，则直接单击" 粘贴"按钮；如果要将表复制到另一个数据库中，则需在打开另一个数据库后，在该数据库中进行粘贴操作。Access 2016 提供了 3 种粘贴表的方式，如图 3-56 所示。

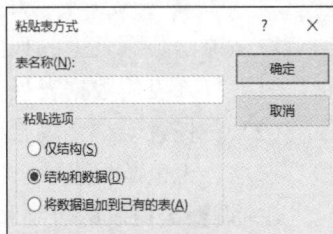

图 3-56　粘贴表方式

（1）仅结构。复制后的新表只有表结构，没有数据，用户可在"表名称"文本框中输入新表名。当用户需要在数据库中创建一个新表，且新表的结构与原表结构相似时可以使用该选项，将减少创建新表的工作量。

（2）结构和数据。复制后的新表与原表完全相同（表名除外），用户可在"表名称"文本框中输入新表的名称。当用户需要备份表时，可以使用该选项。

（3）将数据追加到已有的表。复制后不产生新表，用户在"表名称"文本框中只能输入已经存在的表名，而且要求两张表的结构完全相同。当用户需要将一张表中的数据全部追加到另一张表中时可以使用该选项。

【例 3-14】备份学生表并将新表命名为"学生表备份"。

具体操作步骤如下。

（1）在导航窗格中单击"学生表"，选中该对象。

（2）单击"开始"选项卡"剪贴板"选项组中的" 复制"按钮。

（3）单击"开始"选项卡"剪贴板"选项组中的" 粘贴"按钮，弹出"粘贴表方式"对话框，在"表名称"文本框中输入新表的名称"学生表备份"，将粘贴选项设置为"结构和数据"。

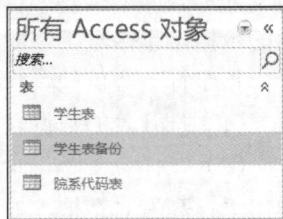

图 3-57　备份学生表后的结果

（4）单击"完成"按钮，此时在导航窗格中会出现"学生表备份"表对象，如图 3-57 所示。

2．删除表

在发现数据库中存在多余的表对象时，用户可以删除它们。删除表主要有以下两种方法。

方法 1：在导航窗格中，在要删除的表名处单击鼠标右键，在弹出的快捷菜单中选择"删除"选项。

方法 2：在导航窗格中单击要删除的表名，再按 Delete 键。

无论采用哪一种方法删除表，系统都会弹出提示框来让用户进一步确认是否真的要删除表。

【例 3-15】删除"学生表备份"表对象。

具体操作步骤如下。

（1）在导航窗格中"学生表备份"表名处单击鼠标右键，在弹出的快捷菜单中选择"删除"选项，弹出图 3-58 所示的确认删除提示框。

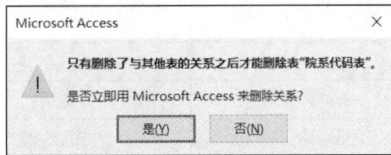

（2）单击提示框中的"是"按钮，删除该表。

如果要删除的表与其他表之间建立了联系，则暂时不能将其删除，系统会提示"只有删除了与其他表的关系之后才能删除表"。例如，要删除院系代码表时，由于该表与学生表建立了一对多的联系，所以不能删除，系统会给出图 3-59 所示的提示信息。只有删除与其他表的联系后，才能删除该表。

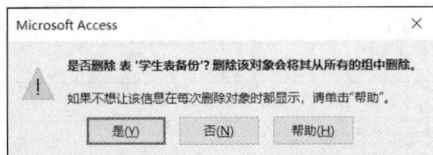

图 3-58　确认删除提示框　　　　图 3-59　删除联系提示框

3. 重命名表

重命名表的具体操作步骤如下。

（1）在导航窗格中，在要重命名的表名处单击鼠标右键，在弹出的快捷菜单中选择"重命名"选项。

（2）输入新表名，然后按 Enter 键，即可重命名表。

3.7　课堂案例：学生成绩管理数据库表

在 1.5 节课堂案例中，设计了学生成绩管理数据库的 4 张表（院系代码表、学生表、课程表和选课成绩表）的关系模式及各表之间的联系，在 2.5 节课堂案例中已经创建了学生成绩管理数据库，本节将根据各表的关系模式及对数据的具体要求详细地设计出表的结构，然后在学生成绩管理数据库中创建这 4 张表及表之间的联系，并录入表中的数据。

1. 表结构的设计

本章前面已经介绍了院系代码表和学生表的结构，这里不再赘述，所以本节只给出课程表和选课成绩表的结构。

（1）课程表的结构

课程表的表模式为：课程表（课程编号，课程名称，学分，开课状态，课程大纲）。根据课程表的实际情况可以确定它的表结构如表 3-8 所示，其中主键是"课程编号"字段。

表3-8   课程表的结构

字段名称	数据类型	字段大小	说明
课程编号	短文本	8个字符	主键
课程名称	短文本	20个字符	
学分	数字	单精度（1位小数）	
开课状态	是/否	默认值	
课程大纲	OLE 对象	默认值	

（2）选课成绩表的结构

选课成绩表的表模式为：选课成绩表（学号，课程编号，成绩，学年，学期）。根据选课成绩表的实际情况可以确定它的表结构如表3-9所示，其中主键是"学号+课程编号"字段，两个外键分别是"学号"和"课程编号"字段。学生表与选课成绩表之间通过"学号"字段建立联系，课程表与选课成绩表之间通过"课程编号"字段建立联系。

表3-9   选课成绩表的结构

字段名称	数据类型	字段大小	说明	
学号	短文本	10个字符	外键	主键
课程编号	短文本	8个字符	外键	
成绩	数字	整型		
学年	短文本	9个字符		
学期	短文本	1个字符		

2．创建表

根据各张表结构的设计，在学生成绩管理数据库中使用表设计视图分别创建院系代码表、学生表、课程表和选课成绩表。这里仅给出课程表和选课成绩表的设计视图，如图3-60和图3-61所示，院系代码表和学生表的设计视图不再赘述。

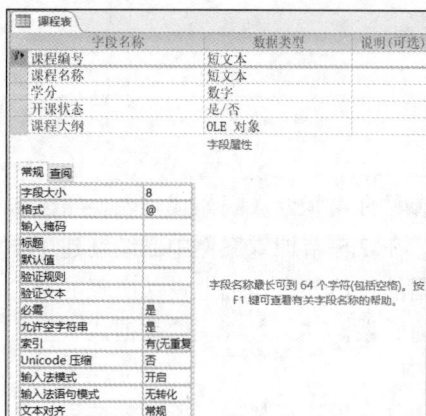

图3-60　课程表的设计视图   图3-61　选课成绩表的设计视图

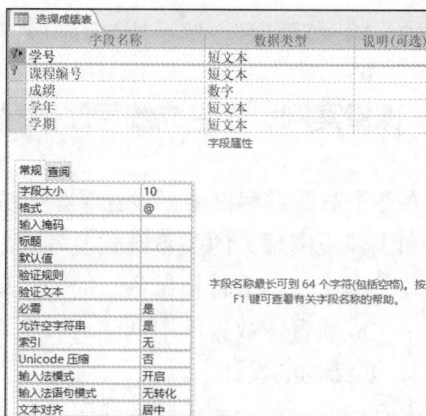

3．修改表的结构

（1）在课程表中添加"学时"计算型字段。假定1学分对应16学时，则"学时"字段的计算表达式为"[学分]*16"。在课程表中添加计算型字段"学时"的设计视图如图3-62所示，数据表视图如图 3-63 所示（录入课程表数据后的效果）。

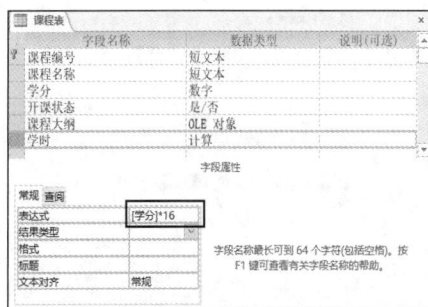

图 3-62 课程表的设计视图

图 3-63 课程表的数据表视图

（2）修改课程表的结构，删除"学时"字段，恢复课程表的原始状态。

（3）修改学生表的结构，将"院系代码"字段的数据类型修改为使用"查阅向导"实现。其中，查阅向导获取数值的方式选择"使用查阅字段获取其他表或查询中的值"，提供数据的表选择"院系代码表"中的"院系代码"和"院系名称"字段。"查阅向导"对话框的设置如图 3-64～图 3-69 所示。使用查阅向导录入学生表中"院系代码"字段值的效果如图 3-70 所示。

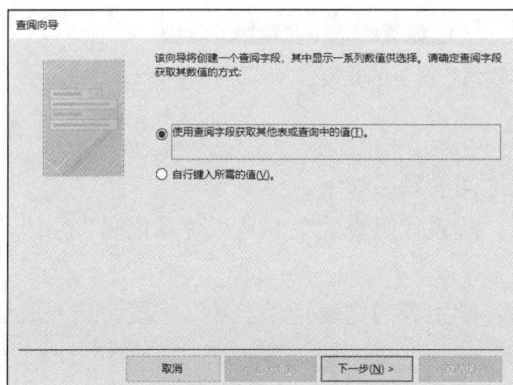

图 3-64 "查阅向导"对话框（1）

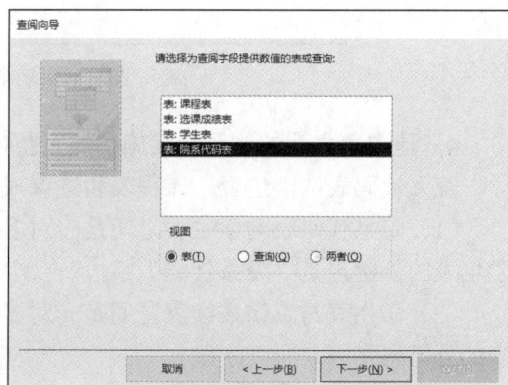

图 3-65 "查阅向导"对话框（2）

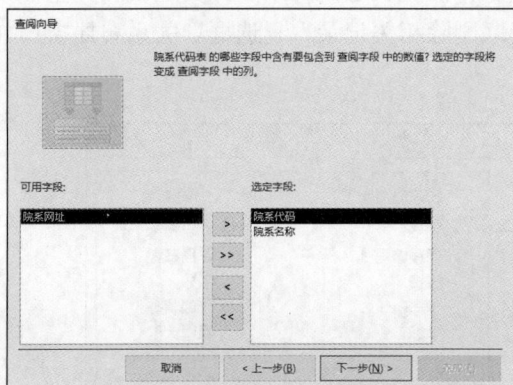

图 3-66 "查阅向导"对话框（3）

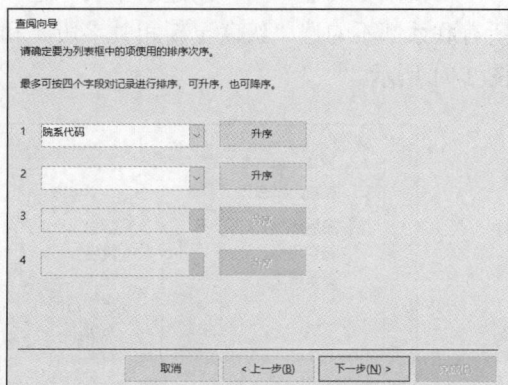

图 3-67 "查阅向导"对话框（4）

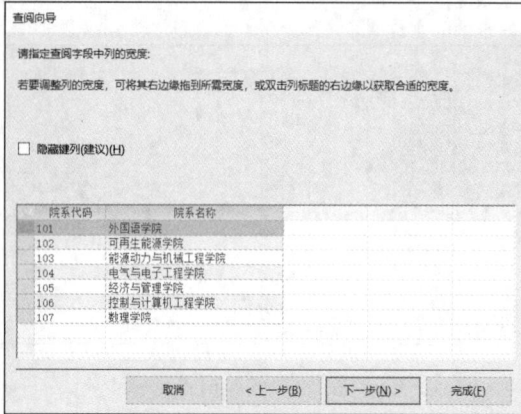

图 3-68 "查阅向导"对话框（5）

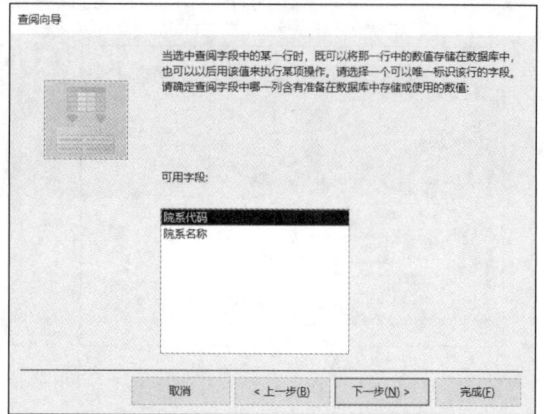

图 3-69 "查阅向导"对话框（6）

图 3-70 学生表录入"院系代码"的效果

4．建立表之间的联系并实施参照完整性

院系代码表、学生表、课程表和选课成绩表之间的联系如下。

（1）院系代码表与学生表之间是一对多联系。院系代码表的主键是"院系代码"字段，学生表的外键也是"院系代码"字段。

（2）学生表与选课成绩表之间是一对多联系。学生表的主键是"学号"字段，选课成绩表的外键也是"学号"字段。

（3）课程表与选课成绩表之间是一对多联系。课程表的主键是"课程编号"字段，选课成绩表的外键也是"课程编号"字段。

在关系布局窗口中，创建学生表、选课成绩表、课程表之间的联系并实施参照完整性，所有联系都不勾选"级联更新相关字段"和"级联删除相关记录"复选框。关系布局窗口如图 3-71 所示。

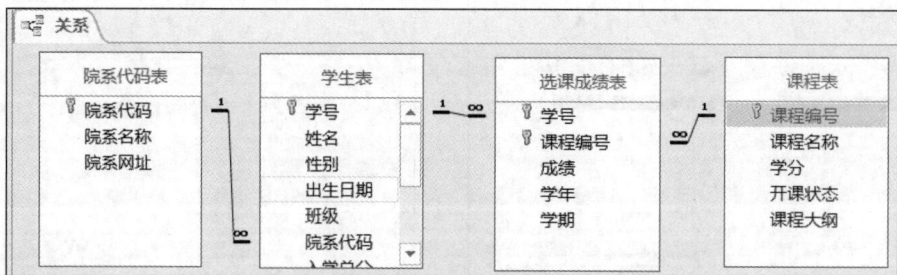

图 3-71 学生成绩管理数据库中的 4 张表的联系

5．表数据的录入或导入

由于 4 张表之间建立了联系并实施了参照完整性，在录入数据时，必须先录入父表的数据，再录入子表的数据。因此用户必须先录入院系代码表的数据，再录入学生表的数据；同理，用户必须先录入学生表和课程表的数据，再录入选课成绩表的数据。

（1）院系代码表数据的录入

在院系代码表的数据表视图中，用户可以直接录入数据，如图 3-72 所示。

院系代码表

院系代码	院系名称	院系网址
101	外国语学院	外国语学院
102	可再生能源学院	可再生能源学院
103	能源动力与机械工程学院	http://
104	电气与电子工程学院	http://
105	经济与管理学院	http://
106	控制与计算机工程学院	http://
107	数理学院	http://

记录：第 1 项(共 7 项) 无筛选器 搜索

图 3-72　院系代码表的数据

（2）学生表数据的录入

在学生表的数据表视图中，用户可以直接录入数据，如图 3-73 所示。在录入“照片”字段值（附件）时，可任意选定图片文件作为附件。

学生表

学号	姓名	性别	出生日期	班级	院系代码	入学总分	奖惩情况	附件
1201010103	宋洪博		2002/5/15	英语2001	101	698	三好学生，一等奖学金	(1)
1201010105	刘向志	男	2001/10/8	英语2001	101	625		(1)
1201010230	李媛媛	女	2002/9/2	英语2002	101	596		(1)
1201030110	王琦	男	2002/1/23	机械2001	103	600	优秀学生干部，二等奖	(0)
1201030409	张虎	男	2002/7/18	机械2004	103	650	北京市数学建模一等奖	(0)
1201040101	王晓红	女	2001/9/2	电气2001	104	630		(0)
1201040108	李明	男	2001/12/27	电气2001	104	650		(0)
1201041102	李华	女	2002/1/1	电气2011	104	648		(0)
1201041129	侯明斌	男	2001/12/3	电气2011	104	617		(0)
1201050101	张函	女	2002/3/7	财务2001	105	663		(0)
1201050102	唐明卿	女	2001/10/15	财务2001	105	548	国家二级运动员	(0)
1201060104	王刚	男	2003/1/12	计算2001	106	678		(0)
1201060206	赵壮	男	2002/3/13	计算2002	106	605		(0)
1201070101	李淑子	女	2002/6/14	物理2001	107	589		(0)
1201070106	刘丽	女	2001/11/17	物理2001	107	620		(0)
								(0)

记录：第 1 项(共 15 项 无筛选器 搜索

图 3-73　学生表的数据

（3）课程表数据的录入

在课程表的数据表视图中，用户可以直接录入数据，如图 3-74 所示。在录入“开课状态”（是/否型）时，勾选状态下的复选框表示 True，未勾选状态下的复选框表示 False。在录入“课程大纲”字段值（OLE 对象型）时，在对应单元格位置单击鼠标右键并在弹出的快捷菜单中选择“插入对象”选项，然后任意选定一个 Word 文件插入。数据表视图中不能直接显示插入的 Word 文件（但在窗体中可以直接显示），该字段中仅显示所插入对象的文件类型。

（4）选课成绩表数据的录入或导入

选课成绩表的数据较多，用户可以从素材文件夹中的 Excel 电子表格文件“选课成绩表.xlsx”导入数据，或者直接在选课成绩表的数据表视图中录入数据，选课成绩表的数据如图 3-75 所示。

图 3-74　课程表的数据

图 3-75　选课成绩表的数据

6．表数据的编辑

（1）有一位新报到的学生，学生信息如表 3-10 所示，用户需要将其信息录入学生表中。在输入院系代码时尝试输入一个不存在的院系代码，会弹出图 3-76 所示的提示信息，提示不允许添加，原因是实施参照完整性后，不能在子表的外键字段中输入父表的主键中不存在的值。

表 3-10　　　　　　　　　　　　　　　　学生报到登记表

学号	姓名	性别	出生日期	班级	院系代码	入学总分	奖惩情况	照片
1201060503	赵小娜	女	2002/11/15	计算 2005	106	628		

（2）赵小娜退学了，用户需要从学生表中删除该学生。

（3）在院系代码表中，用户需要将外国语学院的"院系代码"修改为"801"。在修改字段值时，会弹出图 3-77 所示的提示信息，提示不允许修改，原因是在学生表中有外国语学院的学生，而且实施参照完整性时并未勾选"级联更新相关字段"复选框。

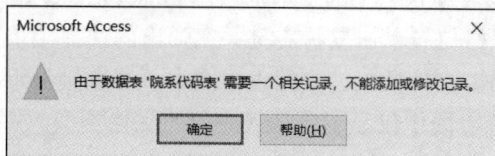

图 3-76　在学生表中录入错误的院系代码提示框

图 3-77　在院系代码表中修改院系代码的提示框

（4）在院系代码表中，用户需要删除"院系代码"为"101"的记录。在删除该记录时，同样会弹出图 3-77 所示的提示信息，提示不允许删除，原因是在学生表中有该学院的学生，而且实施参照完整性时并未勾选"级联删除相关记录"复选框。

【理论练习】

一、单项选择题

1. 关于 Access 2016 数据库中字段名称的命名规则，以下错误的是（　　）。

    A. 可以使用汉字　　　　　　　　　　B. 可使用字母、数字和空格

    C. 字段名称可以为 1～64 个字符　　　D. 可以空格开头

2. 在 Access 2016 数据库中，"短文本"型字段最大为（　　）个字符。

    A. 64　　　　　　B. 128　　　　　　C. 255　　　　　　D. 256

3. 要在 Access 2016 数据库表的某个字段中保存一个 Word 文档和一个 PPT 文档，则该字段应采用的数据类型是（　　）。

    A. 短文本　　　　B. 长文本　　　　C. OLE 对象　　　D. 附件

4. 在 Access 2016 数据库中设计表时，如果将字段的输入掩码设置为"###-######"，则该字段能够接收的输入是（　　）。

    A. abc-123456　　　　　　　　　　B. 010-123456

    C. abc-abcdef　　　　　　　　　　D. 010-abcdef

5. 关于 Access 2016 的索引，下列叙述中错误的是（　　）。

    A. 索引是使表中记录有序排列的一种技术

    B. 一张表中可以建立多个索引

    C. 索引可以改变记录的物理顺序

    D. 索引可以加快表中数据的查询速度

6. 在 Access 2016 数据库中，下列对数据输入无法起到约束作用的是（　　）。

    A. 输入掩码　　　B. 验证规则　　　C. 字段名称　　　D. 数据类型

7. 下列关于 Access 2016 数据库中表的主键描述，错误的是（　　）。

    A. 表的主键值可以重复　　　　　　B. 表的主键可以是自动编号型的字段

    C. 表的主键值不能为空值　　　　　D. 表的主键可以由一个或多个字段组成

8. 在 Access 2016 数据库中，为了保持表之间数据的完整性，要求在父表中修改相关记录时，子表中的相关记录也随之更改，为此需要设置（　　）约束。

    A. 参照完整性　　B. 域完整性　　　C. 实体完整性　　D. 用户定义完整性

9. 在 Access 2016 数据库中，如果想通过设置多个筛选条件来浏览表中相关记录，并按一定的顺序排列，应使用（　　）方法。

    A. 筛选器　　　　B. 按窗体筛选　　C. 高级筛选　　　D. 按选中内容筛选

10. Access 2016 数据库中不能导入的外部数据源是（　　）。

    A. 文本文件　　　　　　　　　　　B. XML 文件

    C. Word 文件　　　　　　　　　　D. Excel 电子表格文件

二、填空题

1. 在 Access 2016 数据库中，确定表的结构就是确定表中各字段的＿＿＿＿、＿＿＿＿和字段属性等。

2. 在 Access 2016 数据库中，索引将改变记录的逻辑顺序，但不能改变记录的_____。

3. 在 Access 2016 数据库中，表结构的设计和维护是在表的_____视图中完成的。

4. 为了让 Access 2016 数据库表中的某些列一直显示在屏幕上，可以将这些列_____。

5. 在 Access 2016 数据库中，表的外观设置实际上是指设置_____视图中显示的二维表格的外观。

【项目实训】图书馆借还书管理数据库表

一、实训目的

1. 掌握在数据库中创建表和设置主键及字段属性的方法。

2. 理解参照完整性的作用，掌握表之间联系的创建方法。

3. 学会表中各种类型数据的输入方法。

4. 掌握将 Excel 电子表格文件中的数据导入 Access 2016 表的方法。

二、实训内容

1. 在图书馆借还书管理数据库中创建表并设置主键及字段属性。

（1）创建"读者类别表"并设置主键及字段属性，表结构如表 3-11 所示。

表 3-11　　　　　　　　　　　　读者类别表的结构

字段名称	数据类型	字段大小	说明
类别编号	短文本	1 个字符	主键，输入掩码：0
类别名称	短文本	50 个字符	
最大可借数量	数字	整型	验证规则：只能输入 0～30 之间的整数
最多可借天数	数字	整型	

（2）创建"读者表"并设置主键及字段属性，表结构如表 3-12 所示。其中，"读者编号"对应的是学生的"学号"或教师的"工号"。

表 3-12　　　　　　　　　　　　读者表的结构

字段名称	数据类型	字段大小	说明
读者编号	短文本	12 个字符	主键
姓名	短文本	255 个字符	
性别	短文本	1 个字符	验证规则：只能输入"男"或"女"
类别编号	短文本	1 个字符	外键，默认值：1
所属院系	短文本	50 个字符	
联系电话	短文本	11 个字符	

（3）创建"图书表"并设置主键及字段属性，表结构如表 3-13 所示。

表 3-13　　　　　　　　　　　　图书表的结构

字段名称	数据类型	字段大小	说明
图书编号	短文本	8 个字符	主键
书名	短文本	50 个字符	

字段名称	数据类型	字段大小	说明
作者	短文本	255 个字符	
出版社	短文本	50 个字符	
出版日期	日期/时间	默认值	
定价	数字	单精度（2 位小数）	验证规则：大于 0
库存数量	数字	整型	
存放位置	短文本	255	
图书简介	长文本	默认值	

（4）创建"借还书表"并设置主键，表结构如表 3-14 所示。

表 3-14　　　　　　　　　　　　　　　借还书表的结构

字段名称	数据类型	字段大小	说明	
读者编号	短文本	12 个字符	外键	主键
图书编号	短文本	8 个字符	外键	
借书日期	日期/时间	默认值		
还书日期	日期/时间	默认值		

2．修改表的结构

（1）修改"读者表"的结构，为"性别"字段创建查阅向导，利用"自行键入所需的值"方式，在查阅列表中显示"男""女"。

（2）修改"借还书表"的结构，为"读者编号"字段创建查阅向导，利用"使用查阅字段获取其他表或查询中的值"方式，在查阅列表中显示"读者表"中"读者编号"和"姓名"字段的值。

3．建立表之间的联系并实施参照完整性，要求如下。

（1）当用户需要修改或删除"读者表"中的某个"读者编号"字段值时，如果"借还书表"中该读者还有相关记录，则不得修改或删除。

（2）当用户需要删除"图书表"中的某个"图书编号"记录时，如果"借还书表"中该图书还有相关记录，则同时删除。

（3）当用户需要修改"读者类别表"中的"类别编号"字段值时，"读者表"中的"类别编号"字段的值也要随之变化。

4．录入或导入表数据

（1）在"读者类别表"的数据表视图中，直接录入数据，如图 3-78 所示。

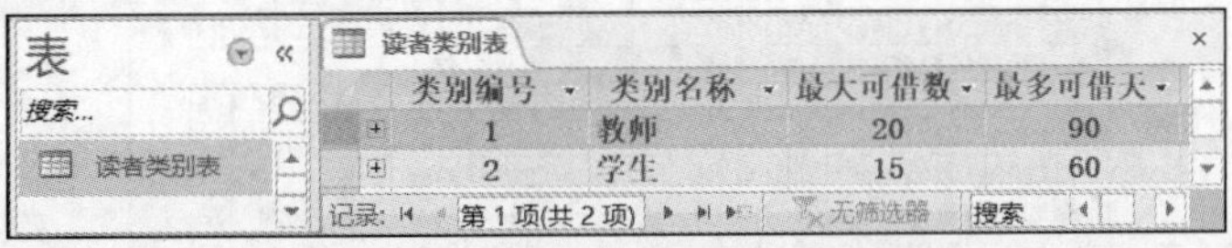

图 3-78　读者类别表的数据

（2）在"读者表"的数据表视图中，直接录入数据，如图 3-79 所示。

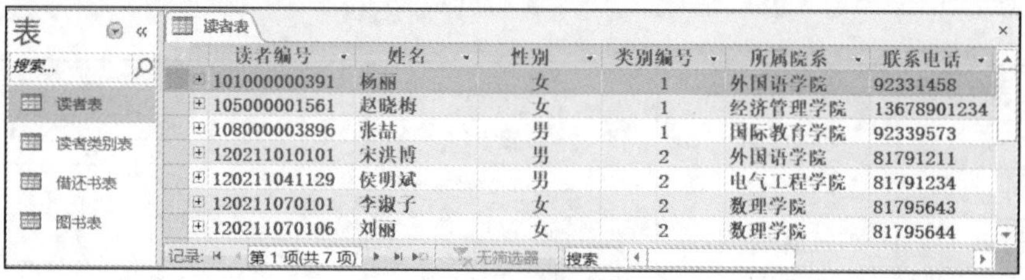

读者编号	姓名	性别	类别编号	所属院系	联系电话
101000000391	杨丽	女	1	外国语学院	92331458
105000001561	赵晓梅	女	1	经济管理学院	13678901234
108000003896	张喆	男	1	国际教育学院	92339573
120211010101	宋洪博	男	2	外国语学院	81791211
120211041129	侯明斌	男	2	电气工程学院	81791234
120211070101	李淑子	女	2	数理学院	81795643
120211070106	刘丽	女	2	数理学院	81795644

图 3-79 读者表的数据

（3）将实验素材中的 Excel 电子表格文件“图书表.xlsx”中的数据（见图 3-80）导入或录入到“图书表”中。

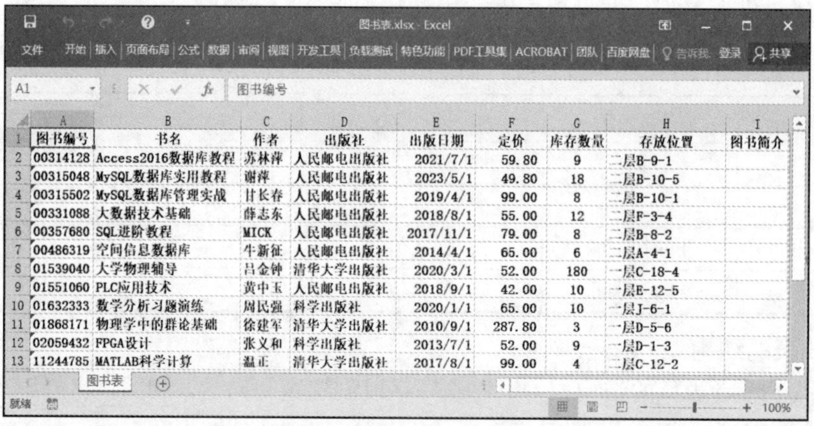

图书编号	书名	作者	出版社	出版日期	定价	库存数量	存放位置	图书简介
00314128	Access2016数据库教程	苏林萍	人民邮电出版社	2021/7/1	59.80	9	二层B-9-1	
00315048	MySQL数据库实用教程	谢萍	人民邮电出版社	2023/5/1	49.80	18	二层B-10-5	
00315502	MySQL数据库管理实战	甘长春	人民邮电出版社	2019/4/1	99.00	8	二层B-10-1	
00331088	大数据技术基础	薛志东	人民邮电出版社	2018/8/1	55.00	12	二层F-3-4	
00357680	SQL进阶教程	MICK	人民邮电出版社	2017/11/1	79.00	8	二层B-8-2	
00486319	空间信息数据库	牛新征	人民邮电出版社	2014/4/1	65.00	6	二层A-4-1	
01539040	大学物理辅导	吕金钟	清华大学出版社	2020/3/1	52.00	180	一层C-18-4	
01551060	PLC应用技术	黄中玉	人民邮电出版社	2018/9/1	42.00	10	一层E-12-5	
01632333	数学分析习题演练	周民强	科学出版社	2020/1/1	65.00	10	一层J-6-1	
01868171	物理学中的群论基础	徐建军	清华大学出版社	2010/9/1	287.80	3	一层D-5-6	
02059432	FPGA设计	张义和	科学出版社	2013/7/1	52.00	9	一层D-1-3	
11244785	MATLAB科学计算	温正	清华大学出版社	2017/8/1	99.00	4	二层C-12-2	

图 3-80 图书表的数据

（4）将实验素材中的 Excel 电子表格文件“借还书.xlsx”中的数据（见图 3-81）导入到“借还书表”中。

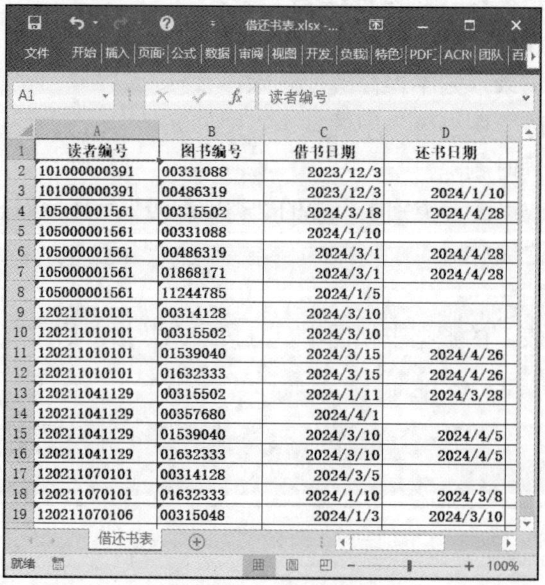

读者编号	图书编号	借书日期	还书日期
101000000391	00331088	2023/12/3	
101000000391	00486319	2023/12/3	2024/1/10
105000001561	00315502	2024/3/18	2024/4/28
105000001561	00331088	2024/1/10	
105000001561	00486319	2024/3/1	2024/4/28
105000001561	01868171	2024/3/1	2024/4/28
105000001561	11244785	2024/1/5	
120211010101	00314128	2024/3/10	
120211010101	00315502	2024/3/10	
120211010101	01539040	2024/3/15	2024/4/26
120211010101	01632333	2024/3/15	2024/4/26
120211041129	00315502	2024/1/11	2024/3/28
120211041129	00357680	2024/4/1	
120211041129	01539040	2024/3/10	2024/4/5
120211041129	01632333	2024/3/10	2024/4/5
120211070101	00314128	2024/3/5	
120211070101	01632333	2024/1/10	2024/3/8
120211070106	00315048	2024/1/3	2024/3/10

图 3-81 借还书表的数据

5．表数据的编辑

（1）有两位新入职的教师申请办理图书馆借还书业务，教师信息如表 3-15 所示，请将他们的信息录入到"读者表"中。

表 3-15　　　　　　　　　　　　　　　新入职教师登记表

读者编号	读者姓名	性别	类别编号	所属院系	联系电话
107000631218	李亚明	男	1	数理学院	92331921
106000701274	孟凯彦	男	1	软件学院	92336872

（2）图书馆新进了一本新书，如表 3-16 所示，请将该图书信息录入到"图书表"中。

表 3-16　　　　　　　　　　　　　　　新书登记表

图书编号	书名	作者	出版社	出版日期	定价	总数量	存放位置
00351006	漫画 Java	关东升	人民邮电出版社	2022-05-01	99.80	10	二层 F-4-6

（3）编号为"107000631218"的读者借阅了编号为"00351006"的图书，借还书信息如表 3-17 所示，请将借还书信息录入"借还书表"中。

表 3-17　　　　　　　　　　　　　　　借还书登记表

读者编号	图书编号	借书日期	还书日期
107000631218	00351006	2024-04-03	

（4）修改"读者表"中编号为 107000631218 的类别编号为 3，并思考不能修改的原因。

（5）编号为 106000701274 的读者离职了，请将其从"读者表"中删除。

（6）编号为 107000631218 的读者也离职了，请将其从"读者表"中删除，并思考不能删除的原因。

（7）编号为 00351006 的图书由于全部损毁，不再提供借阅，请从"图书表"中将该图书删除。删除该图书后，请查看"借还书表"中与该图书相关的借还书记录是否还存在？并思考原因。此时再次执行删除"读者表"中编号为 107000631218 的读者记录，是否能够成功？请思考原因。

【实战演练】商品销售管理数据库表

在商品销售管理数据库中，完成创建表、建立表之间的联系、数据录入等操作。

1．根据商品销售管理数据库设计所得到的关系模式以及对数据的具体要求，详细地设计出各张表的结构。

2．在商品销售管理数据库中按照详细设计的表结构创建表。

3．尝试将一张表中的某个字段的数据类型修改为使用"查阅向导"实现。

4．建立表之间的联系并实施参照完整性。

5．自己设计一些数据并录入相应的表中。

第4章 查询

查询是 Access 数据库的对象之一，它能够将多张表中的数据抽取出来，供用户查看、汇总、分析和使用。本章主要介绍在数据库中如何创建选择查询、交叉表查询、参数查询和操作查询等。

【学习目标】
- 掌握创建选择查询的方法。
- 掌握使用表达式生成器创建复杂的查询条件。
- 掌握创建参数查询的方法。
- 掌握交叉表查询和操作查询。

4.1 查询概述

在 Access 数据库中，表是存储数据最基本的数据库对象，而查询是对表中数据进行检索、统计和分析的非常重要的数据库对象。例如，学生表中包含了全部学生的信息，如果用户要人工查找出入学总分在某个特定分数段的学生是非常麻烦且工作量大的任务，此时就可以使用查询，只要设置好入学总分的条件就可以直观看到想要的结果。

查询的数据源可以是表和查询。查询对象保存的是查询命令，当运行查询时，系统会根据数据源中的数据产生查询结果。因此，查询结果是一个动态数据集，会随着数据源的变化而变化。关闭查询后，查询结果就会自动消失。

4.1.1 查询的类型

在 Access 2016 中，查询共有 5 种类型，分别是选择查询、交叉表查询、参数查询、操作查询和 SQL 查询。

1. 选择查询

选择查询是最常用的查询类型，它能从一个或多个数据源中检索满足条件的记录并在数据表视图中显示结果。用户也可以使用选择查询对记录进行分组，并且对记录进行合计、计数、平均值等统计计算。

2．交叉表查询

交叉表查询可以对表中字段进行分类汇总。交叉表查询会将表中的字段进行分类，一类放在表左侧，一类放在表顶端，在行列交叉处显示表中某个字段的统计值，如合计、计数、最大值、最小值等。

3．参数查询

参数查询是一种交互式查询，可以提高查询的灵活性，实现动态查询。运行参数查询时，系统会提示用户先输入查询条件，然后根据所输入的查询条件检索记录，返回满足查询条件的记录。

4．操作查询

操作查询可以对数据源中符合条件的记录进行追加、删除和更新。操作查询包含 4 种，即生成表查询、追加查询、更新查询和删除查询。

5．SQL 查询

SQL 查询是使用 SQL 语句创建的查询，使用 SQL 语句可以构造复杂的查询。本书将在第 5 章详细介绍 SQL 查询。

4.1.2 查询的视图

在 Access 2016 中，查询的视图有 3 种，分别为数据表视图、SQL 视图和设计视图。

1．数据表视图

用户可以通过数据表视图查看查询的结果。查询结果是一个动态的数据集，并不保存实际的记录。

2．SQL 视图

用户可以在 SQL 视图中编写 SQL 语句完成查询。

3．设计视图

用户可以使用设计视图完成查询的创建、设置和修改。对于一个查询任务，用户通常可以用设计视图或 SQL 视图完成设计，再切换到数据表视图查看查询的结果。

4.1.3 查询的创建方法

在 Access 的"创建"选项卡"查询"选项组中，提供了两种创建查询的方法，分别是"查询向导"和"查询设计"，如图 4-1 所示。

1．查询向导

使用查询向导创建查询的操作比较简单，用户可以在向导引导下创建查询，但不能设置查询条件。

单击"查询向导"按钮，打开"新建查询"对话框，如图 4-2 所示。"新建查询"对话框中显示了以下 4 种向导。

（1）简单查询向导：可以快速创建一个简单而实用的查询，并且可以从表或查询中检索数据。

（2）交叉表查询向导：创建交叉表查询，可以进行数据的汇总。

（3）查找重复项查询向导：可以查询表中是否出现重复的记录，或对表中具有相同字段值的记录进行统计等。

图 4-1 "创建"选项卡的"查询"选项组

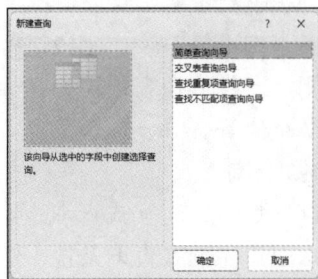

图 4-2 "新建查询"对话框

（4）查找不匹配项查询向导：可以在一张表中查找与另一张表没有关联的记录。

2. 查询设计

查询设计是在查询设计视图中创建查询，是创建查询的主要方法。

用户可以通过单击"创建"选项卡"查询"选项组中的"查询设计"按钮打开查询设计视图，一般会同时打开"显示表"对话框，如图 4-3 所示。如果"显示表"对话框没有出现，用户可以单击"设计"选项卡"查询设置"选项组的"显示表"按钮将其打开。在"显示表"对话框中，用户可以将查询所涉及的表或查询添加到查询设计视图中。

查询设计视图包括上部窗格和下部窗格两部分。上部窗格显示所添加的表或查询的全部字段；下部窗格是设计网格，如图 4-4 所示。

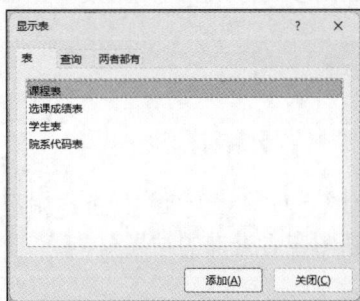

图 4-3 "显示表"对话框

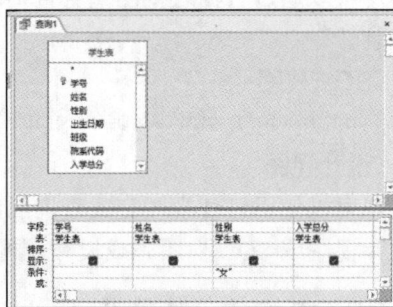

图 4-4 查询设计视图

用户在设计网格中可以设置以下内容。

（1）字段：设置查询所包含的字段。

（2）表：设置字段所隶属的表或查询。

（3）排序：设置查询的结果按照升序或降序排序或不排序。

（4）显示：该复选框用于确定其对应的字段是否将在查询结果中显示。

（5）条件：设置检索记录需要满足的条件。

（6）或：设置检索记录需要满足的条件。

> **提示** 对于不同类型的查询，设计网格中可以设置的内容会有所不同。

4.2 选择查询

选择查询将根据给定条件，从一张或多张表中查询数据，并且在数据表视图中显示查询结果。创建选择查询有查询向导和查询设计两种方法。查询向导简单方便，适合快速创建功能简单的查询；查询设计灵活、功能丰富，适合创建具有复杂条件的查询。

4.2.1 使用查询向导创建选择查询

查询向导能够有效地指导用户按照提示创建查询，并详细说明在创建过程中需要进行的设置。

【例 4-1】创建一个名为"例 4-1 查询"的查询。要求显示学生表的学号、姓名、性别和入学总分。

具体操作步骤如下。

（1）单击"创建"选项卡"查询"选项组中的"查询向导"按钮，打开"新建查询"对话框。

4-1　例 4-1

（2）在"新建查询"对话框中，单击"简单查询向导"选项，然后单击"确定"按钮。

（3）在"简单查询向导"对话框中的"表/查询"下拉列表框中选择"表：学生表"，然后在"可用字段"列表框中选择"学号"字段，再单击 按钮（也可以双击该字段），按此方法依次添加"姓名""性别"和"入学总分"字段，将这些字段添加到右侧的"选定字段"列表中，如图 4-5 所示。

（4）单击"下一步"按钮，确定采用明细查询还是汇总查询。本例选择明细查询，如图 4-6 所示。

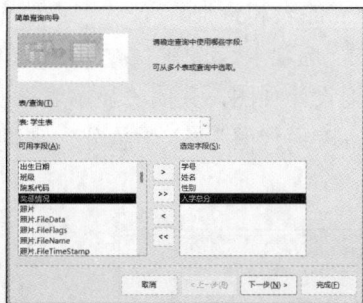

图 4-5　指定"学生表"和选定字段

图 4-6　选择明细查询

（5）单击"下一步"按钮，在"请为查询指定标题"文本框中输入"例 4-1 查询"，然后选中"打开查询查看信息"选项，如图 4-7 所示。

（6）单击"完成"按钮，选择查询创建完成，系统会以数据表视图方式显示查询结果，如图 4-8 所示。

提示　左侧导航窗格中的"查询"对象列表中可以看到已创建的查询对象。

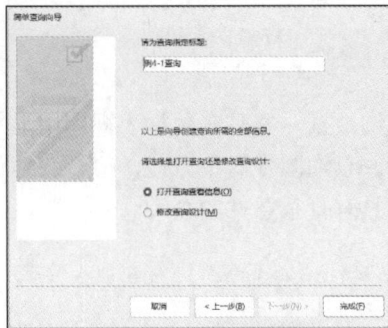

图 4-7　确定查询标题

图 4-8　例 4-1 的查询结果

4.2.2　使用查询设计创建选择查询

使用查询向导创建选择查询的操作简单，但只能创建不带条件的查询，创建具有复杂条件的查询则需要使用查询设计来完成。下面通过实例介绍使用查询设计创建选择查询的基本步骤。

【例 4-2】要求显示学生表中入学总分在 620（含）分以上的女学生的学号、姓名、院系代码和入学总分，并按入学总分的降序进行排序。

分析：查询的条件为入学总分≥620 且性别="女"。具体操作步骤如下。

4-2　例 4-2

（1）在"创建"选项卡"查询"选项组中单击"查询设计"按钮，打开查询设计视图，同时打开"显示表"对话框。在"显示表"对话框中有以下 3 个选项卡。

- "表"选项卡：查询的数据源来自表。
- "查询"选项卡：查询的数据源来自已经建立的查询。
- "两者都有"选项卡：查询的数据源来自已经建立的表和查询。

（2）选择数据源。在"显示表"对话框中，单击"表"选项卡，选中"学生表"，单击"添加"按钮（或双击选中的表），将"学生表"添加到查询设计视图，关闭"显示表"对话框。

（3）选择字段。直接双击"学号""姓名""性别""院系代码""入学总分"字段，将它们添加到设计网格的"字段"行上，如图 4-9 所示。

图 4-9　确定查询所需字段

选择字段有以下 3 种方法。

方法 1：直接双击表中某字段。

方法 2：单击某字段后按住鼠标左键将其拖曳到设计网格的"字段"行上。

方法 3：在设计网格中，单击欲放置列的"字段"行，从下拉列表中选择字段。

（4）设置排序。设计网格的第 3 行是"排序"行，本例要求按照"入学总分"降序显示。在"入学总分"字段的"排序"行，单击右侧下拉按钮，从下拉列表中选择"降序"。

（5）设置显示字段。设计网格的第 4 行是"显示"行，该行上的每一列都有复选框，用来确定其对应的字段是否出现在查询结果中，复选框默认被勾选，如果不想在查询结果显示相应字段，应取消勾选对应的复选框。本例中"性别"只作为查询条件，并不在显示结果中，因此取消勾选该字段的"显示"行复选框。

（6）输入查询条件。在"性别"列"条件"行单元格中输入条件""女""；在"入学总分"列的"条件"行单元格中输入">=620"。这两个条件要同时满足，即"与"的关系，应在同一"条件"行。设置结果如图 4-10 所示。

（7）保存该查询，将其命名为"例 4-2 查询"。

（8）运行查询。关闭查询设计视图，在左侧导航窗格的查询对象列表中双击"例 4-2 查询"运行查询，查询结果如图 4-11 所示。

字段:	学号	姓名	性别	院系代码	入学总分
表:	学生表	学生表	学生表	学生表	学生表
排序:					降序
显示:	☑	☑	☐	☑	☑
条件:			"女"		>=620
或:					

图 4-10　设计网格设置

学号	姓名	院系代码	入学总分
1201050101	张函	105	663
1201041102	李华	104	648
1201040101	王晓红	104	630
1201070106	刘丽	107	620

图 4-11　例 4-2 的查询结果

提示　如果两个查询条件是"或"的关系，应将其中一个放在"或"行上；如果两个查询条件是"与"的关系，应将其放在同一行上。注意：查询条件的运算符必须为英文符号。

4.2.3　查询的运行和修改

1. 查询的运行

用户既可以在关闭查询的设计视图之后运行查询，也可以在查询设计的过程中运行查询，这样便于查看查询的结果并修改。运行查询有以下几种常用的方法。

方法 1：打开查询的"设计视图"后，单击查询工具"设计"选项卡"结果"选项组的"运行"按钮。

方法 2：打开查询的"设计视图"后，单击查询工具"设计"选项卡"结果"选项组的"视图"按钮，或者在"视图"下拉列表中选择"数据表视图"选项。

方法 3：双击导航窗格中要运行的查询对象名。

方法 4：在导航窗格中要运行的查询对象名上单击鼠标右键，在弹出的快捷菜单中选择"打开"命令。

2. 查询的修改

修改查询需要切换至查询设计视图进行。当用户需要对已经创建的查询进行修改时，可以打开该查询的"设计视图"，对查询所包含的字段及条件等进行修改。

4.3　设置查询条件

用户通常需要查询满足条件的数据记录，如在查询女学生的记录时，性别为"女"就是一个条件。正确设置查询条件是查询设计的重点和难点。

4.3.1 表达式与表达式生成器

查询条件表达式由运算符、常量、函数和字段名称等组成。运行查询时，系统会根据查询条件找出满足条件的记录。

在查询的"设计视图"中，若要对设计网格中的某个字段指定查询条件，可以在该字段的"条件"行单元格中直接输入一个表达式。

对于比较复杂的表达式，当光标处于该字段的"条件"行单元格中时，用户可以单击查询工具"设计"选项卡"查询设置"选项组中的"生成器"按钮打开表达式生成器，在其中构造复杂的表达式。

【例 4-3】查询 2002 年出生的学生的学号、姓名和出生日期。

使用表达式生成器构造该查询条件的操作步骤如下。

（1）打开查询设计视图，按题目要求添加数据源"学生表"，并在设计网格中添加"学号""姓名""出生日期"字段。

4-3 例 4-3

（2）将光标置于"出生日期"字段列"条件"行单元格中时，单击查询工具"设计"选项卡"查询设置"选项组中的"生成器"按钮，打开"表达式生成器"对话框。

（3）选择"表达式元素"列表框中的"操作符"，在"表达式类别"中选择"<全部>"，会显示出全部运算符，双击其中的"Between"运算符，将"Between <表达式>And<表达式>"中的两个"<表达式>"分别用"#2002/1/1#"和"#2002/12/31#"替换，如图 4-12 所示。

（4）单击"确定"按钮，关闭"表达式生成器"对话框，返回查询设计视图，可看到"出生日期"字段列"条件"行单元格中该条件表达式已经生成。

（5）保存查询，将其命名为"例 4-3 查询"。查询结果如图 4-13 所示。

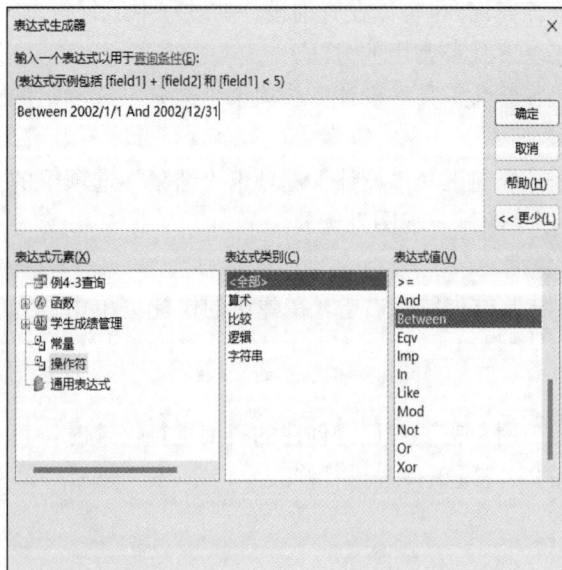

图 4-12 "表达式生成器"设置

学号	姓名	出生日期
1201010103	宋洪博	2002/5/15
1201010230	李媛媛	2002/9/2
1201030110	王琦	2002/1/23
1201030409	张虎	2002/7/18
1201041102	李华	2002/1/1
1201050101	张函	2002/3/7
1201060206	赵壮	2002/3/13
1201070101	李淑子	2002/6/14

图 4-13 例 4-3 的查询结果

在输入表达式时，除了汉字以外，所有字符必须在英文输入法状态下输入。

1．表达式中的常量

（1）数字型常量：分为整数和实数，如 21、50.34。

（2）文本型常量：采用双引号作为定界符，如"李华"、"1201041102"、"hello"。

（3）日期型常量：采用#作为定界符，如#2002-1-1#、#2002/1/1#。

（4）是/否型常量：有逻辑真和逻辑假，逻辑真表示为 True，逻辑假表示为 False。

2．表达式中的运算符

常用的运算符分为算术运算符、比较运算符、逻辑运算符和文本运算符，分别如表 4-1～表 4-4 所示。

表 4-1　　　　　　　　　　　　　常用的算术运算符

运算符	运算	示例	结果
−	减法	8−3	5
*	乘法	3*5	15
/	除法	15/2	7.5
\	整除	15\2	7
∧	乘幂	2^4	16
+	加法	3+5	8
Mod	取模	17 Mod 5	2

说明如下。

（1）整除（\）运算时，如果参与运算的数值不是整数，则系统先将带小数的数值四舍五入为整数后再进行运算，如 15.8\2.3 的值是 8。

（2）取模（Mod）运算是求整数除法的余数，如果有小数，则系统先将带小数的数值四舍五入为整数后再进行运算，如 25.8 Mod 5 的值是 1。

表 4-2　　　　　　　　　　　　　常用的比较运算符

运算符	运算	示例	结果
<	小于	"B" < "A"	False
<=	小于等于	100 <= 100	True
<>	不等于	"ABC" <> "abc"	True
=	等于	5 = 3	False
>	大于	"B" > "A"	True
>=	大于等于	5 >= 5	True
Between A And B	判断是否在 A 与 B 的范围内。A 与 B 属于同类型，结果包含 A 和 B 这两个临界值	160 Between 100 And 150	False
In	判断是否在列表中	"会计" In("财务","会计")	True
Like	文本字符串匹配	"This" Like "*is"	True

表 4-3　　　　　　　　　　　　　　　　　　常用逻辑运算符

运算符	运算	示例	结果
Not	非	Not 3>4	True
And	与	5>2 And 3>4	False
Or	或	5>2 Or 3>4	True

说明如下。

（1）当与运算（And）的两个逻辑值均为真（True）时，结果为真（True）；当其中任意一个值为假（False）时，结果为假（False）。

（2）当或运算（Or）的两个逻辑值均为假（False）时，结果为假（False）；当其中任意一个值为真（True）时，结果为真（True）。

表 4-4　　　　　　　　　　　　　　　　　　常用的文本运算符

运算符	运算	示例	结果
&	将两个文本连接起来生成一个新的文本	"数据库" & "技术" 12 & 3	"数据库技术" "123"
+	将两个文本连接起来生成一个新的文本	"12" + "3"	"123"

说明如下。

（1）连接运算符"&"两边的操作数可以是文本型，也可以是数字型。如果操作数是数字型，系统会先将其转换为文本型，然后再进行连接运算。

（2）运算符"+"要求两边的操作数都是文本型。如果两边操作数都是数字型，则进行加法运算。

3．条件表达式中的函数

Access 提供了大量的标准函数，如数学函数、文本函数、日期/时间函数、转换函数等，可用于设置复杂的条件表达式。

表达式中函数的格式如下。

函数名(参数)

函数由函数名、参数构成，函数名决定了参数的数目，有的函数没有参数，但是不能省略括号，函数有返回值。常用函数的格式及其功能分别如表 4-5～表 4-8 所示。

表 4-5　　　　　　　　　　　　　　　　　　常用的数学函数

函数	功能	示例	返回值
Abs(n)	返回数字 n 的绝对值	Abs(-2.5)	2.5
Int(n)	返回不大于数字 n 的最大整数	Int(5.9)	5
Round(n, m)	返回数字 n 按照指定的小数位数 m 进行四舍五入的值	Round(12.38, 1)	12.4
Sqr(n)	返回数字 n 的平方根	Sqr(9)	3

表 4-6　　　　　　　　　　　　　　　　　　常用的文本函数

函数	功能	示例	返回值
Len(c)	返回文本字符串 c 的长度	Len("数据库系统")	5
Left(c, n)	返回文本字符串 c 左边的 n 个字符，生成一个新的文本字符串	Left("ABCD", 3)	"ABC"

函数	功能	示例	返回值
Right(c, n)	返回文本字符串 c 右边的 n 个字符，生成一个新的文本字符串	Right("ABCD", 3)	"BCD"
Mid(c, n[, m])	在文本字符串 c 中从第 n 个位置开始取 m 个字符，生成一个新的文本字符串。缺省 m 时，从 n 位置开始取到字符串尾	Mid("ABCDE", 2, 3)	"BCD"

表 4-7   常用的日期/时间函数

函数	功能	示例	返回值
Date( )	返回系统当前日期	Date()	2024-3-16
Time()	返回系统当前时间	Time()	11:23:58
Now()	返回系统当前日期和时间	Now()	2024-3-16 11:23:58
Year(日期型表达式)	返回日期表达式的年份	Year(#2024-3-16#)	2024
Month(日期型表达式）	返回日期表达式的月份	Month(#2024-3-16#)	3
Day(日期型表达式)	返回日期表达式的第几天	Day(#2024-3-16#)	16

表 4-7 中部分返回结果是基于假定系统的当前日期时间为：2024-3-16 11:23:58。

表 4-8   常用的转换函数

函数	功能	示例	返回值
Asc(c)	返回文本字符串 c 第一个字符的 ASCII 码值	Asc("ABC")	65
Chr(n)	返回 ASCII 码值 n 对应的字符	Chr(66)	"B"
Str(n)	将数字 n 的值转换成文本型	Str(65.3)	"65.3"
Val(c)	将文本型转换成数字型	Val("65.3")	65.3
Cdate(c)	将文本型转换成日期型	Cdate("2024/3/16")	#2024-3-16#

【例 4-4】查询学生表中 3 月出生的学生的学号、姓名和出生日期。

分析：查询 3 月出生的学生，条件表达式可以表示为"Month([出生日期])=3"。在表达式生成器中生成该表达式的具体操作步骤如下。

（1）打开查询设计视图，按题目要求添加数据源"学生表"，并在设计网格中添加"学号""姓名""出生日期"等字段。

4-4 例 4-4

（2）将光标置于"出生日期"字段列"条件"行单元格中，单击查询工具"设计"选项卡"查询设置"选项组中的"生成器"按钮，打开"表达式生成器"对话框。

（3）单击"表达式元素"列表框中"函数"左侧的展开按钮田，选择"内置函数"，在"表达式类别"列表框中选择"日期 / 时间"，在"表达式值"列表框中双击"Month"，"表达式生成器"对话框上部的表达式设置区即可显示"Month («date»)"，如图 4-14 所示。

（4）选中表达式的"«date»"部分，会呈现蓝色。单击"表达式元素"列表框中"学生成绩管理.accdb"左侧的展开按钮田，单击"表"左侧的展开按钮田，选择"学生表"，在"表达式类别"列表框中双击"出生日期"字段，对话框上部的表达式设置区中显示"Month ([学生表]![出生日期])"，在表达式后输入"=3"，即形成表达式"Month ([学生表]![出生日期])=3"，如图 4-15 所示。单击"确定"按钮，关闭"表达式生成器"对话框，返回查询设计视图。

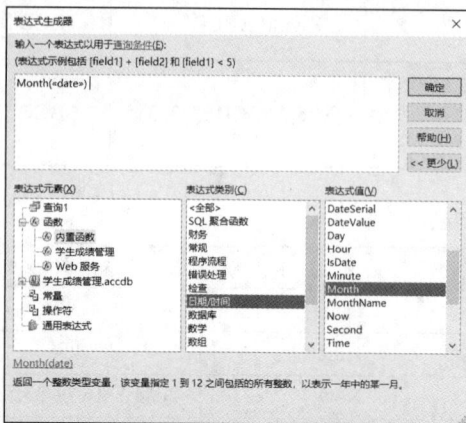

图 4-14　"表达式生成器"函数设置之一

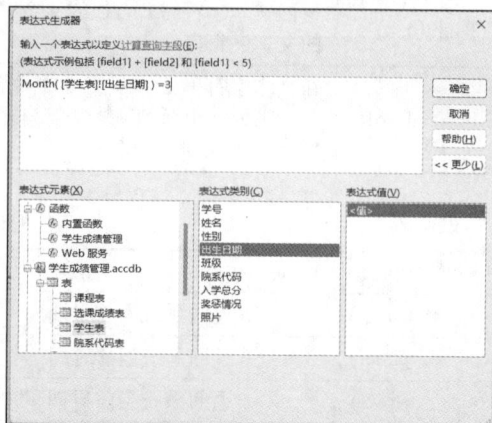

图 4-15　"表达式生成器"函数设置之二

（5）保存查询，命名为"例 4-4 查询"。查询结果如图 4-16 所示。

在此例中，用户既可以用表达式生成器自动添加表名"[学生表]![出生日期]"，也可以在设计网格"条件"行中直接输入"Month ([出生日期])=3"，表名可以省略。

图 4-16　例 4-4 的查询结果

4.3.2　在设计网格中设置查询条件

在查询设计视图的设计网格中，"条件"行和"或"行的单元格，均可用来设置查询条件的表达式。写在同一行不同单元格的条件是"与"的关系，即这些条件需要同时满足；不同行的条件是"或"的关系，即这些条件只要满足其一即可。下面通过实例介绍在设计网格中设置查询条件的方法。

【例 4-5】查询入学总分在 680（含）以上男生的学号、姓名、性别和入学总分。

分析：查询条件为性别为"男"且"入学总分≥680"，这两个条件需要同时满足，是"与"的关系，因此应在同一行上。其设计网格的设置如图 4-17 所示，查询结果如图 4-18 所示。

图 4-17　"与"查询条件设置

图 4-18　例 4-5 的查询结果

【例 4-6】查询入学总分在 580（不含）以下及入学总分在 680（含）以上学生的学号、姓名和入学总分。

分析：查询条件为"入学总分<580"或"入学总分≥680"，两个条件满足其一即可，是"或"的关系。其设计网格设置如图 4-19 所示，查询结果如图 4-20 所示。

4-5　例 4-6

本例查询条件也可以在"入学总分"列"条件"行单元格中输入">=680　Or　<580"。

图 4-19 "或" 查询条件设置

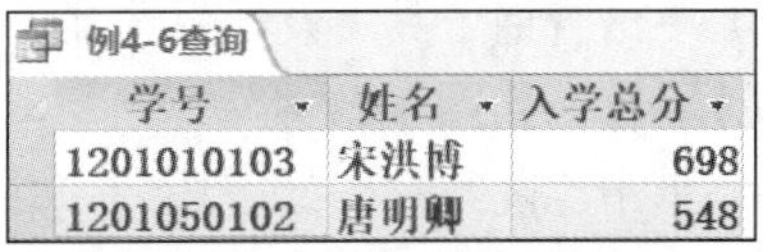

图 4-20 例 4-6 的查询结果

4.4 设置查询的计算

通过数据库的查询功能，用户可以从数据源中查询到满足条件的记录，结果由表中原有的数据组成。实际上，用户经常需要对查询获取的数据进行统计分析。例如，统计院系个数、计算学生的年龄、统计入学总分的平均值等。

在 Access 查询中，用户可以执行两种类型的计算，即预定义计算和自定义计算。

4.4.1 预定义计算

预定义计算是通过聚合函数对查询中的分组记录或全部记录进行"总计"，如求合计、平均值、计数、最小值、最大值等。

1. 总计选项

预定义计算的总计选项可以在查询设计视图的设计网格中"总计"行的任一单元格的下拉列表中找到。使用时需要在查询工具"设计"选项卡中单击"隐藏/显示"选项组中的"汇总"按钮，否则设计网格中不会出现"总计"行。常用总计选项的名称及功能如表 4-9 所示。

表 4-9　　　　　　　　　　　　　　常用总计选项的名称及功能

名称	功能
Group By	指定要分组的字段
合计	计算指定字段或分组中记录的总和
平均值	计算指定字段或分组中记录的平均值
最小值	求出指定字段或分组中记录的最小值
最大值	求出指定字段或分组中记录的最大值
计数	计算指定字段或分组中非空记录的个数
First	求出指定字段或分组中第一个记录值
Last	求出指定字段或分组中最后一个记录值
Where	指定字段满足的条件

2. 总计查询

总计查询是通过对查询设计视图中设计网格的"总计"行进行设置实现的，用于对查询中的分组记录或全部记录进行总计计算。

【例 4-7】统计院系个数。

分析：本查询的运行结果就是统计"院系代码表"的记录条数。具体操作步骤如下：

4-6　例 4-7

83

（1）打开查询设计视图，添加数据源"院系代码表"，在设计网格中添加字段"院系代码"。

（2）单击查询工具"设计"选项卡"显示/隐藏"选项组的"汇总"按钮，设计网格中出现"总计"行，如图 4-21 所示。

（3）单击"院系代码"字段的"总计"行"Group By"单元格，该单元格右侧显示下拉按钮，单击下拉按钮，在下拉列表中选择"计数"，此时其设计网格的设置如图 4-22 所示。

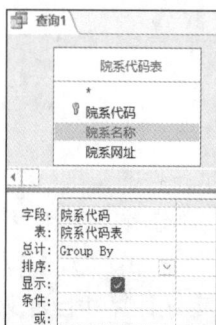

图 4-21　"总计"行

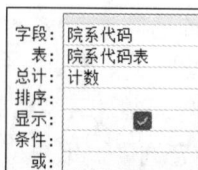

图 4-22　在设计网格中选择"计数"

（4）运行查询，查询结果如图 4-23 所示。从图 4-23 可以看出，查询结果中默认显示的列标题为"院系代码之计数"，可读性较差，Access 提供了修改列标题的功能，方法有以下两种。

方法 1：在设计网格中单击"院系代码"字段，然后单击"设计"选项卡"显示/隐藏"选项组中的"属性表"按钮，打开"院系代码"字段的"属性表"窗格。在属性"标题"右侧单元格中输入"院系个数"。

方法 2：在设计网格中的"院系代码"字段单元格中直接进行命名，将光标置于设计网格"院系代码"字段前，直接输入"院系个数:"，其中的":"要在英文输入法状态下输入。

（5）保存查询，命名为"例 4-7 查询"，结果如图 4-24 所示。

图 4-23　查询结果

图 4-24　字段标题更改结果

3. 分组统计查询

在实际应用中，用户有时需要对数据进行分组统计，将"总计"行设置为"Group By"，查询结果就会按照分组记录进行计算。

【例 4-8】统计男女生入学总分的最高分、最低分和平均值。

分析：按照题目要求选择"性别"字段作为分组字段。因为要统计"入学总分"的最大值、最小值和平均值，所以需要添加 3 个"入学总分"字段。为了提高结果的可读性，可以直接在设计网格 3 个"入学总分"字段前依次输入"最高分:""最低分:"和"平均值:"，中间用英文的冒号分隔开。

其设计网络的设置和查询结果分别如图 4-25 和图 4-26 所示。本书将在第 5 章中解决计算结果中保留平均值的小数位数的问题。

字段:	性别	最高分: 入学总分	最低分: 入学总分	平均值: 入学总分
表:	学生表	学生表	学生表	学生表
总计:	Group By	最大值	最小值	平均值
排序:				
显示:	☑	☑	☑	☑
条件:				
或:				

图 4-25　例 4-8 查询设计视图

例4-8查询

性别	最高分	最低分	平均值
男	698	600	640.375
女	663	548	613.428571428571

图 4-26　例 4-8 的查询结果

4.4.2　自定义计算

当需要统计的数据未出现在表中，或者用于计算的数据来源于多个字段时，用户应在设计网格中添加一个计算字段。自定义计算，就是在查询设计视图中直接用表达式创建计算字段。下面通过实例介绍自定义计算查询的设计过程。

【例 4-9】 创建学生年龄的查询，要求显示学号、姓名、性别和年龄。

分析：学生年龄可以用表达式“Year(Date())-Year([出生日期])”来计算，其中，“Year(Date())”可求出当前日期的年份，假设当前日期“Date()”的值为“#2024/3/5#”，则“Year(Date())”的值为“2024”；出生日期的值为“#2002/5/15#”，则“Year([出生日期])”的值为“2002”。因此，“Year(Date())-Year([出生日期])”的计算结果为 2024-2002=22。

创建一个计算字段，在“字段”行的空白单元格中输入“年龄:Year(Date())-Year([出生日期])”。其设计网格的设置及查询结果分别如图 4-27 和图 4-28 所示。

字段:	学号	姓名	性别	年龄: Year(Date())-Year([学生表]![出生日期])
表:	学生表	学生表	学生表	
排序:				
显示:	☑	☑	☑	☑
条件:				
或:				

图 4-27　例 4-9 查询设计视图

例4-9查询

学号	姓名	性别	年龄
1201010103	宋洪博	男	22
1201010105	刘向志	男	23
1201010230	李媛媛	女	22
1201030110	王琦	男	22
1201030409	张虎	男	22
1201040101	王晓红	女	23
1201040108	李明	男	23
1201041102	李华	女	22
1201041129	侯明斌	男	23
1201050101	张函	女	22
1201050102	唐明卿	女	23
1201060104	王刚	男	21
1201060206	赵壮	男	22
1201070101	李淑子	女	22
1201070106	刘丽	女	23

图 4-28　例 4-9 的查询结果

4.5　交叉表查询

交叉表查询可用于对表中字段进行分类汇总，从而更加方便地分析数据。交叉表查询通常将一个字段放在数据表的左侧作为行标题，另一个字段放在数据表的顶端作为列标题，在行列交叉处显示表中某个字段的统计值，如合计、计数、最大值、最小值等。在交叉表查询中，行标题最多可以指定 3 个字段，但只能指定一个列标题字段和一个总计字段。

创建交叉表查询的方法有两种，即使用查询向导创建或使用查询设计创建。

4.5.1　使用查询向导创建交叉表查询

使用交叉表查询向导可以快速生成一个基本的交叉表查询对象，如果有需要可以再使用查询设计视图对交叉表查询对象进行修改。

【例 4-10】创建一个交叉表查询，统计各班级男女生人数。

分析：在交叉表查询中，行标题是"班级"字段，列标题是"性别"字段，行与列交叉处的计算值选择对"学号"字段进行"计数"。具体操作步骤如下。

（1）单击"创建"选项卡"查询"选项组中的"查询向导"按钮，在打开的"新建查询"对话框中选择"交叉表查询向导"，单击"确定"按钮。

（2）选择数据源。在"交叉表向导"对话框中，首先选择"视图"选项组中的"表"选项，然后在右侧的列表中选择"表：学生表"，单击"下一步"按钮。

（3）选择行标题。双击"班级"字段将该字段移到"选定字段"列表框，如图 4-29 所示。单击"下一步"按钮。

（4）选择列标题。选择"性别"字段，如图 4-30 所示。单击"下一步"按钮。

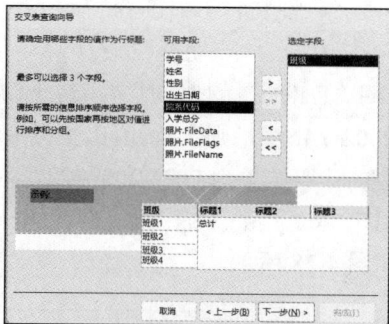

图 4-29　选定行标题

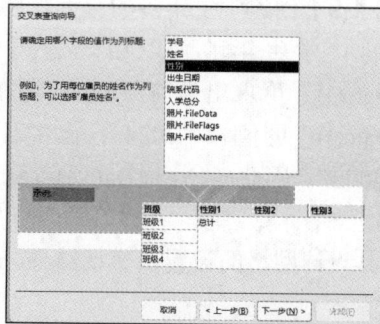

图 4-30　选定列标题

（5）确定行列交叉处的计算数据。在"字段"列表框中选择"学号"，在"函数"列表框中选择"计数"函数。取消勾选"请确定是否为每一行做小计："下方的复选框，即不为每一行做小计，如图 4-31 所示。单击"下一步"按钮。

（6）指定查询名称。在"请指定查询的名称："下方的文本框中输入"例 4-10 交叉表查询"，完成交叉表的创建。交叉表查询结果如图 4-32 所示。

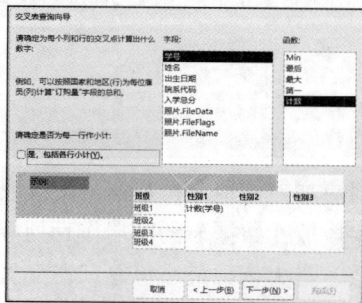

图 4-31　指定计算函数

图 4-32　例 4-10 交叉表的查询结果

4.5.2　使用查询设计创建交叉表查询

如果创建交叉表查询的数据来源于多张表，或来自某个字段的部分值，那么就需要使用查询设计创建交叉表查询。

【例 4-11】创建一个交叉表查询，统计各院系每门课程成绩不及格学生的人数。

分析：查询用到的"课程名称"和"院系名称"字段，分别来自课程表和院系代码表，不及格学生人数需要对选课成绩表的不及格学生的学号进行计数统计，而院系代码表只与学生表有联系，所以 4 张表都必须作为数据源。交叉表查询向导不支持从多张表中选择字段，因此需要在查询设计中创建交叉表查询。不及格的条件是"成绩<60"，因此"成绩"字段也必须添加。具体操作步骤如下。

（1）添加数据源。打开查询设计视图，添加"学生表""选课成绩表""院系代码表""课程表"作为数据源。

（2）添加字段。双击课程表的"课程名称"字段，将其添加到设计网格中"字段"行第 1 列；使用同样的方法，双击院系代码表的"院系名称"字段及选课成绩表的"学号""成绩"字段，分别将其添加到设计网格中"字段"行的第 2 列、第 3 列和第 4 列。

（3）单击"设计"选项卡"查询类型"选项组的"交叉表"按钮，此时查询设计网格中增添了"总计"行和"交叉表"行。

（4）指定行标题。单击"课程名称"列的"交叉表"行单元格，单击右侧的下拉按钮，在显示的下拉列表中选择"行标题"。

（5）指定列标题。单击"院系名称"列的"交叉表"行单元格，单击右侧的下拉按钮，在显示的下拉列表中选择"列标题"。

（6）选择计算类型。单击"学号"列"交叉表"行单元格，单击右侧的下拉按钮，在显示的下拉列表中选择"值"，单击该列"总计"行单元格，单击右侧的下拉按钮，选择"计数"。

（7）设置条件。单击"成绩"列"总计"行单元格，单击右侧的下拉按钮，选择"Where"，在该列"条件"行输入"<60"，其设计网格设置如图 4-33 所示。

（8）保存查询，命名为"例 4-11 交叉表查询"，查询结果如图 4-34 所示。

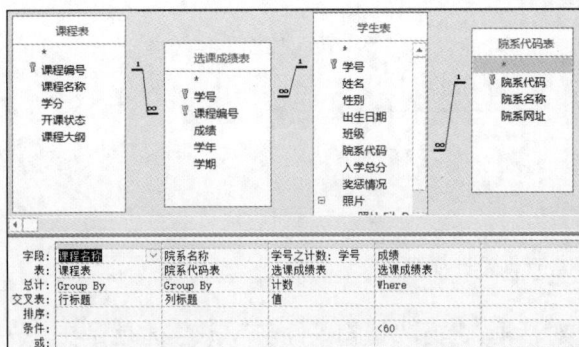

图 4-33　例 4-11 交叉表查询设计视图　　　　图 4-34　例 4-11 交叉表的查询结果

4.6　参数查询

在实际使用查询时，用户有时需要根据某个字段的不同值进行动态查询，这就需要用到参数查询。例如，查询某个学生的成绩，就要在"姓名"列"条件"行中输入具体的姓名，由于这个条件是固定的，因此查询的结果是特定学生的成绩，如果需要查询其他学生的成绩，就必须重新修改查询设计视图的"条件"行，这样的操作缺乏灵活性。而使用参数查询，可以在每次运行查询时输入不同的值，输入的值均由用户控制，这种方法能在一定程度上提高查询的灵活性。

参数查询包括单参数查询和多参数查询。

1. 单参数查询

单参数查询是指定一个参数的查询，是参数查询最简单的一种形式。

创建参数查询的步骤与创建选择查询类似，只是在"条件"行不再输入具体的表达式，而是用方括号"[ ]"占位，并在其中输入提示文字，即可完成参数查询的设计。

"[ ]"占位符括起来的部分实际上是一个变量。查询运行时会打开一个对话框，提示用户输入相应的值，用户输入的值将存储在该变量中，从而动态生成查询条件，运行查询后得到查询结果。

【**例4-12**】创建单参数查询，要求按学生姓名查找学生成绩，并显示学号、姓名、课程名称和成绩。

4-7 例4-12

分析："学号""姓名""课程名称"和"成绩"4个字段分别来自学生表、课程表和选课成绩表，所以数据源需要添加3张表。具体操作步骤如下。

（1）添加数据源和字段。打开设计视图，按要求添加"学生表""课程表""选课成绩表"作为数据源，然后在设计网格中添加所需字段列。

（2）设计参数。在"姓名"列"条件"行单元格输入"[请输入姓名]"，如图4-35所示。

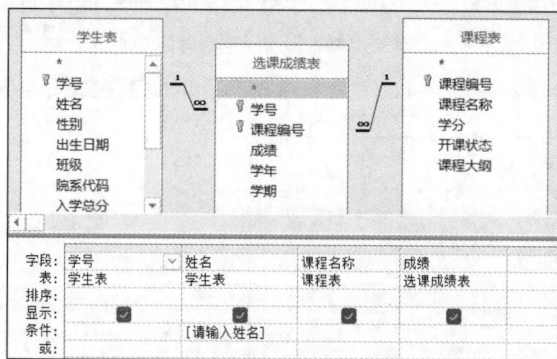

图4-35　参数查询设计视图

（3）运行查询。这时弹出"输入参数值"对话框，提示"请输入姓名"，该文本就是在"条件"单元格中输入的参数查询内容。用户根据需要输入参数值，如果参数值有效，则会显示满足条件的记录。在本例中输入"李华"，如图4-36所示。查询结果如图4-37所示。

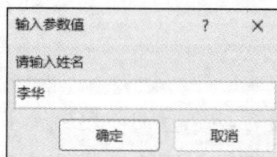

图4-36　"输入参数"对话框

图4-37　例4-12单参数的查询结果

2．多参数查询

需要在多个字段中指定参数的查询称为多参数查询。多参数查询的创建和单参数查询类似，运行时根据设计视图从左到右的顺序，系统会依次将参数输入对话框显示给用户，在用户全部输入完毕后生成动态查询条件，然后得到运行结果。

4.7 操作查询

一般的查询是在运行过程中动态产生运行结果并显示给用户，查询结果并不会影响作为数据源的表。而操作查询可以对数据源表中的记录进行追加、更新和删除，即操作查询的运行会引起数据源的变化，因此，用户在运行操作查询时需要小心谨慎。

操作查询有 4 种类型：生成表查询、追加查询、更新查询和删除查询。

1．生成表查询

生成表查询的功能是利用一张或多张表中的全部或部分数据创建新表。这个新表被保存在数据库中。

> **提示** 利用生成表查询创建新表时，如果数据库中已有同名的表，则新表会覆盖同名的旧表。旧表一旦被覆盖就无法恢复，所以为生成表查询创建的新表指定名称时务必谨慎，避免覆盖现有同名的表。

【例 4-13】 创建一个生成表查询，要求将不及格的学生的学号、姓名、课程编号、课程名称和成绩保存到名为"不及格学生信息"的新表中。

分析：学号和姓名可以从学生表中获得，课程编号和课程名称可以从课程表中获得，成绩可以从选课成绩表中获得。具体操作步骤如下。

4-8 例 4-13

（1）添加数据源。在查询设计视图中添加"学生表""选课成绩表""课程表"3 张表。

（2）添加字段。在设计网格中，添加"学号""姓名""课程编号""课程名称"和"成绩"字段。

（3）设置条件。在"成绩"列"条件"行单元格中输入条件"<60"，如图 4-38 所示。

（4）选择查询类型。单击查询工具"设计"选项卡"查询类型"选项组中的"生成表"按钮，打开"生成表"对话框，在"表名称"文本框中输入新表名"不及格学生信息"，选中"当前数据库"单选按钮，如图 4-39 所示。

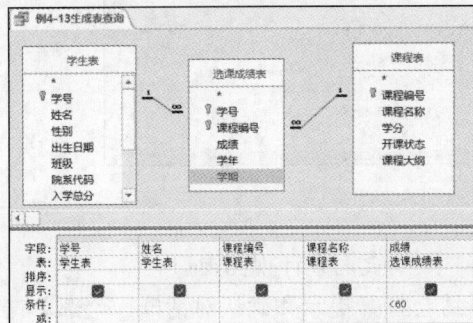

图 4-38　查询设计视图　　　　图 4-39　"生成表"对话框

89

（5）保存查询，将其命名为"例 4-13 生成表查询"。

（6）运行查询。双击导航窗格查询对象中的"例 4-13 生成表查询"，系统会打开提示和确认对话框，全部单击"是"按钮，导航窗格"表"对象列表中会生成"不及格学生信息"表。

（7）双击导航窗格"表"对象列表中的"不及格学生信息"对象，打开该表的数据表视图，如图 4-40 所示，该表有两条记录。

不及格学生信息				
学号	姓名	课程编号	课程名称	成绩
1201010230	李媛媛	10500131	证券投资学	34
1201060104	王刚	10700053	大学物理	45

图 4-40　"不及格学生信息"表的数据表视图

> 利用生成表查询建立的新表继承原表的字段名称、数据类型以及字段大小属性，但是不继承其他的字段属性及表的主键设置。

2．追加查询

顾名思义，追加查询的作用就是从表中提取记录，将其追加到另外一张表中，所以追加查询的前提是查询结果与要追加的表必须具有相同的表结构。

【例 4-14】创建一个追加查询，将成绩为 60～70 分的学生记录添加到"低分数学生信息"表中。

分析：将"不及格学生信息"表复制后，粘贴为新表，并指定新表名称为"低分数学生信息"，然后在查询设计视图中创建一个选课成绩为 60～70 分的学生信息查询，该查询应和"不及格学生信息"表具有相同的表结构，也包含"学号""姓名""课程编号""课程名称""成绩"这 5 个字段。具体操作步骤如下。

（1）打开查询设计视图创建查询，添加数据源，设置成绩条件为"Between 60 And 70"。

（2）单击查询工具"设计"选项卡"查询类型"选项组中的"追加"按钮，打开"追加"对话框，在该对话框的"表名称"文本框中输入"低分数学生信息"，选中"当前数据库"单选按钮，如图 4-41 所示。单击"确定"按钮。

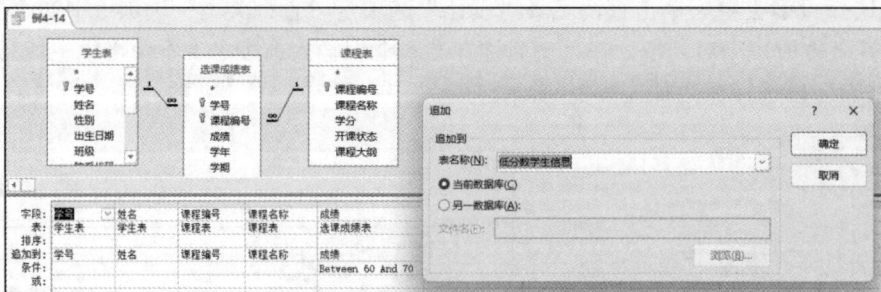

图 4-41　设计网格示例

（3）保存查询，将其命名为"例 4-14 追加查询"。关闭查询设计视图窗口。

（4）运行查询。双击导航窗格中该查询对象，系统会打开提示和确认对话框，全部单击"是"按钮，查询的数据即被追加到"低分数学生信息"表的尾部。

（5）打开"低分数学生信息"表，追加前表中已有两条记录，追加了多条记录后该表如图 4-42 所示。

学号	姓名	课程编号	课程名称	成绩
1201010230	李媛媛	10500131	证券投资学	34
1201060104	王刚	10700053	大学物理	45
1201010103	宋洪博	10700140	高等数学	70
1201010105	刘向志	10101400	学术英语	68
1201041102	李华	10700140	高等数学	70
1201041123	侯明斌	10600200	C语言程序设计	69
1201050101	张函	10101400	学术英语	65
1201050101	张函	10101410	通用英语	70
1201050102	唐明辉	10600200	C语言程序设计	61
1201070101	李淑子	10700140	高等数学	66

图 4-42 "低分数学生信息"表的追加结果

3. 更新查询

更新查询可以对表中的部分记录或全部记录进行更改。

【例 4-15】创建一个更新查询，将选课成绩表中学期字段值"1"全部更改为"一"。

具体操作步骤如下。

（1）打开查询设计视图，添加"选课成绩表"作为数据源。添加"学期"字段到设计网格中。

（2）在"学期"列"条件"行单元格输入条件""1""。

（3）单击查询工具"设计"选项卡"查询类型"选项组中的"更新"按钮，在设计网格中增加"更新到"行，在"学期"列"更新到"行单元格中输入""一""，如图 4-43 所示。

（4）运行查询。双击导航窗格中该查询对象，系统会打开提示和确认对话框，全部单击"是"按钮。

（5）查看更新结果。双击导航窗格中"选课成绩表"对象，发现原来为"1"的"学期"字段值现在已经更新为"一"，如图 4-44 所示。

字段:	学期
表:	选课成绩表
更新到:	"一"
条件:	"1"
或:	

图 4-43 更新查询的设计网格

学号	课程编号	成绩	学年	学期
1201010103	10101400	85	2020-2021	2
1201010103	10500131	93	2020-2021	一
1201010103	10600611	88	2020-2021	一
1201010103	10700140	70	2020-2021	一
1201010105	10101400	68	2020-2021	2

图 4-44 "选课成绩表"的更新结果

4. 删除查询

用户可以手动逐条删除表中的记录，当需要删除满足特定条件的多条记录时，也可以通过使用删除查询批量删除相关记录来提高操作效率。删除查询用于从数据库的表中删除多条记录，数据一旦被删除便无法恢复。删除查询可以删除表中的全部记录，但是不能删除表的结构。

【例 4-16】创建一个删除查询，要求从"低分数学生信息"表中删除成绩为 60～70 分的记录。

具体操作步骤如下。

（1）打开查询设计视图。添加"低分数学生信息"表作为数据源，添加"成绩"字段到设计网格中。

（2）单击查询工具"设计"选项卡"查询类型"选项组中的"删除"按钮，设计网格中增加了"删除"行，单击该单元格会显示下拉按钮，单击下拉按钮，选择下拉列表中的"Where"选项。

（3）在"条件"行单元格中输入条件"Between 60 And 70"。其设计网格设置如图4-45所示。

（4）运行该查询，系统打开提示和确认对话框，用户确认后，删除记录后的"低分数学生信息"表中又恢复成了两条记录。

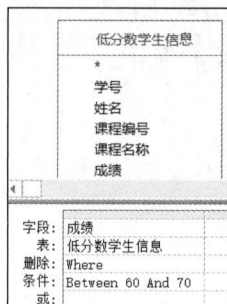

图 4-45　删除查询设计网格

4.8　课堂案例：学生成绩管理数据库查询

在学生成绩管理数据库中，用户可以使用合适的查询方式来查询满足条件的记录。

1. 使用查询向导

简单查询向导不仅可以进行明细查询，还可以对字段进行统计计算。

【课堂案例4-1】统计各院系学生入学总分的平均值。

具体操作步骤如下。

（1）在"简单查询向导"对话框中的"表/查询"下拉列表框中选择"表：院系代码表"，然后双击"院系名称"字段；再选择"表：学生表"，然后双击"入学总分"字段，这两个字段被添加到"选定字段"列表中。

（2）单击"下一步"按钮，选中"汇总"单选按钮，然后单击"汇总选项"按钮，在打开的对话框中勾选"平均"复选框，如图4-46所示。

（3）单击"完成"按钮。如果出现了图4-47（a）显示"######"的情况，调整列宽即可显示出完整的数据，如图4-47（b）所示。

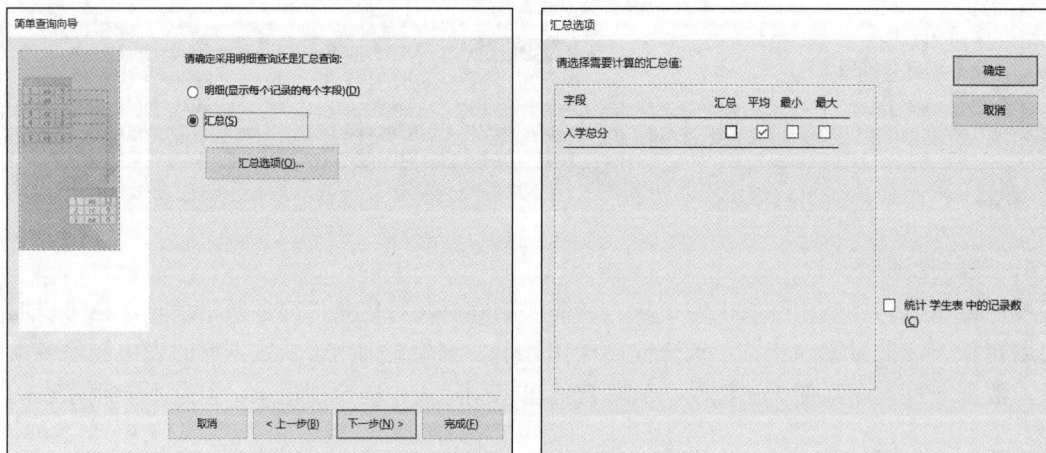

（a）　　　　（b）

图 4-46　汇总设置

（a） （b）

图 4-47 课堂案例 4-1 的查询结果

2. 设置查询条件

【课堂案例 4-2】查询姓"王"的选修了"高等数学"的学生及姓"李"的选修了"模拟电子技术基础"的学生的学号、姓名、课程名称及成绩。

分析：查询用到的"学号""姓名""课程名称"和"成绩"字段分别来自学生表、课程表和选课成绩表，因此数据源应添加这 3 张表。

查询条件姓"王"的选修了"高等数学"，两个条件是"与"的关系，在设计网格中应放在同一行；查询条件姓"李"的选修了"模拟电子技术基础"，也是"与"的关系，也应在同一行。最后对查询条件再进行"或"运算。姓"王"的条件可以用表达式"like "王*""，也可以用函数"left([姓名],1)= "王""表示。姓"李"的条件同理。其设计网格设置如图 4-48 所示，查询结果如图 4-49 所示。

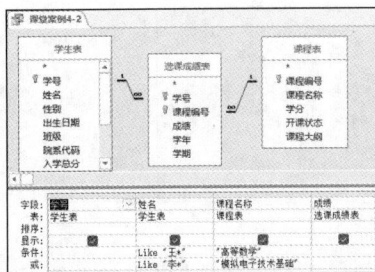

图 4-48 课堂案例 4-2 查询设计视图

图 4-49 课堂案例 4-2 的查询结果

【课堂案例 4-3】统计每一位学生已修的总学分。

分析：学生表中有"学号"和"姓名"两个字段，选课成绩表中有"成绩"字段，课程表中有"学分"字段，因此在创建该查询时数据源要添加"学生表""选课成绩表"和"课程表" 3 张表。

对于每个学生来说，只有某门课程的成绩大于或等于 60 分才能累计该门课程的学分，"成绩"作为条件，也应被添加到设计网格中，所以本例应添加"学号""姓名""学分""成绩" 4 个字段。

选择"学号"作为分组字段，将该字段"总计"行设置为"Group By"；"姓名"字段不分组，只需显示同一"学号"组中第一个记录字段值，将其"总计"行设置为"First"，列标题显示为"学生姓名"；"学分"字段需要计算求和，将其"总计"行设置为"合计"，列标题显示为"总学分"；因为成绩在 60 分以上才可以获得学分，"成绩"字段只是作为条件，将其"总计"行设为"Where"，在"成绩"列"条件"行单元格输入条件">=60"。

其设计网络设置和查询结果分别如图 4-50 和图 4-51 所示。

93

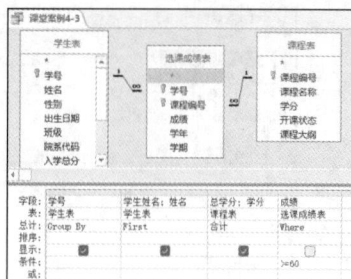

图 4-50　课堂案例 4-3 查询设计视图

图 4-51　课堂案例 4-3 的查询结果

3. 自定义计算

【**课堂案例 4-4**】查询 2001 年出生的学生的学号、姓名、出生日期、院系名称及专业。

分析：查询用到的"学号""姓名""出生日期"字段来自学生表、"院系名称"字段来自院系代码表表，因此数据源应添加这两张表。

"专业"不是表中原有的字段，但"班级"字段的前两个汉字表示专业，可以用表达式创建一个计算字段，表达式设置为"专业:LEFT([班级],2)"；在"出生日期"列"条件"行输入"Year([出生日期])=2001"。

其设计网络设置和查询结果分别如图 4-52 和图 4-53 所示。

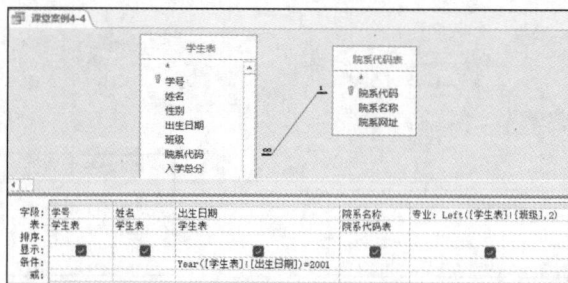

图 4-52　课堂案例 4-4 查询设计视图

图 4-53　课堂案例 4-4 的查询结果

4. 参数查询

【**课堂案例 4-5**】创建一个多参数查询，在输入姓氏和性别后，查询入学总分 600（含）分以上的学生信息。

添加"学生表"和"院系代码表"作为数据源，然后再添加"学号""姓名""性别""院系名称"和"入学总分"字段到设计网格中。

在"姓名"列"条件"行单元格中输入"Like [请输入姓氏] & "*""，在"性别"列"条件"行单元格中输入"[请输入性别]";在"入学总分"列"条件"行单元格中输入">=600"。设计网格如图 4-54 所示。

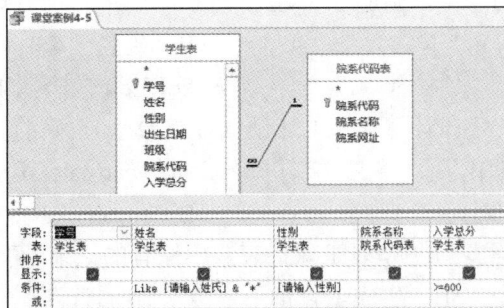

图 4-54 多参数设计视图

运行查询时,按顺序输入"输入参数值"对话框要求的信息,分别输入"李"和"男",如图 4-55 和图 4-56 所示,即查询姓李的男生记录,查询结果如图 4-57 所示。

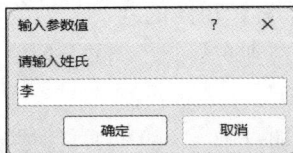

图 4-55 "姓氏"参数输入对话框

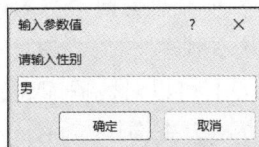

图 4-56 "性别"参数输入对话框

图 4-57 课堂案例 4-5 多参数的查询结果

> **提示**　本例的条件表达式为"Like [请输入姓氏] & "*"",其中"&"为连接文本字符串的运算符。若输入参数值为""李"",则形成的查询条件为""李*""。

【理论练习】

一、单项选择题

1. 关于 Access 查询中的数据源,下列说法中正确的是（　　）。

　　A. 只能来自表　　　　　　　　　　　B. 只能来自查询

　　C. 可以来自报表　　　　　　　　　　D. 可以来自表或查询

2. 在选课成绩表中要查找成绩≥80 且成绩≤90 的学生,该列"条件"行单元格中正确的表达式是（　　）。

　　A. Between 80 And 90　　　　　　　　B. Between 80 To 90

　　C. Between 79 And 91　　　　　　　　D. Between 79 To 91

3．在查询设计视图的设计网格中，不能设置的选项是（　　　）。

    A．排序　　　　　　　B．显示　　　　　　　C．类型　　　　　　　D．条件

4．要查找姓"李"的学生，则应在"姓名"列"条件"行的单元格中输入（　　　）。

    A．Right([姓名], 1)= "李"　　　　　　　　B．姓名="李"

    C．Like"*李"　　　　　　　　　　　　　　D．Left([姓名], 1)= "李"

5．使用"出生日期"字段计算学生的年龄（取整数），正确的表达式是（　　　）。

    A．year([出生日期])　　　　　　　　　　B．year(date())- year([出生日期])

    C．date()-[出生日期]　　　　　　　　　　D．(date()-[出生日期])/365

6．将表 a 的记录添加到表 b 中，要求保持表 b 中原有的记录，可以使用的查询是（　　　）。

    A．选择查询　　　　　B．生成表查询　　　　C．追加查询　　　　　D．更新查询

7．设计参数查询时，用户的提示信息设置在（　　　）内。

    A．括号()　　　　　　B．书名号《》　　　　C．花括号{}　　　　　D．方括号[]

8．自定义计算需要自行设计并输入表达式，其输入的位置是查询设计视图的（　　　）行。

    A．字段　　　　　　　B．排序　　　　　　　C．显示　　　　　　　D．条件

9．如果一个参数查询中有多个参数，运行时将会根据设计视图的（　　　）的次序执行。

    A．从右到左　　　　　B．从上到下　　　　　C．从左到右　　　　　D．随机

10．（　　　）可以对数据库表进行批量地更改。

    A．交叉表查询　　　　B．更新查询　　　　　C．追加查询　　　　　D．生成表查询

二、填空题

1．如果要求在运行查询时通过输入学号查询学生信息，可以采用_____查询。

2．学生表中有"出生日期"字段（日期/时间型），若要查询年龄是 20 岁的学生信息，可以在查询设计视图的"出生日期"列"条件"行单元格中输入_____。

3．若要查询"成绩"在 85～100 分（含 85 和 100）的学生信息，可以在查询设计视图"成绩"列"条件"行单元格中输入_____。

4．表达式 $1 + 3 \setminus 2 > 1$ OR 6 Mod $4 < 3$ 的运算结果是_____。

5．查询的数据源可以是_____和_____。

【项目实训】图书馆借还书管理数据库查询

一、实训目的

1．掌握用查询设计视图创建选择查询的方法。

2．掌握用表达式生成器构造复杂查询条件的方法。

3．掌握自定义计算设置的方法。

4．掌握创建交叉表查询的方法。

5．掌握创建参数查询和操作查询的方法。

二、实训内容

在图书馆借还书管理数据库中，按要求创建以下查询。

1．查询"人民邮电出版社"的图书信息，并显示图书编号、书名、作者、出版社和定价。将其命名为"项目实训 4-1"。

2．查询 2017 年～2019 年出版的图书信息，并显示图书编号、书名、作者、出版日期和定价。将其命名为"项目实训 4-2"。

3．查询借阅的书名中包含"数据"的读者的借阅信息，并显示读者姓名和书名。将其命名为"项目实训 4-3"。

4．查询读者为"教师"的借阅信息，并显示读者姓名、书名和借书日期。将其命名为"项目实训 4-4"。

5．查询每本图书的借阅次数，并显示图书编号、书名、借阅次数、作者和出版社。将其命名为"项目实训 4-5"。

6．查询每名学生的借阅次数，并显示读者姓名、类别名称和借阅次数。将其命名为"项目实训 4-6"。

7．输入读者的姓名，查询该读者的借阅信息，并显示读者姓名、书名和借书日期。将其命名为"项目实训 4-7"。

8．将出版社为"人民邮电出版社"的图书编号、书名、作者、出版社和定价保存在名为"人民邮电出版社图书"的表中。将其命名为"项目实训 4-8"。

9．统计各个学院的教师和学生的借阅次数。将其命名为"项目实训 4-9"。

10．将图书的定价按照 80% 计算为优惠价格，并显示图书编号、书名、作者、出版社、定价和优惠价格。将其命名为"项目实训 4-10"。

【实战演练】商品销售管理数据库查询

在商品销售管理数据库中，按要求创建以下查询。

1．查询商品类型为"办公文具"的商品信息，并显示商品编号、商品名称、库存数量和定价。

2．查询商品类型为"食品饮料"的库存数量在 100 件以下的商品信息，并显示商品编号、商品名称、库存数量和商品类型。

3．统计每种会员等级的人数，并显示为会员等级和人数。

4．查询订单编号为"2402000001"的订货信息，并显示商品名称、购买数量、定价和送货地址。

5．统计每个订单的商品种类和数量，并显示订单编号、商品种类和数量。

6．输入订单编号，查询该订单的信息，并显示商品名称、购买数量、定价、联系电话和送货地址。

7．将商品类型为"生活用品"的商品编号、商品名称、库存数量和定价保存在名为"生活用品"的表中。

8．查询每个订单的信息，并显示订单编号、商品名称、购买数量、定价和单项商品合计（购买数量×定价）。

第 **5** 章 SQL 查询

结构化查询语言（Structured Query Language，SQL）是操作关系数据库的标准语言，SQL 具有使用方便、功能强大的特点，因此应用广泛。本章主要介绍使用 SQL 实现数据查询、数据定义、数据操作等功能。

【学习目标】

- 掌握 SELECT 语句的格式。
- 掌握使用 SELECT 语句创建单表查询和多表查询。
- 掌握使用 SQL 实现数据定义、数据操作和特定查询。

5.1 SQL 视图

SQL 查询是使用 SQL 语句创建的查询。查询对象本质上是一条用 SQL 语句编写的命令。在查询设计视图窗口中使用可视化的方式创建一个查询对象时，系统就自动创建了相应的 SQL 语句并将其保存起来。运行一个查询对象实质上就是执行该查询中指定的 SQL 语句。

在图 5-1（a）所示的查询设计视图中，创建了一个显示女学生的学号、姓名、性别和入学总分的查询。用户单击查询工具"设计"选项卡"结果"选项组"视图"下拉列表中的"SQL 视图"选项，就可以切换到图 5-1（b）所示的 SQL 视图，显示出该查询对应的 SQL 语句，也就是说，图 5-1（a）与图 5-1（b）的查询运行的结果是一样的。

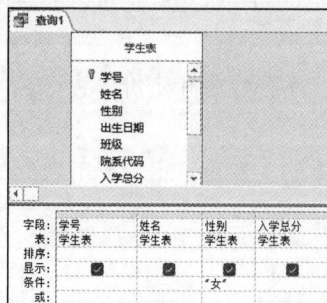

（a）

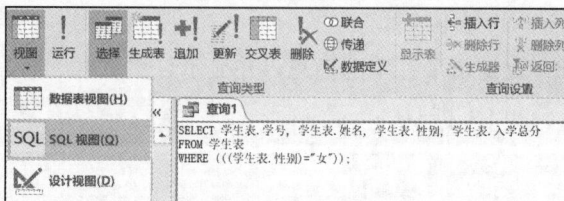

（b）

图 5-1 查询的视图

在 SQL 视图中，用户可以直接输入 SQL 语句或编辑已有的 SQL 语句，保存后同样可以得到一个查询对象。

5.2 SQL 语句

在 Access 中有些复杂的查询、数据定义查询和联合查询需要通过创建 SQL 语句来实现。

5.2.1 SELECT 语句

SELECT 语句是从表中检索记录的命令，该命令可以实现对表中记录的选择、投影和连接等运算，返回指定的表中的全部或部分满足条件的记录集合。

1. SELECT 语句的格式

语法格式如下。

```
SELECT [ALL|DISTINCT|TOP N]  *|<字段名称> [AS 别名][,< 字段名称> [AS 别名], …]
FROM <表名>|<查询名>
[WHERE <条件表达式>]
[GROUP BY <字段名称>[,<字段名称>, …] [HAVING <条件表达式>]]
[ORDER BY <字段名称>[ASC|DESC][ ,<字段名称> [ASC|DESC], …]]
```

功能：从"FROM"子句指定的数据源中返回满足"WHERE"子句指定条件的记录集，该记录集中只包含 SELECT 语句中指定的字段。

说明如下。

• ALL：查询结果是满足条件的全部记录，默认就是 ALL。DISTINCT：查询结果不包含重复行的记录。TOP N：查询结果只包含前 N 条记录。

• *：查询结果包含表或查询中的所有字段。

• AS：指定显示结果列标题名称，默认标题为字段名称。字段名称可以来自单张表，也可以来自多张表，来自多张表的字段名称表示为"表名.字段名称"。

• FROM：指定查询的数据源，数据源可以是表，也可以是查询。

• WHERE：指定查询的条件。

• GROUP BY：按照指定字段对记录进行分组。HAVING：必须与"GROUP BY"一起使用，用来限定分组满足的条件。

• ORDER BY：对查询结果进行排序，ASC 表示升序，是默认值，DESC 表示降序。

SELECT 语句的执行顺序：FROM→WHERE→GROUP BY→HAVING→ORDER BY→SELECT。掌握执行顺序可以正确理解 SQL 语句，写出满足用户要求的查询。

SQL 语句的所有子句既可以写在同一行中，也可以分为多行书写。命令中的英文大写字母与英文小写字母含义相同。

2. 使用 SELECT 语句创建简单查询

【例 5-1】查询学生表中所有学生的学号、姓名和出生日期。

使用 SQL 语句的具体操作步骤如下。

5-1　例 5-1

（1）利用查询设计视图创建一个查询，关闭"显示表"对话框，并切换到 SQL 视图，在 SQL 视图中输入以下 SQL 语句，如图 5-2（a）所示。

```
Select 学号，姓名，出生日期
From 学生表
```

在“Select”之后列出需要查询的字段名称，字段名称之间用英文逗号进行分隔。

（2）单击“结果”选项组中的“运行”按钮，切换到数据表视图，查询结果如图 5-2（b）所示。单击“结果”选项组“视图”下拉列表中的“设计视图”选项，切换到设计视图，可以看到 SQL 语句对应的设计视图，如图 5-2（c）所示。

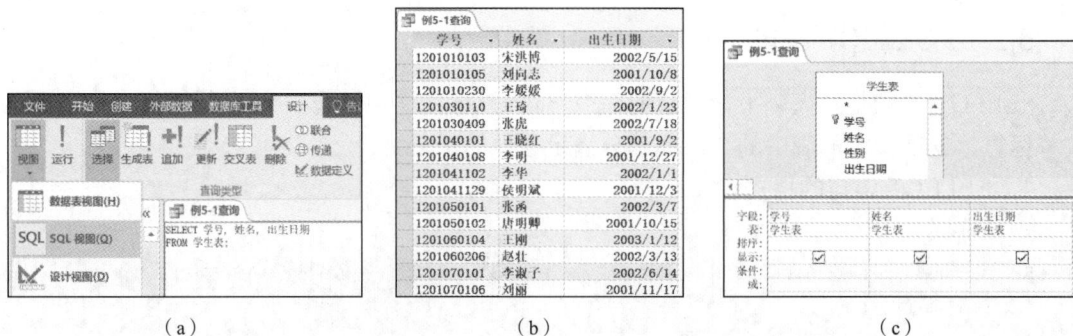

（a）（b）（c）

图 5-2 例 5-1 查询设计视图与查询结果

【例 5-2】查询课程表中的全部记录。

在 SQL 视图中输入以下 SQL 语句。

```
Select  *
From  课程表
```

Select 语句中的“*”用来表示查询结果包含表中的所有字段。查询结果如图 5-3 所示。

课程编号	课程名称	学分	开课状态	课程大纲
10101400	学术英语	4	☐	
10101410	通用英语	3	☑	
10300710	现代控制理论	2.5	☑	
10400350	模拟电子技术基础	3.5	☑	
10500131	证券投资学	2	☐	
10600200	C语言程序设计	3.5	☑	Microsoft Word 文档
10600450	无线网络安全	2	☑	
10600611	数据库应用	3.5	☑	Microsoft Word 文档
10700053	大学物理	3.5	☐	Microsoft Word 文档
10700140	高等数学	4	☑	
10700462	线性代数	3	☑	

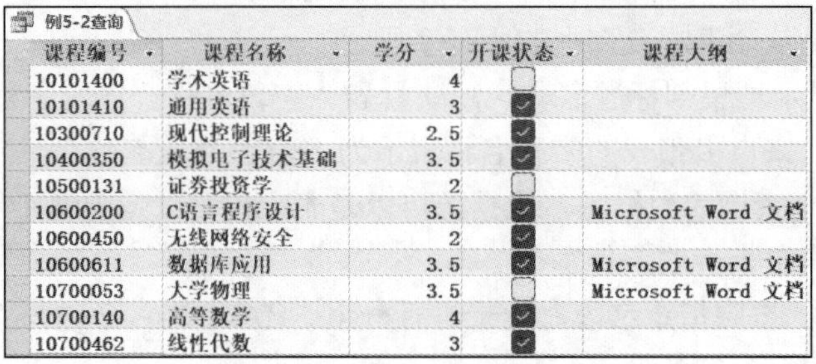

图 5-3 例 5-2 的查询结果

【例 5-3】查询学生表中所包含的班级名称。

分析：一个班级中有多名学生，使用“Distinct”关键字来消除查询结果中重复的“班级”记录，如学生表中有两个“电气 2001”班，使用“Distinct”关键字可以只显示一个。

在 SQL 视图中输入以下 SQL 语句。

```
Select Distinct 班级
From 学生表
```

查询结果如图 5-4 所示。

【例 5-4】查询学生表中学生的学号、姓名和年龄。

分析：查询的列可以是字段，也可以是计算表达式。用户可以使用“As”子句指定显示结果列标题名称。本例中的“年龄”就是一个计算表达式“Year(Date())-Year(出生日期)”，使用"As"子句指定列标题为"年龄"。

在 SQL 视图中输入以下 SQL 语句。

```
Select 学号, 姓名, Year(Date())-Year(出生日期) As 年龄
From 学生表
```

查询结果如图 5-5 所示，该结果是基于函数 Date() 的返回值为"2024/3/16"得到的，当前的系统日期不同，结果可能不同。

例5-4查询		
学号	姓名	年龄
1201010103	宋洪博	22
1201010105	刘向志	23
1201010230	李嫒嫒	22
1201030110	王琦	22
1201030409	张虎	22
1201040101	王晓红	23
1201040108	李明	23
1201041102	李华	22
1201041129	侯明斌	23
1201050101	张函	22
1201050102	唐明卿	23
1201060104	王刚	21
1201060206	赵壮	22
1201070101	李淑子	22
1201070106	刘丽	23

例5-3查询
班级
财务2001
电气2001
电气2011
机械2001
机械2004
计算2001
计算2002
物理2001
英语2001
英语2002

图 5-4　例 5-3 的查询结果　　　　　图 5-5　例 5-4 的查询结果

【例 5-5】查询学生表中入学总分前 3 名学生的学号、姓名、院系代码和入学总分。

分析：如果要显示入学总分前 3 名的记录，则查询结果需要先使用"Order By"子句按入学总分的降序进行排列，然后用"Top N"来指定显示记录的数量。

在 SQL 视图中输入以下 SQL 语句。

```
Select Top 3 学号, 姓名, 院系代码, 入学总分
From 学生表
Order By 入学总分 Desc
```

查询结果如图 5-6 所示。

例5-5查询			
学号	姓名	院系代码	入学总分
1201010103	宋洪博	101	698
1201060104	王刚	106	678
1201050101	张函	105	663

图 5-6　例 5-5 的查询结果

3. 使用 SELECT 语句创建条件查询

如果要查询满足特定条件的记录，通常需要使用"Where"子句，该子句使用表达式指明查询的条件。

【例 5-6】查询学生表中所有女生的学号、姓名和性别。

在 SQL 视图中输入以下 SQL 语句。

```
Select 学号, 姓名, 性别
From 学生表
Where 性别="女"
```

5-2　例 5-6

查询结果如图 5-7 所示。

图5-7 例5-6的查询结果

【例5-7】查询学生表中入学总分在600（含）以上的姓李的学生的学号、姓名、性别和入学总分。

在 SQL 视图中输入以下 SQL 语句。

```
Select 学号，姓名，性别，入学总分
From 学生表
Where Left(姓名,1)="李" And 入学总分>=600
```

查询结果如图5-8所示。

上述"Where"子句也可改写为"Where 姓名 Like "李*" And 入学总分>=600"。

图5-8 例5-7的查询结果

5.2.2 数据分组和聚合函数

在实际应用中，不仅要求将表中的记录查询出来，还需要在原有数据的基础上，通过分组计算来显示统计结果，这就用到了聚合函数。常用的聚合函数如表5-1所示。

表5-1 常用的聚合函数

函数名	功能	函数名	功能
Sum()	求数字型字段的和	Max()/Min()	求最大值/最小值
Avg()	求数字型字段的平均值	First()/Last()	返回分组中的第一条/最后一条记录的指定字段值
Count()	统计记录的个数		

使用"Group By"子句可以对表中记录进行分组，然后使用聚合函数进行分组统计。

【例5-8】统计学生表中不同性别的学生人数。

分析：首先需要使用"Group By 性别"子句进行分组，将表按照性别划分为2组："男"生组和"女"生组。然后使用聚合函数"Count(学号)"来统计每个组中的记录个数。

在 SQL 视图中输入以下 SQL 语句。

5-3 例5-8

```
Select 性别, Count(学号)
From 学生表
Group By 性别
```

查询结果如图5-9（a）所示，其中第2个列标题名称是系统自动生成的，不能反映该列的真实含义。所以使用聚合函数后，通常用 As 指定显示结果列标题名称，修改 SQL 语句如

下，查询结果如图 5-9（b）所示。

```
Select 性别, Count(学号) As 人数
From 学生表
Group By 性别
```

（a）

（b）

图 5-9 例 5-8 的查询结果

使用"Group By"子句后，"Select"子句中除了"Group By"中指定的字段，其他字段必须使用聚合函数，形式如下。

```
Select A, 聚合函数,..., 聚合函数
From 表名
Group By A
```

【例 5-9】在学生表中按照院系代码统计不同性别的学生人数。

分析：如果执行如下的 SQL 语句，系统会提示图 5-10 所示的错误信息，产生错误的原因是性别不属于"Group By"中的字段。

```
Select 院系代码, 性别, Count(学号) As 人数
From 学生表
Group By 院系代码
```

修改 SQL 语句如下。

```
Select 院系代码, 性别, Count(学号) As 人数
From 学生表
Group By 院系代码, 性别
```

"Group By"子句先按照"院系代码"字段进行分组，具有相同院系代码的记录被划分在同一个组中，然后在同一院系代码组内按照"性别"再次分组。"Select"前 2 个字段与"Group By"指定的两个分组字段是一致的，第 3 个字段使用聚合函数 Count()。查询结果如图 5-11 所示。

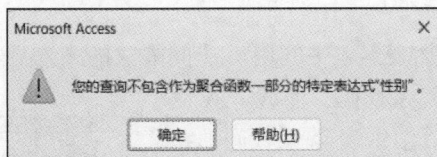

图 5-10 错误提示信息

图 5-11 例 5-9 的查询结果

【例 5-10】在学生表中统计男女生入学总分的最高分、最低分和平均值（保留 2 位小数）。在 SQL 视图中输入以下 SQL 语句。

```
Select 性别, Max(入学总分) As 最高分, Min(入学总分) As 最低分, Round(Avg(入学总分),2) As 平均值
From 学生表
Group By 性别
```

查询结果如图 5-12 所示，使用四舍五入函数 Round()可以设置小数位数，所以使用该 SQL 语句的效果比使用查询设计视图完成相同查询的例 4-8 效果更佳。

【例 5-11】按院系代码统计学生表中男学生入学平均分，并按照平均分的降序显示。

在 SQL 视图中输入以下 SQL 语句。

```
Select 院系代码, Avg(入学总分) As 平均分
From 学生表
Where 性别="男"
Group By 院系代码
Order By Avg(入学总分) Desc
```

按照 Select 语句的执行顺序，先从“Where”条件子句筛选出男学生，再按照院系代码进行分组并求出平均分，然后按照平均分降序排序。“Order By”子句也可以写成“Order By 2”，其中“2”代表第 2 列。

查询结果如图 5-13 所示，该例的结果中显示的是院系代码，需要用户打开院系代码表才能对应看出每个具体的院系名称。如果需要显示出院系名称，则涉及院系代码表和学生表，在 SQL 语句中需要用连接运算将两张表进行连接。

例5-10查询

性别	最高分	最低分	平均值
男	698	600	640.38
女	663	548	613.43

图 5-12 例 5-10 的查询结果

例5-11查询

院系代码	平均分
101	661.5
106	641.5
104	633.5
103	625

图 5-13 例 5-11 的查询结果

5.2.3 多表连接查询

如果查询结果的字段来自多张不同的表，则需要通过连接运算将多张表进行连接。第 1 章介绍了连接运算的概念，本节将使用具体的连接运算实现多表的查询。连接运算主要分为内连接和外连接。

1. 内连接

内连接是应用最广泛的连接运算，结果只包含两张表中连接字段值相同的记录行，是等值连接。使用“Inner Join”就可以将两张表内连接在一起。所以使用 SQL 创建查询前，不需要先建立表间的联系。

对于多张表中共有的字段，该字段名称前必须加表名，中间用“.”间隔，格式为“表名.字段名称”。例如，学生表和院系代码表中都有“院系代码”字段，在使用“院系代码”字段时必须加上表名，分别表示为“学生表.院系代码”和“院系代码表.院系代码”。对于非共有的字段，可以直接写字段名称。

5-4 例 5-12

【例 5-12】按院系名称统计学生表中男学生的入学平均分，并按照平均分降序显示。

在 SQL 视图中输入以下 SQL 语句。

```
Select 院系名称, Avg(入学总分) As 平均分
From 院系代码表 Inner Join 学生表 On 院系代码表.院系代码 = 学生表.院系代码
Where 性别="男"
```

```
Group By 院系名称
Order By Avg(入学总分) Desc
```

由于"院系代码"是学生表和院系代码表共有的字段，所以必须加上表名。其他字段名称均不同，可以省略表名。按照语句的执行顺序，先执行"Inner Join"内连接操作，将院系代码表和学生表按院系代码字段进行等值连接，效果如图 5-14 所示。最终查询结果如图 5-15 所示。显而易见，例 5-12 查询的结果比例 5-11 查询的结果更加直观。

院系代码表.院 ▼	院系名称 ▼	院系网址 ▼	学号 ▼	姓名 ▼	性别 ▼	出生日期 ▼	班级 ▼	学生表.院系 ▼	入学总分 ▼	奖惩情况 ▼
101	外国语学院	外国语学院	1201010103	宋洪博	男	2002/5/15	英语2001	101	698	三好学生，一等奖学金
101	外国语学院	外国语学院	1201010105	刘向志	男	2001/10/8	英语2001	101	625	
101	外国语学院	外国语学院	1201010230	李嫒嫒	女	2002/9/2	英语2002	101	596	
103	能源动力与机械工程学院	http://	1201030110	王璐	男	2002/1/23	机械2001	103	600	优秀学生干部，二等奖学金
103	能源动力与机械工程学院	http://	1201030409	张虎	男	2002/7/18	机械2004	103	650	北京市数学建模一等奖
104	电气与电子工程学院	http://	1201040101	王晓红	女	2001/9/2	电气2001	104	630	
104	电气与电子工程学院	http://	1201040108	李明	男	2001/12/27	电气2001	104	650	
104	电气与电子工程学院	http://	1201041102	李华	女	2002/1/1	电气2011	104	648	
104	电气与电子工程学院	http://	1201041129	侯明斌	男	2001/12/3	电气2011	104	617	
105	经济与管理学院	http://	1201050101	张函	女	2001/3/7	财务2001	105	663	
105	经济与管理学院	http://	1201050102	唐明卿	女	2001/10/15	财务2001	105	548	国家二级运动员
106	控制与计算机工程学院	http://	1201060104	王刚	男	2003/1/12	计算2001	106	678	
106	控制与计算机工程学院	http://	1201060206	赵壮	男	2002/3/13	计算2002	106	605	
107	数理学院	http://	1201070101	李滠子	女	2002/6/14	物理2001	107	589	
107	数理学院	http://	1201070106	刘丽	女	2001/11/17	物理2001	107	620	

图 5-14　执行内连接的效果

> 每个字段均采用"表名.字段名称"的形式可以清晰表达字段的来源，不足之处是书写烦琐。用户也可以只对表的共有字段采用该形式，非共有字段不用加表名。

2. 外连接

外连接是从一个表中选择全部的记录，从另一个表中选择与连接字段匹配的记录行。外连接的方式有两种：左外连接和右外连接。

在图 5-14 所示的内连接效果中，没有学生的院系名称被舍弃了，如果需要显示全部院系名称的字段信息，包括那些没有学生的院系，则可以使用"院系代码表"左外连接（Left Join）"学生表"的形式。左外连接表示包含"院系代码表"中的全部记录，以及"学生表"中具有相同"院系代码"的记录。

在 SQL 视图中输入以下 SQL 语句。

```
Select 院系名称,学号,姓名
From 院系代码表 Left Join 学生表 On 院系代码表.院系代码 = 学生表.院系代码
```

查询结果如图 5-16 所示。左外连接中显示出了所有的院系名称，包含没有学生的"可再生能源学院"，与其对应的学生表中的"学号""姓名"字段均为空。

院系名称 ▼	学号 ▼	姓名
外国语学院	1201010103	宋洪博
外国语学院	1201010105	刘向志
外国语学院	1201010230	李嫒嫒
可再生能源学院		
能源动力与机械工程学院	1201030110	王璐
能源动力与机械工程学院	1201030409	张虎
电气与电子工程学院	1201040101	王晓红
电气与电子工程学院	1201040108	李明
电气与电子工程学院	1201041102	李华
电气与电子工程学院	1201041129	侯明斌
经济与管理学院	1201050101	张函
经济与管理学院	1201050102	唐明卿
控制与计算机工程学院	1201060104	王刚
控制与计算机工程学院	1201060206	赵壮
数理学院	1201070101	李滠子
数理学院	1201070106	刘丽

例5-12查询	
院系名称 ▼	平均分 ▼
外国语学院	661.5
控制与计算机工程学院	641.5
电气与电子工程学院	633.5
能源动力与机械工程学院	625

图 5-15　例 5-12 的查询结果　　　　图 5-16　左外连接的运行结果

如果需要显示全部的学生信息和成绩，包含没有选课的学生，则可以使用"选课成绩表"右外连接（Right Join）"学生表"的形式。右外连接表示包含"学生表"的全部记录，以及"选课成绩表"中具有相同"学号"的记录。使用该方法可以查询出没有选课的学生，查询结果如图 5-17 所示。可以看出，有"张虎""王晓红"等 5 位学生没有选课。

在 SQL 视图中输入以下 SQL 语句。

```
Select 课程编号,成绩,学生表.学号,姓名
From 选课成绩表 Right Join 学生表 On 选课成绩表.学号 =学生表.学号
```

图 5-17 右外连接的查询结果

3. 使用 SELECT 语句创建多表连接查询

【例 5-13】查询每门课程的平均分（保留 1 位小数）、最高分和最低分。

在 SQL 视图中输入以下 SQL 语句。

```
Select 课程名称, Round(Avg(成绩),1) As 平均分, Max(成绩) As 最高分, Min(成绩) As 最低分
From 课程表 Inner Join 选课成绩表 On 课程表.课程编号 = 选课成绩表.课程编号
Group By 课程名称
```

查询涉及选课成绩表和课程表，先执行"Inner Join"内连接操作将两张表进行等值连接，然后使用"Group By"子句按照课程名称进行分组，本例中的 9 门课程被分成了 9 个组，再计算每个组内成绩的平均值、最大值和最小值。查询结果如图 5-18 所示。

【例 5-14】查询每个学生的学号、姓名和平均成绩（保留 2 位小数），查询结果按平均成绩降序排序。

在 SQL 视图中输入以下 SQL 语句。

```
Select 学生表.学号, First(学生表.姓名) As 姓名, Round(Avg(成绩),2) As 平均成绩
From 学生表 Inner Join 选课成绩表 On 学生表.学号=选课成绩表.学号
Group By 学生表.学号
Order By Round(Avg(成绩),2) Desc
```

Select 语句中的第一个字段与"Group By"子句的分组字段相同，其后必须使用聚合函数。"Group By 学生表.学号"表示按照"学号"分组，相同"学号"中的"姓名"是一致的，所以使用聚合函数"First(学生表.姓名)"求出第一个姓名并显示。查询结果如图 5-19 所示。

图 5-18　例 5-13 的查询结果

图 5-19　例 5-14 的查询结果

【例 5-15】查询学生选修课程成绩，要求显示学号、姓名、课程名称和成绩。

在 SQL 视图中输入以下 SQL 语句。

```
Select 学生表.学号,姓名,课程名称,成绩
From 课程表 Inner Join (学生表 Inner Join 选课成绩表 On 学生表.学号 = 选课成绩表.学号) On 课
程表.课程编号 = 选课成绩表.课程编号
```

查询涉及"学生表""课程表""选课成绩表"3 张表，使用"Inner Join"内连接的运算完成 3 张表的等值连接。每位学生的每门课程都会产生一条结果数据，导致查询结果数据较多，部分数据如图 5-20 所示。

【例 5-16】查询通过了 4 门课程的学生，要求显示学号、姓名和通过课程数。

在 SQL 视图中输入以下 SQL 语句。

```
Select 学生表.学号, First(学生表.姓名) As 姓名, Count(成绩) As 通过课程数
From 学生表 Inner Join 选课成绩表 On 学生表.学号=选课成绩表.学号
Where 成绩>=60
Group By 学生表.学号 Having Count(成绩)>=4
```

用"Where 成绩>=60"子句筛选出及格的记录，"Having"子句必须和"Group By"配合使用，用于指定约束条件。查询结果如图 5-21 所示。要注意"Having"子句与"Where"子句的不同之处如下。

（1）"Where"子句在"Group By"分组之前起作用，"Having"子句在"Group By"分组之后起作用。

（2）"Where"子句作用于表，从表中选择满足条件的记录；"Having"子句作用于"Group By"分组，从分组中选择满足条件的组。

图 5-20　例 5-15 查询结果部分数据

图 5-21　例 5-16 查询结果部分数据

5.3　SQL 数据定义

SQL 数据定义可以创建表、修改表的结构和删除表。

1. 创建表

"CREATE TABLE"语句用于建立表的结构，与生成表查询不同，该语句仅用于创建表的结构，语法格式如下。

```
CREATE TABLE <表名>(<字段名称> <数据类型>[,<字段名称> <数据类型>,…])
```

【例 5-17】创建一个"家庭情况表"，该表的结构如表 5-2 所示。

表 5-2   **"家庭情况表"的结构**

字段名称	数据类型	字段大小	说明
学号	短文本(Text)	10	主键(Primary Key)
家庭住址	短文本(Text)	50	
家庭年收入	数字(Numeric)		

在 SQL 视图窗口中输入以下 SQL 语句。

```
Create Table 家庭情况表(学号 Text(10), 家庭住址 Text(50),家庭年收入 Numeric, Primary
Key(学号))
```

运行的结果是创建了"家庭情况表"，该表中目前没有记录，用户可以打开"家庭情况表"添加记录。

2. 修改表的结构

"ALTER TABLE"语句可以修改已有表的结构，语法格式如下。

```
ALTER TABLE <表名> [ADD <字段名称> <数据类型>][DROP <字段名称>][ALTER <字段名称> <数据类型>]
```

其中，"ADD"用于增加新字段，"DROP"用于删除字段，"ALTER"用于修改原有字段的属性。

【例 5-18】为"家庭情况表"添加一个新字段，字段名称为"父亲工作单位"，短文本型，字段大小为 40。

在 SQL 视图窗口中输入以下 SQL 语句。

```
Alter Table 家庭情况表 Add  父亲工作单位 Text(40)
```

3. 删除表

"DROP TABLE"语句用于删除不需要的表，语法格式如下。

```
DROP TABLE <表名>
```

【例 5-19】删除"家庭情况表"。

在 SQL 视图窗口中输入以下 SQL 语句。

```
Drop Table 家庭情况表
```

提示   表一旦被删除，其结构和记录均会被删除，并且无法恢复。

5.4   SQL 数据操作

SQL 数据操作语句能够更改表中的记录，"INSERT"语句、"UPDATE"语句和"DELETE"语句分别用来插入、更新和删除记录。

1. 插入记录

"INSERT"语句可以向表中添加一条新记录，语法格式如下。

```
INSERT INTO <表名>(<字段名称>[,<字段名称>,…]) VALUES (<字段值>[,<字段值>,…])
```

其中，"VALUES"用来指定表中新插入记录的具体值。各字段值的数据类型及个数必须与对应字段的数据类型及个数保持一致。

【例 5-20】在课程表中添加一条新记录。

在 SQL 视图中输入以下 SQL 语句。

```
Insert Into 课程表(课程编号,课程名称,开课状态) Values ("10600201","大学计算机",True)
```

运行查询，出现图 5-22 所示的提示框，单击"是"按钮。在导航窗格中双击"课程表"，可以在表中看到已经添加了指定记录，如图 5-23 所示。

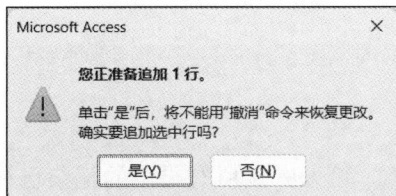

图 5-22　提示框

图 5-23　添加记录后的课程表

2. 更新记录

"UPDATE"语句用于修改、更新表中记录的内容，语法格式如下。

```
UPDATE <表名> SET <字段名称>=<表达式>[, <字段名称>=<表达式>, …]
WHERE <条件表达式>
```

其中，"<字段名称>=<表达式>"用表达式的值替代字段的值，一次可以修改多个字段；"条件表达式"用于指定只有满足条件的记录才能被修改，如果不使用"WHERE"子句，则对全部记录进行修改。

【例 5-21】将"学生表副本"中"学号"字段第 4～6 位是"104"的记录对应位修改为"999"，其他位保持不变。

分析：为保证"学生表"不被修改，先将其复制为"学生表副本"。

在 SQL 视图中输入以下 SQL 语句。

5-5　例 5-21

```
Update 学生表副本 Set 学号=Left(学号,3)+"999"+Right(学号,4)
Where Mid(学号,4,3)="104"
```

"Left(学号,3)+"999"+Right(学号,4)"的含义是保留学号的前 3 位和最后 4 位，将中间的第 4～6 位替换为"999"。

运行查询，出现图 5-24 所示的提示框，单击"是"按钮。在导航窗格中双击"学生表副本"，表中记录如图 5-25 所示。

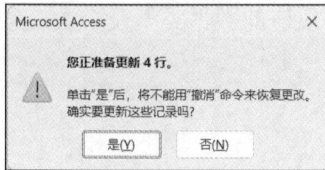

图 5-24　提示框

图 5-25　更改记录后的"学生表副本"

3. 删除记录

"DELETE"语句用于删除表中的记录，语法格式如下。

```
DELETE FROM <表名> WHERE <条件表达式>
```

其中，"条件表达式"指定被删除记录需要满足的条件，如果不使用 WHERE 子句，则会删除表中的全部记录。

【例 5-22】删除"女学生表"中全部男生的记录。

分析：为保持"学生表"不被修改，先将其复制为"女学生表"。

在 SQL 视图中输入以下 SQL 语句。

```
Delete  From 女学生表 Where 性别="男"
```

保存并运行该查询，打开图 5-26 所示的"女学生表"，可以看到所有男生的记录已被删除。

图 5-26　删除记录后的"女学生表"

5.5　SQL 特定查询

SQL 具有一些特定查询，本节主要介绍联合查询和子查询。

1. 联合查询

联合查询可将两个以上的查询结果合并为一个，语法格式如下。

```
SELECT <字段列表>
FROM <表名>|<查询名>
[WHERE <条件表达式>]
UNION
SELECT <字段列表>
FROM <表名> |<查询名>
[WHERE <条件表达式>]
```

命令说明如下。

（1）"UNION"运算符可以将前后两个 SELECT 语句的查询结果进行合并，生成一个数据集。

（2）联合查询中的两个 SELECT 语句必须具有相同的字段列数，各列具有相同的数据类型。

【**例 5-23**】要求显示"不及格学生信息"表以及"例 5-15 查询"中所有成绩 90（含）分以上的学生的姓名、课程名称和成绩，并按成绩的降序排列。

在 SQL 视图中输入以下 SQL 语句。

```
Select 姓名, 课程名称, 成绩
From 不及格学生信息
Union
Select 姓名, 课程名称, 成绩
From 成绩查询
Where 成绩>=90
Order By 成绩 Desc
```

如果使用"From 例 5-15 查询"，因为查询名称中有符号"-"，执行后系统会提示错误，所以先将"例 5-15 查询"复制后粘贴为名为"成绩查询"，再执行联合查询的结果如图 5-27 所示。

2．子查询

子查询的主要用途是在执行某个查询的过程中使用另一个查询的结果，即在"WHERE"子句中包含了另一个 SELECT 语句，因此，子查询也称嵌套查询。

5-6　例 5-24

【**例 5-24**】查询学生表中入学总分高于平均值的学生的学号、姓名和入学总分。

如果输入如下的 SQL 语句。

```
Select 学号, 姓名, 入学总分
From 学生表
Where 入学总分>=Avg(入学总分)
```

执行后系统会提示错误信息"Where 子句中不能使用聚合函数"。因此，用户应该首先用 SELECT 语句求出入学总分的平均值，其 SQL 语句如下。

```
Select Avg(入学总分)  From 学生表
```

用该语句替换"Where"子句中的"Avg(入学总分)"，即可构成如下的 SQL 子查询语句。

```
Select 学号, 姓名, 入学总分
From 学生表
Where 入学总分>=( Select Avg(入学总分)  From 学生表 )
```

系统执行子查询时会按照从内层到外层的顺序进行，即先求出"Avg(入学总分)"，得到一个数值，然后再查询出大于等于该数值的记录。子查询结果如图 5-28 所示。

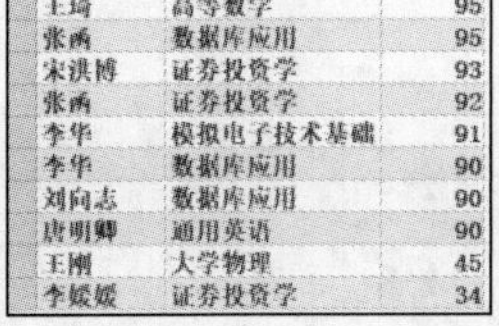

姓名	课程名称	成绩
李姬姬	高等数学	100
王刚	高等数学	95
王琦	高等数学	95
张函	数据库应用	95
宋洪博	证券投资学	93
张函	证券投资学	92
李华	模拟电子技术基础	91
李华	数据库应用	90
刘向志	数据库应用	90
唐明辉	通用英语	90
王刚	大学物理	45
李姬姬	证券投资学	34

图 5-27　例 5-23 联合查询结果

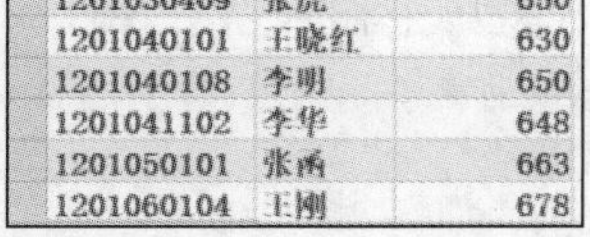

学号	姓名	入学总分
1201010103	宋洪博	698
1201030409	张虎	650
1201040101	王晓红	630
1201040108	李明	650
1201041102	李华	648
1201050101	张函	663
1201060104	王刚	678

图 5-28　例 5-24 子查询结果

提示　　当子查询结果是单个值时，可以使用"="">""<""<="">="等比较运算符；当子查询结果有多个值时，可以使用"Any""Some""All""In"等运算符。

5.6　课堂案例：学生成绩管理数据库的 SQL 查询

在学生成绩管理数据库中，可以用 SQL 语句完成数据查询等操作。

1. 单表 SQL 查询

可以完成单表的条件查询，也可以实现统计计算功能的查询。

【课堂案例 5-1】查询学生表中"英语 2001""机械 2001""财务 2001"这 3 个班学生的学号、姓名和班级。

在 SQL 视图中输入以下 SQL 语句。

```
Select 学号,姓名,班级
From 学生表
Where 班级 In("英语 2001","机械 2001","财务 2001")
```

查询结果如图 5-29 所示。

上述"Where"子句也可改写为"Where 班级="英语 2001" Or 班级="机械 2001" Or 班级="财务 2001""。但在该例中，使用运算符 In 比 Or 更简明。

【课堂案例 5-2】查询学生表中"英语 2001""机械 2001""财务 2001"这 3 个班的学生人数。

在 SQL 视图中输入以下 SQL 语句。

```
Select 班级, Count(学号) As 人数
From 学生表
Where 班级 In("英语 2001","机械 2001","财务 2001")
Group By 班级
```

查询结果如图 5-30 所示。

课堂案例5-1		
学号	姓名	班级
1201010103	宋洪博	英语2001
1201010105	刘向志	英语2001
1201030110	王琦	机械2001
1201050101	张函	财务2001
1201050102	唐明晔	财务2001

课堂案例5-2	
班级	人数
财务2001	2
机械2001	1
英语2001	2

图 5-29　课堂案例 5-1 的查询结果　　　　　图 5-30　课堂案例 5-2 的查询结果

【课堂案例 5-3】查询课程表中全部课程的课程编号、课程名称、学分和学时（假设 1 学分对应 16 学时），并按照学时的降序排列。

在 SQL 视图中输入以下 SQL 语句。

```
Select 课程编号,课程名称, 学分,学分*16 As 学时
From 课程表
Order By 4 Desc
```

课程表的设计为了满足 3NF 的要求，只保留了学分，学时可以通过表达式计算出来。因

为计算表达式"学分*16 As 学时"位于第 4 列，所以可以使用"Order By 4 Desc"来表示按照计算出的学时的降序排列。但是，不能写成"Order By 学时 Desc"，因为"Order By"子句先于 Select 语句执行。查询结果如图 5-31 所示。

2．多表 SQL 查询

【**课堂案例 5-4**】查询选课成绩在 90 分以上（含 90 分）的学生学号、姓名、课程名称和成绩，并按成绩降序排列。

在 SQL 视图中输入以下 SQL 语句。

```
Select 学生表.学号,姓名,课程名称,成绩
From 课程表 Inner Join (学生表 Inner Join 选课成绩表 On 学生表.学号 = 选课成绩表.学号) On 课程表.课程编号 = 选课成绩表.课程编号
Where 成绩>=90
Order By 成绩 Desc
```

查询结果如图 5-32 所示。

图 5-31　课堂案例 5-3 的查询结果

图 5-32　课堂案例 5-4 的查询结果

【**课堂案例 5-5**】查询"数据库应用"这门课程成绩前 3 名学生的学号、姓名、课程名称和成绩，并按成绩降序排列。

在 SQL 视图中输入以下 SQL 语句。

```
Select Top 3 学生表.学号, 姓名, 课程名称, 成绩
From 课程表 Inner Join (学生表 Inner Join 选课成绩表 On 学生表.学号 = 选课成绩表.学号) On 课程表.课程编号 = 选课成绩表.课程编号
Where 课程名称="数据库应用"
Order By 成绩 Desc
```

查询结果如图 5-33 所示。

图 5-33　课堂案例 5-5 的查询结果

【**课堂案例 5-6**】统计每一位学生已修的总学分，要求显示学号、学生姓名和总学分。

在 SQL 视图中输入以下 SQL 语句。

```
Select 学生表.学号, First(姓名) As 学生姓名, Sum(学分) As 总学分
From 课程表 Inner Join (学生表 Inner Join 选课成绩表 On 学生表.学号 = 选课成绩表.学号) On 课
```

```
程表.课程编号 = 选课成绩表.课程编号
Where 成绩>=60
Group By 学生表.学号
```

成绩及格才可以获得该课程的学分，所以需要设置"Where 成绩>=60"条件。查询结果如图 5-34 所示。

图 5-34 课堂案例 5-6 的查询结果

3．SQL 特定查询

【课堂案例 5-7】查询尚未选修课程的学生的学号和姓名。

在 SQL 视图中输入以下 SQL 语句。

```
Select 学号, 姓名
From  学生表
Where 学号 Not In  (Select  Distinct 学号 From 选课成绩表)
```

该子查询语句执行分为两个步骤：首先执行内部的 SELECT 语句，检索出选修课程的不重复的学号；然后执行外部的 SELECT 语句，检索出不在已选修课程学号集合中的记录，并显示出学号和姓名。查询结果如图 5-35 所示。

图 5-35 课堂案例 5-7 的查询结果

【理论练习】

一、单项选择题

1．在 Select 语句中，用于实现选择运算的子句是（　　）。

    A．Select   B．From   C．Where   D．Order By

2．在查询中保存下来的是（　　）。

    A．记录本身   B．SQL 语句   C．查询设计   D．记录的副本

3．在 Select 语句中，用于指明查询结果排序的子句是（　　）。

    A．From   B．Where   C．Order By   D．Group By

4. 两张表连接的关键字是（　　　）。

　　A．Join　　　　　　B．Connect　　　　　C．Link　　　　　　D．Union

5. Select 语句中用于表示查询分组的是（　　　）子句。

　　A．Union　　　　　　B．From　　　　　　C．Where　　　　　D．Group By

二、填空题

1. SQL 语句中涉及多个表时，表中共有字段的表示形式为_____。

2. SQL 语句包含"Where"子句和"Group By"子句时，先执行_____子句。

3. 多表的连接运算主要分为_____和_____。

4. 联合查询中的两个 Select 语句必须具有相同的字段列数，且各列具有相同的_____。

5. "Having"子句必须和_____子句配合使用。

【项目实训】图书馆借还书管理数据库的 SQL 查询

一、实训目的

1. 掌握使用 SELECT 语句创建单表查询。

2. 掌握使用 SELECT 语句创建多表查询。

3. 掌握 SQL 数据操作查询。

二、实训内容

在图书馆借还书管理数据库中，按要求使用 SQL 语句创建以下查询。

1. 查询"清华大学出版社"的图书信息，并显示图书编号、书名、作者、出版社和出版日期，按照出版日期的降序排序。将其命名为"项目实训 5-1"。

2. 查询数理学院女性读者的信息，并显示读者编号和姓名。将其命名为"项目实训 5-2"。

3. 查询图书表书名中包含"数据库"和"教程"的图书信息，并显示书名、出版社和定价，按照定价的升序排序。将其命名为"项目实训 5-3"。

4. 查询学生读者的借阅信息，并显示读者姓名、书名和借书日期。将其命名为"项目实训 5-4"。

5. 查询每本图书的借阅次数，并显示图书编号、书名和借阅次数。将其命名为"项目实训 5-5"。

6. 查询每位教师读者的借阅次数，并显示读者姓名和借阅次数。将其命名为"项目实训 5-6"。

7. 将"读者表"复制为"读者表副本"，并将该读者表副本中"读者编号"字段第 5～7 位是"110"的记录全部修改为"999"。将其命名为"项目实训 5-7"。

8. 向图书表添加一条新记录，图书编号为"99999999"、书名为"大学计算机基础"。将其命名为"项目实训 5-8"。

【实战演练】商品销售管理数据库的 SQL 查询

在商品销售管理数据库中，按要求使用 SQL 语句创建以下查询。

1. 查询商品类型为"食品饮料"的商品信息，并显示商品编号、商品名称、库存数量和定价。

2．查询商品类型为"办公文具"的库存数量在100件以下的商品信息，并显示商品编号、商品名称、库存数量和商品类型。

3．统计每种会员等级的人数，并显示会员等级和人数。

4．统计每个订单的商品种类和数量，并显示订单编号、商品种类和数量，按照数量的降序排序。

5．查询订单编号为"2402000002"的订货信息，并显示商品名称、购买数量和定价。

6．统计每个订单购买的商品总价，并显示订单编号和总价（保留1位小数）。

7．在订单明细表中增加一条新记录，订单编号为"2402000006"、商品编号为"2001"、购买数量为5。

8．更新商品表，将商品编号为"2001"的库存数量减少5。

第 **6** 章　**窗体**

窗体作为应用程序的控制界面，是用户与 Access 数据库之间的接口。本章主要介绍窗体的类型和创建窗体的方法。

【学习目标】
- 了解窗体的视图模式和类型。
- 掌握使用窗体向导、设计视图创建窗体的方法。
- 掌握标签、文本框、组合框、命令按钮等常用控件的使用方法。

6.1 窗体概述

窗体是人机对话的重要工具，本质上窗体就是一个 Windows 窗口。窗体可以为用户提供一个友好、直观的数据库操作界面，它既可以显示和编辑数据，也可以接收用户输入的数据。

6.1.1 窗体的视图模式

Access 2016 的窗体共有 4 种视图模式，分别是设计视图、窗体视图、数据表视图和布局视图。

（1）设计视图：用于设计和修改窗体。在设计视图中，用户可以调整窗体的版面布局，在窗体中添加控件、设置数据源等。

（2）窗体视图：是窗体的运行界面。在窗体视图中，用户通常每次只能查看一条记录。

（3）数据表视图：以数据表的形式显示窗体中的数据。在数据表视图中，用户可以查看以行列格式显示的记录，因此可以同时看到多条记录。

（4）布局视图：用于修改窗体布局，其界面几乎与窗体视图一样，两者的区别在于布局视图的控件位置可以移动。

6.1.2 窗体的类型

窗体有多种分类方法。按照数据的显示方式，窗体可分为 5 种类型，分别是纵栏式窗体、表格式窗体、数据表窗体、分割窗体和主/子窗体。

（1）纵栏式窗体：在纵栏式窗体中，每个字段都显示在一个独立的行上，并且左侧带有一个标签，标签显示字段名称，右侧显示字段的值。通常用纵栏式窗体实现数据输入。

（2）表格式窗体：在表格式窗体中，窗体的顶端显示字段名称，且每条记录的所有字段都显示在一行上。表格式窗体可以显示数据表窗体无法显示的照片数据。

（3）数据表窗体：其显示界面与数据表视图完全相同。在数据表窗体中，记录的字段以行列的格式显示，字段的名称显示在每一列的顶端。

（4）分割窗体：可同时显示数据表视图和窗体视图。这两种视图都连接到同一数据源，并且总是保持相互同步。一般情况下，使用数据表视图定位记录，使用窗体视图编辑选定的记录。

（5）主/子窗体：主要用来显示具有一对多联系的表中的数据。基本窗体称为主窗体，嵌套在主窗体中的窗体称为子窗体。一般来说，主窗体显示父表中的记录，通常使用纵栏式窗体；子窗体显示子表中的记录，通常使用数据表窗体。例如，院系代码表和学生表之间建立了一对多联系，院系代码表是父表，在主窗体中显示；学生表是子表，在子窗体中显示。

6.1.3　创建窗体的方法

Access 2016 "创建" 选项卡的 "窗体" 选项组中提供了多种创建窗体的按钮，如图 6-1 所示。这些创建窗体的按钮提供了 4 种创建窗体的方法。

图 6-1　"窗体" 选项组

方法 1：自动创建窗体。按钮包括 "窗体" "空白窗体" "其他窗体" 等。

方法 2：使用窗体向导创建窗体。按钮包括 "窗体向导"。

方法 3：使用导航创建窗体。按钮包括 "导航"。

方法 4：使用设计视图创建窗体。按钮包括 "窗体设计"。

6.2　自动创建窗体

由于窗体与数据库中的数据关系密切，所以在创建一个窗体时，往往需要指定该窗体的数据源。窗体的数据源可以是一张表或一个查询对象，也可以是一条 SQL 语句。使用自动创建窗体的方法创建窗体时，其基本步骤是先打开（或选定）一张表或一个查询对象作为窗体的数据源，然后再选用某种自动创建窗体的按钮进行创建。

1. 使用 "窗体" 按钮自动创建纵栏式窗体

【例 6-1】使用 "窗体" 按钮为学生表自动创建一个纵栏式窗体。

具体操作步骤如下。

6-1　例 6-1

（1）在导航窗格中选定 "学生表" 作为窗体的数据源。

（2）单击 "创建" 选项卡 "窗体" 选项组中的 "窗体" 按钮，系统即自动创建一个纵栏式窗体，并打开窗体的布局视图。

（3）保存该窗体，将其命名为 "例 6-1 学生表纵栏式窗体"，其窗体视图如图 6-2 所示。由于学生表与选课成绩表之间建立了一对多联系，所以本例中创建了一个主/子窗体。主窗体是以纵栏式窗体形式显示 "学生表"（父表）的记录，子窗体是以数据表窗体形式显示学生表当前记录在 "选课成绩表"（子表）中关联的记录。

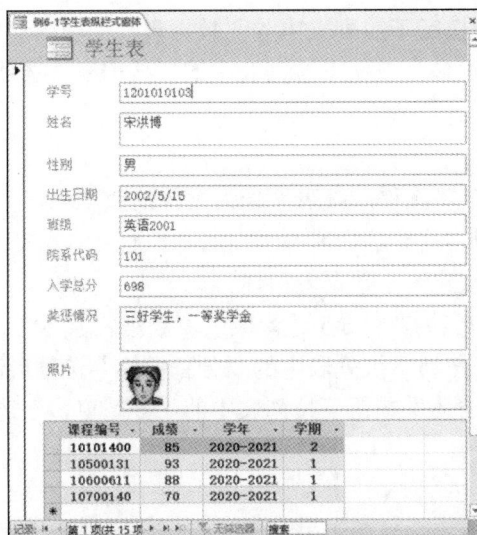

图 6-2 例 6-1 的窗体视图

在窗体底部，系统自动添加了记录导航按钮，以便于用户前后选择记录和添加记录。

---

2. 使用"其他窗体"按钮下拉列表中的"多个项目"选项自动创建表格式窗体

【例 6-2】使用"其他窗体"按钮下拉列表中的"多个项目"选项为学生表自动创建一个表格式窗体。

具体操作步骤如下。

（1）在导航窗格中选定"学生表"作为窗体的数据源。

（2）单击"创建"选项卡"窗体"选项组中的"其他窗体"按钮，在下拉列表中选择"多个项目"选项，系统即自动创建一个表格式窗体，并打开窗体的布局视图，用户可将表格的行宽和列高调整至合适的大小。

（3）保存窗体，将其命名为"例 6-2 学生表表格式窗体"，其窗体视图如图 6-3 所示。

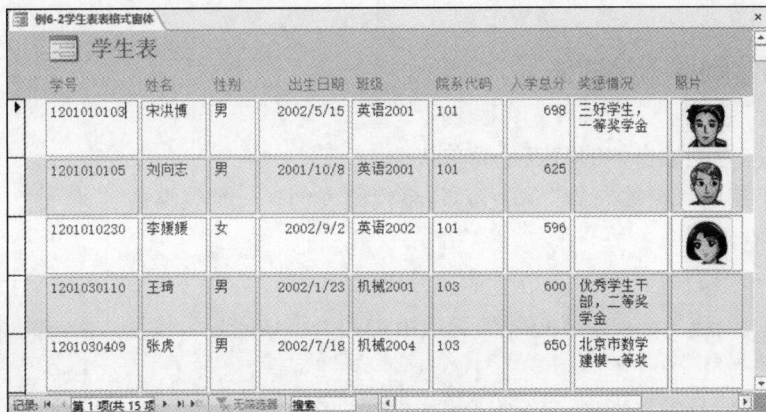

图 6-3 例 6-2 的窗体视图

3．使用“其他窗体”按钮下拉列表中的“数据表”选项自动创建数据表窗体

【例 6-3】使用“其他窗体”按钮下拉列表中的“数据表”选项为选课成绩表自动创建一个数据表窗体。

具体操作步骤如下。

（1）在导航窗格中选定“选课成绩表”作为窗体的数据源。

（2）单击“创建”选项卡“窗体”选项组中的“其他窗体”按钮，在下拉列表中选择“数据表”选项，系统即自动创建一个数据表窗体。

（3）保存窗体，将其命名为“例 6-3 选课成绩表数据表窗体”，其窗体视图如图 6-4 所示。

4．使用“其他窗体”按钮下拉列表中的“分割窗体”选项自动创建分割窗体

【例 6-4】使用“其他窗体”按钮下拉列表中的“分割窗体”选项为院系代码表自动创建一个分割窗体。

具体操作步骤如下。

（1）在导航窗格中选定“院系代码表”作为窗体的数据源。

（2）单击“创建”选项卡“窗体”选项组中的“其他窗体”按钮，在下拉列表中选择“分割窗体”选项，系统即自动创建一个分割窗体。

（3）保存窗体，将其命名为“例 6-4 院系代码表分割窗体”，其窗体视图如图 6-5 所示。该窗体下方是数据表视图，用来定位记录；上方是窗体视图，用来编辑选定的记录。

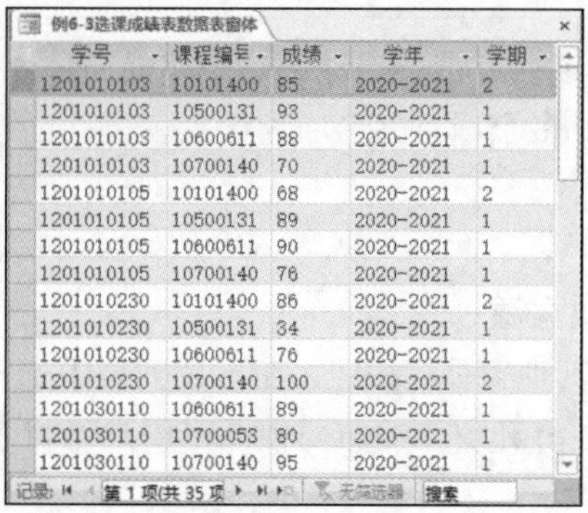

学号	课程编号	成绩	学年	学期
1201010103	10101400	85	2020-2021	2
1201010103	10500131	93	2020-2021	1
1201010103	10600611	88	2020-2021	1
1201010103	10700140	70	2020-2021	1
1201010105	10101400	68	2020-2021	2
1201010105	10500131	89	2020-2021	1
1201010105	10600611	90	2020-2021	1
1201010105	10700140	76	2020-2021	1
1201010230	10101400	86	2020-2021	2
1201010230	10500131	34	2020-2021	1
1201010230	10600611	76	2020-2021	1
1201010230	10700140	100	2020-2021	2
1201030110	10600611	89	2020-2021	1
1201030110	10700053	80	2020-2021	1
1201030110	10700140	95	2020-2021	1

图 6-4　例 6-3 的窗体视图

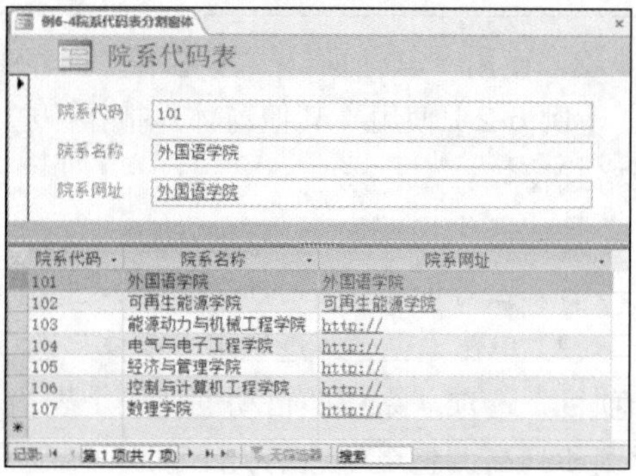

图 6-5　例 6-4 的窗体视图

6.3　使用窗体向导创建窗体

使用窗体向导创建窗体的特点是简单快捷。

【例 6-5】使用“窗体向导”按钮为院系代码表创建一个表格式窗体以显示表中所有字段。

6-2　例 6-5

具体操作步骤如下。

（1）单击“创建”选项卡“窗体”选项组中的“窗体向导”按钮，启动窗体向导。

（2）在窗体向导的“表/查询”组合框中选中“表：院系代码表”，然后在“可用字段”列表框中选择所需字段，本例要求选择全部字段，则直接单击 >> 按钮。选择结果如图 6-6

所示，单击"下一步"按钮。

（3）如图 6-7 所示，窗体向导提供了 4 种布局形式，本例中选择"表格"形式，单击"下一步"按钮。

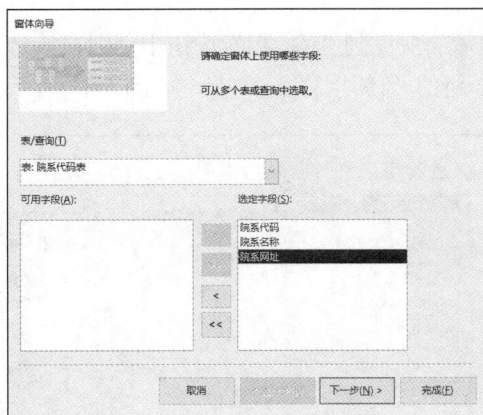

图 6-6 确定表及字段

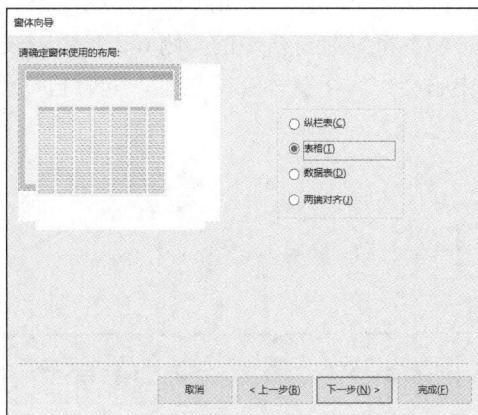

图 6-7 确定窗体布局

（4）如图 6-8 所示，在"请为窗体指定标题"文本框中输入"例 6-5 院系代码表表格式窗体"，选中"打开窗体查看或输入信息"单选按钮，单击"完成"按钮，其窗体视图如图 6-9 所示。

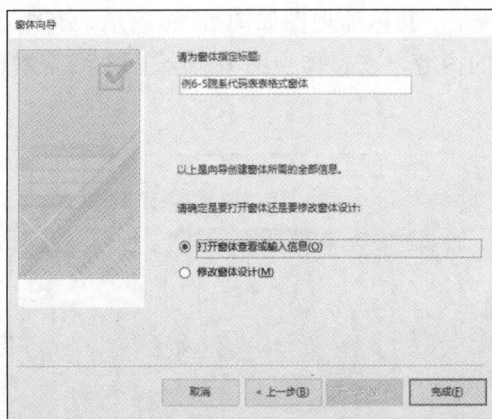

图 6-8 指定窗体标题

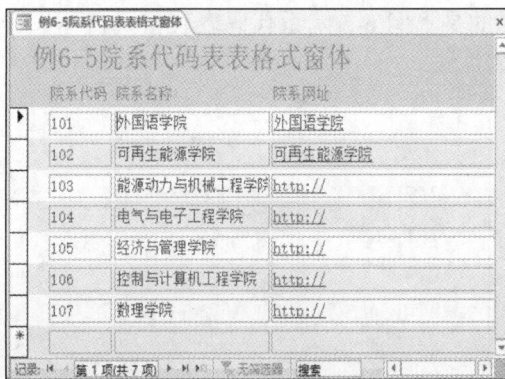

图 6-9 例 6-5 的窗体视图

6.4 使用导航创建窗体

导航窗体可以包含多个选项卡，在每个选项卡中，用户都可以将已经创建好的窗体作为子窗体显示。

【例 6-6】使用"导航"按钮下拉列表中的"水平标签"选项创建一个导航窗体，要求窗体中包含两个选项卡，分别显示例 6-2 和例 6-5 中创建的表格式窗体。

6-3 例 6-6

具体操作步骤如下。

（1）单击"创建"选项卡"窗体"选项组中的"导航"按钮，在下拉列表中选择"水平标签"选项，系统自动新建一个导航窗体并打开布局视图。默认情况下，导航窗体中只有一个"[新增]"选项卡，如图 6-10 所示。

（2）将导航窗格中的"例 6-2 学生表表格式窗体"拖曳到"[新增]"按钮中，则在该选项卡中它会作为子窗体立即显示，同时自动创建一个新的"[新增]"选项卡，如图 6-11 所示。

图 6-10　新建一个导航窗体

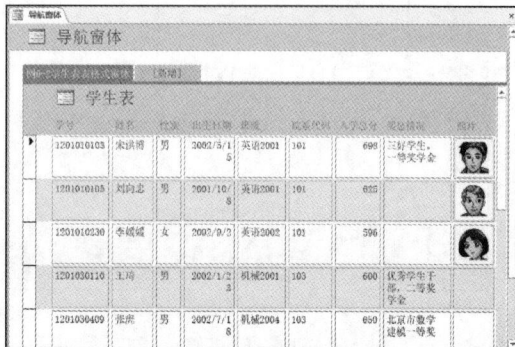

图 6-11　第一个选项卡

（3）将导航窗格中的"例 6-5 院系代码表表格式窗体"拖曳到"[新增]"按钮中，则在该选项卡中它会作为子窗体立即显示，如图 6-12 所示。

（4）保存窗体，将其命名为"例 6-6 导航窗体"，其窗体视图如图 6-13 所示，其中显示的是"例 6-5 院系代码表表格式窗体"选项卡的内容，在窗体视图中不会出现"[新增]"按钮。

图 6-12　第二个选项卡

图 6-13　例 6-6 的窗体视图

6.5　使用设计视图创建窗体

用户可以在窗体的设计视图中修改由任何一种方法创建的窗体；当然，也可以直接在设计视图中创建符合实际应用的复杂窗体。在窗体的设计视图中，通常需要使用各种窗体元素，如标签、文本框和命令按钮等。在 Access 中，这些窗体元素称为控件。

6.5.1　窗体的设计视图

单击"创建"选项卡"窗体"选项组中的"窗体设计"按钮，即可创建一个新空白窗体并打开窗体的设计视图。在窗体的设计视图中，窗体通常由窗体页眉、页面页眉、主体、页面页脚和窗体页脚 5 个部分组成，每个部分称为一个"节"，如图 6-14 所示。通常情况下，窗体的设计视图中只显示主体节。若要显示其他节，在空白处单击鼠标右键，在弹出的快捷菜单中选择"页面页眉/页脚"选项，即可显示（或隐藏）页面页眉节和页面页脚节；选择"窗体页眉/页脚"选项，即可显示（或隐藏）窗体页眉节和窗体页脚节。

6-4　窗体的设计视图

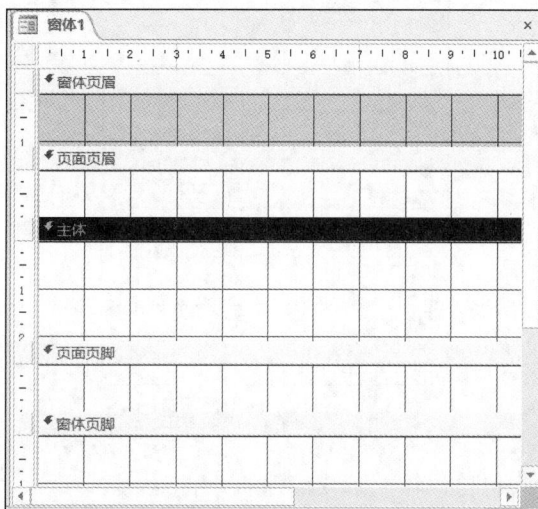

图 6-14　窗体设计视图的组成

（1）窗体页眉节：出现在窗体视图中屏幕的顶部，常用来显示窗体的标题和使用说明信息。

（2）页面页眉节：只出现在打印窗体中，在每个打印页的顶部，显示诸如标题或列标题等信息。

（3）主体节：是窗体最重要的部分，每一个窗体都必须有一个主体节，是打开窗体设计视图时系统默认打开的节。主体节显示记录的明细，可以显示一条记录，也可以显示多条记录。

（4）页面页脚节：只出现在打印窗体中，在每个打印页的底部，显示诸如日期或页码等信息。

（5）窗体页脚节：出现在窗体视图中屏幕的底部，常用来显示命令按钮或有关使用窗体的说明。

提示　在主体节的空白区域单击鼠标右键，在弹出的快捷菜单中选择"标尺"或"网格"选项，即可在窗体设计视图中显示（或隐藏）标尺或网格，方便用户设置控件位置。

6.5.2 属性表

在 Access 中，属性决定对象的特性。窗体及窗体中的每一个控件和节都是对象，都具有各自的属性。通过"属性表"窗格，用户可以为各个对象设置属性。打开窗体的设计视图后，单击窗体设计工具"设计"选项卡"工具"选项组中的"属性表"按钮，可以打开"属性表"窗格，如图 6-15 所示。"属性表"窗格包含"格式""数据""事件""其他"和"全部"5 个选项卡。

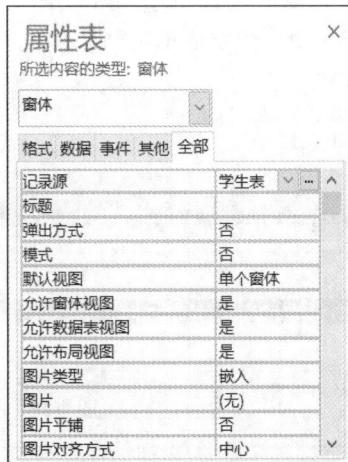

图 6-15　窗体的属性表窗格

（1）"格式"选项卡：包含窗体、节或控件的外观类属性。

（2）"数据"选项卡：包含与数据源和数据操作相关的属性。

（3）"事件"选项卡：包含窗体、节或控件能够响应的事件。

（4）"其他"选项卡：包含"名称""制表位"等其他属性。

（5）"全部"选项卡：包含对象的所有属性。

一般来说，Access 为各个属性都提供了相应的默认值，在 "属性表"窗格中，用户可以重新设置对象的属性值。

1．窗体的基本属性

窗体也是一个对象，窗体的基本属性如表 6-1 所示。

表 6-1　　　　　　　　　　　　　　　窗体的基本属性

属性名称	说明
记录源	指定窗体的数据源
标题	指定显示在窗体标题栏上的文本内容，默认显示窗体对象的名称
弹出方式	指定打开窗体时是否浮于其他窗体上方。有 2 个选项：是、否（默认值）
默认视图	指定窗体打开后的视图方式。有 4 个选项：单个窗体（默认值）、连续窗体、数据表、分割窗体
记录选择器	指定是否显示记录选择器。有 2 个选项：是（默认值）、否

属性名称	说明
导航按钮	指定是否显示导航按钮。有 2 个选项：是（默认值）、否
分隔线	指定是否使用分隔线来分隔窗体上的节。有 2 个选项：是、否（默认值）
数据输入	该属性不决定是否添加记录，只决定是否显示已有的记录。有 2 个选项：是、否（默认值）。如果设置"是"，只显示新记录，此时窗体只能作添加新记录之用；如果设置"否"，可以显示表中已有记录
滚动条	指定是否在窗体上显示滚动条。有 4 个选项：两者均无、只水平、只垂直、两者都有（默认值）
允许编辑	指定窗体是否可以修改记录。有 2 个选项：是（默认值）、否
允许删除	指定窗体是否可以删除记录。有 2 个选项：是（默认值）、否
允许添加	指定窗体是否可以添加记录。有 2 个选项：是（默认值）、否

2．为窗体指定数据源

当使用窗体对表的数据进行操作时，需要为窗体指定数据源。为窗体指定数据源的方法有两种，一是使用"字段列表"窗格，二是使用"属性表"窗格。

方法 1：使用"字段列表"窗格指定窗体数据源，具体操作步骤如下。

（1）打开窗体设计视图后，单击窗体设计工具"设计"选项卡"工具"选项组中的"添加现有字段"按钮，打开"字段列表"窗格。

（2）单击"显示所有表"，在窗格中显示当前数据库中的所有表。

（3）单击"+"可以展开表中包含的所有字段，如图 6-16 所示。这时可以直接选择所需要的字段，并将其拖曳到窗体中作为窗体的数据源。

方法 2：使用"属性表"窗格指定窗体数据源，具体操作步骤如下。

（1）打开窗体设计视图后，单击窗体设计工具"设计"选项卡"工具"选项组中的"属性表"按钮，打开"属性表"窗格。

（2）在"属性表"窗格上方的对象组合框中选择"窗体"对象。

（3）单击"全部"选项卡中"记录源"属性右侧的下拉按钮，在下拉列表中指定数据源。例如，图 6-17 中是将"课程表"指定为窗体的数据源。

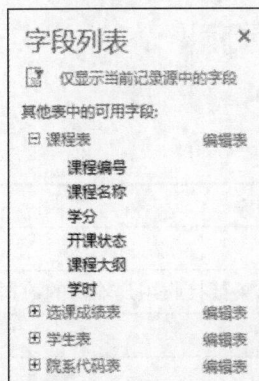

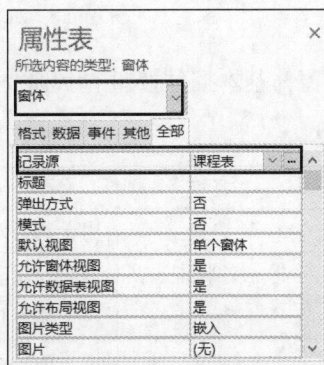

图 6-16 "字段列表"窗格　　　　　图 6-17 在"属性表"窗格中指定数据源

> **提示** 使用"字段列表"窗格指定的窗体数据源是一条 SQL 查询语句，使用"属性表"窗格指定的窗体数据源可以是一张表或一个查询对象。

6.5.3 控件的类型和功能

控件是窗体的基本元素，如文本框、标签和命令按钮等。用户可以使用控件输入数据、显示数据和执行操作等。在设计窗体之前，首先要掌握控件的基本知识。

1. 控件的类型

窗体中的控件可分为绑定控件、未绑定控件和计算控件 3 种类型。

（1）绑定控件：与表或查询中的字段捆绑在一起，当用户使用绑定控件输入或修改数据时，系统会自动更新当前记录中与绑定控件相关联的表中字段的值。

（2）未绑定控件：与表或查询中的字段无关联，当用户使用未绑定控件输入数据时，系统可以保留输入的值，但不会更新表中字段的值。

（3）计算控件：使用表达式作为其控件来源。计算控件必须在表达式前先键入一个等号"="。例如，要想在文本框中显示当前日期，需要将该文本框的"控件来源"属性指定为"=Date()"；要想在文本框中显示出生年份，需将该文本框的"控件来源"属性指定为"=Year([出生日期])"。

2. Access 提供的窗体基本控件及其功能

在 Access 中，窗体的控件按钮放置在窗体设计工具"设计"选项卡的"控件"选项组中。Access 2016 提供的窗体基本控件按钮如图 6-18 所示。在窗体中添加控件时，通过控件下方的"█使用控件向导"选项可以选择是否使用控件向导。此外，通过"⟋ActiveX 控件"选项还可以在窗体中添加 ActiveX 控件。

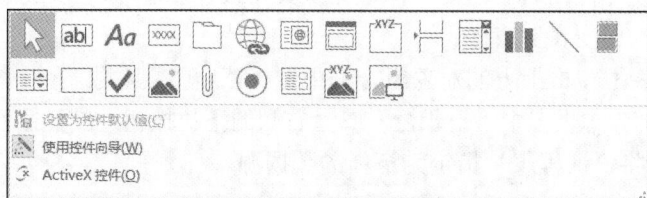

图 6-18 Access2016 提供的窗体基本控件按钮

各个窗体基本控件按钮的名称及功能如表 6-2 所示。

表 6-2   **窗体基本控件按钮的名称及功能**

控件按钮	名称	功能
	选择	用于选择对象、节或窗体
abl	文本框	用于显示表中字段的值、显示计算结果或接收用户输入的数据
Aa	标签	用于显示说明性文本
xxxx	按钮	用于创建命令按钮
	选项卡控件	用于创建选项卡，选项卡控件上可以添加其他控件

控件按钮	名称	功能
	超链接	用于创建指向 Web 页面、电子邮件或某个文件的超链接控件
	Web 浏览器控件	用于创建 Web 浏览器控件
	导航控件	用于创建导航条
	选项组	与选项按钮搭配使用，可以实现只能从一组可选值中选择其中的一个值
	插入分页符	用于开启一个新屏幕或开启一个新页
	组合框	结合了文本框和列表框的特性，可以输入数据或者从列表中选择数据
	图表	用于创建图表
	直线	用于绘制直线，通过直线来突出显示重要的信息
	切换按钮	通常用作选项组的一部分，该按钮有两种状态
	列表框	显示可滚动的值列表，从列表中可以选择值
	矩形	用于绘制矩形，以突出显示重要的信息
	复选框	表示"是/否"值的控件
	未绑定对象框	用于显示未绑定 OLE 对象
	附件	用于显示附件，如学生表中的照片
	选项按钮	通常用作选项组的一部分，也称为单选按钮
	子窗体/子报表	用于在主窗体中插入一个子窗体/子报表
	绑定对象框	用于显示绑定到表中 OLE 对象型字段的内容
	图像	用于显示静态图片

6.5.4　控件的基本操作

在窗体中，控件的基本操作包括添加控件、调整控件大小、移动控件和对齐控件等，用户可以使用窗体设计工具中的"设计"和"排列"选项卡上的按钮完成相关操作。

1．添加控件

在窗体中添加控件有 3 种方法。

方法 1：使用字段列表添加控件。

6-5　添加控件

在窗体设计视图中，可以通过从字段列表中拖曳字段来创建控件，使用这种方法创建的控件是绑定控件。具体操作步骤如下。

（1）单击窗体设计工具"设计"选项卡"工具"选项组中的"添加现有字段"按钮，显示"字段列表"窗格。

（2）用户可以直接从"字段列表"窗格中将字段拖曳到窗体的适当位置，释放鼠标即可添加与该字段绑定的控件组（控件及与其相关联的标签控件），也可直接双击"字段列表"窗格中的某个字段，系统会在窗体的适当位置自动添加与该字段绑定的控件组。如果用户在按住 Ctrl 键的同时单击多个字段，然后将其一起拖曳到窗体的适当位置，可以同时添加多个控件组。

方法 2：使用控件按钮添加控件。

确定窗体设计工具"设计"选项卡"控件"选项组中的"⃠使用控件向导"选项处于无效状态，这时单击"控件"选项组中的任一控件按钮，在窗体中的适当位置按住鼠标左键可以直接绘制并创建控件。使用这种方法创建的控件是未绑定控件。

方法 3：使用控件向导添加控件。

确定窗体设计工具"设计"选项卡"控件"选项组中的"⃠使用控件向导"选项处于有效状态，再单击"控件"选项组中的任一控件按钮，在窗体中的适当位置按住鼠标左键直接绘制，然后按照控件向导（当 Access 对该控件提供有控件向导时才可以使用）的提示来创建控件。使用这种方法创建的控件可以是绑定或未绑定控件。

在窗体中添加的每个控件都会有一个"名称"来作为唯一标识。文本框控件的默认名称以"Text"开头，标签控件的默认名称以"Label"开头，命令按钮控件的默认名称以"Command"开头。在窗体中添加控件时，系统会自动按照添加控件的先后顺序在每个控件的默认名称后加上一个自动编排的数字编号（从 0 开始）。例如，第 1 个添加的标签控件的名称默认为"Label0"，第 2 个添加的标签控件的名称默认为"Label1"，第 3 个添加的命令按钮控件的名称默认为"Command2"，第 4 个添加的文本框控件的名称默认为"Text3"等，依此类推。在属性表中，用户可以通过控件的"名称"属性来修改各个控件的名称。

2．调整控件大小

对窗体中的控件进行操作，首先应先选中控件。被选中的控件的四周会出现 8 个控制点。例如，图 6-19 所示，"学号"控件被选中，所以四周有 8 个控制点，而"Text0"控件未被选中。当鼠标指针指向 8 个控制点中的任意一个时，鼠标指针会变成双向箭头，此时可以拖曳鼠标来调整控件的大小。

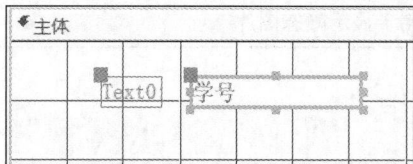

图 6-19 "学号"控件被选中

3．移动控件

控件的移动有以下两种形式。

（1）控件和其关联的标签联动：当鼠标指针放在控件四周并变成十字箭头形状时，用鼠标拖曳可以同时移动相关联的控件组。

（2）控件独立移动：当鼠标指针放在控件左上角的黑色方块上并变成十字箭头形状时，用鼠标拖曳只能移动所指向的单个控件。

4．对齐控件

向窗体添加控件，大多数情况下用户都不能一次性将控件对齐，这时可以单击窗体设计工具"排列"选项卡"调整大小和排序"选项组中的"对齐"按钮（见图 6-20）和"大小/空格"按钮（见图 6-21），通过下拉列表中的相应选项来调整。调整控件靠左对齐、大小为"至最宽"、间距为"垂直相等"后的效果如图 6-22 所示。

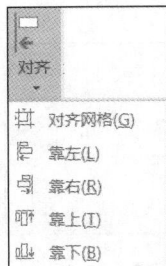

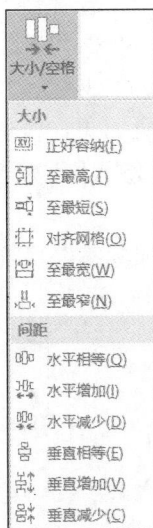

图 6-20 "对齐"按钮　　　图 6-21 "大小/空格"按钮　　　图 6-22 控件靠左对齐、大小为"至
最宽"、间距为"垂直相等"的效果

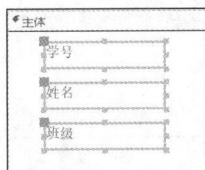

6.5.5 常用控件的使用

下面将结合实例介绍常用控件的属性设置及其使用方法。

1．标签

标签主要用来在窗体中显示文本，常用来显示提示或说明信息。该控件没有数据源，用户只需将需要显示的文本赋值给标签的"标题"属性。标签的常用属性及说明如表 6-3 所示。

表 6-3　　标签的常用属性及说明

属性名称	说明
标题	指定标签的标题，也就是需要显示的文本
前景色	指定字体的颜色，单击属性框右侧的 … 按钮即可打开颜色面板选择合适的颜色
文本对齐	指定标题文本的对齐方式。有 5 个选项：常规（默认值）、左、居中、右、分散
字体名称	指定显示文本的字体
字号	指定显示文本的大小
特殊效果	指定标签的特殊效果。有 6 个选项：平面（默认值）、凸起、凹陷、蚀刻、阴影、凿痕

【例 6-7】使用设计视图创建一个窗体，在窗体的主体节中添加 1 个标签控件，标题为"学生基本信息浏览"，字体名称为"楷体"，字号为"24"，特殊效果为"凸起"。

具体操作步骤如下。

（1）单击"创建"选项卡"窗体"选项组中的"窗体设计"按钮，系统即自动创建一个窗体，并打开窗体的设计视图。

6-6　例 6-7

（2）在主体节处添加一个标签控件，直接在标签中输入文本"学生基本信息浏览"。

（3）选中标签，单击窗体设计工具"设计"选项卡"工具"选项组中的"属性表"按钮，打开"属性表"窗格。选择"格式"选项卡，设置"特殊效果"属性为"凸起"，"字体名称"属性为"楷体"，"字号"属性为"24"，如图 6-23 所示。

（4）调整标签大小及位置。选中标签控件，单击窗体设计工具"排列"选项卡"调整大小和排序"选项组中的"大小/空格"按钮，选择"正好容纳"选项，调整标签控件大小至与字体大小匹配。

（5）保存窗体，将其命名为"例 6-7 添加标签"，其窗体视图如图 6-24 所示。

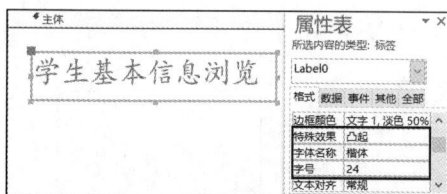

图 6-23　标签属性设置

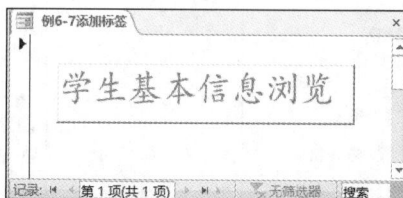

图 6-24　例 6-7 的窗体视图

2．文本框

文本框主要用来显示、输入或编辑窗体数据源中的数据，也可以显示计算结果。文本框的类型可分为绑定型、未绑定型或计算型，如果文本框的"控件来源"属性为窗体数据源中的某个字段，则该文本框为绑定型；如果文本框的"控件来源"属性为空白，则该文本框为未绑定型；如果文本框的"控件来源"属性为以等号"="开头的计算表达式，则该文本框为计算型。文本框的常用属性及说明如表 6-4 所示。

表 6-4　　　　　　　　　　　　　文本框的常用属性及说明

属性名称	说明
控件来源	指定文本框的数据来源，可以是空白的、某个字段或以等号"="开头的计算表达式
输入掩码	指定数据输入格式，如设置为"密码"后，在文本框中输入任何内容都会显示为"*"号
默认值	指定文本框中默认显示的值
验证规则	指定文本框输入数据的值域，如"性别"文本框的验证规则可以设置为 In("男"，"女")
验证文本	指定输入数据违反验证规则时，屏幕上弹出的提示性文字，如"性别只能为男或女"
是否锁定	指定文本框是否只读。有 2 个选项：是、否（默认值）

【例 6-8】使用设计视图创建一个以"学生表"为数据源的窗体，使用字段列表在窗体中添加学生的"学号"和"姓名"两个字段，使用控件向导添加文本框显示学生的"班级"，使用控件按钮添加文本框显示学生的"年龄"。

6-7　例 6-8

具体操作步骤如下。

（1）单击"创建"选项卡"窗体"选项组中的"窗体设计"按钮，系统即自动创建一个窗体，并打开窗体的设计视图。

（2）单击窗体设计工具"设计"选项卡"工具"选项组中的"属性表"按钮，打开"属性表"窗格。在"属性表"窗格的对象组合框选择"窗体"对象，在"全部"选项卡中设置"记录源"属性为"学生表"，如图 6-25 所示。

图 6-25 指定窗体的数据源

（3）使用字段列表添加"学号"和"姓名"字段。单击窗体设计工具"设计"选项卡"工具"选项组中的"添加现有字段"按钮，显示来自窗体数据源的"字段列表"窗格，将"学号"和"姓名"字段拖曳到窗体主体节中的适当位置，则在窗体中产生两组绑定型文本框和相关联的标签，这两组绑定型文本框分别与学生表中的"学号"和"姓名"字段相关联，如图 6-26 所示。

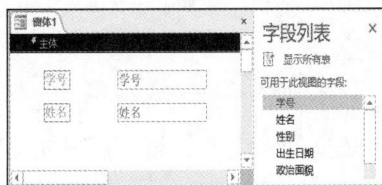

图 6-26 使用字段列表添加字段

（4）使用控件向导添加文本框显示"班级"。确定窗体设计工具"设计"选项卡"控件"选项组中的"使用控件向导"选项处于有效状态，在窗体主体节中的适当位置添加一个文本框，系统自动打开"文本框向导"对话框，如图 6-27 所示。使用该对话框可以设置文本框的"字体""字号""字形""文本对齐""行间距"等，单击"下一步"按钮。

（5）为文本框设置输入法模式。输入法模式有 3 种，分别是随意、输入法开启和输入法关闭，本例使用默认值"随意"，如图 6-28 所示。单击"下一步"按钮。

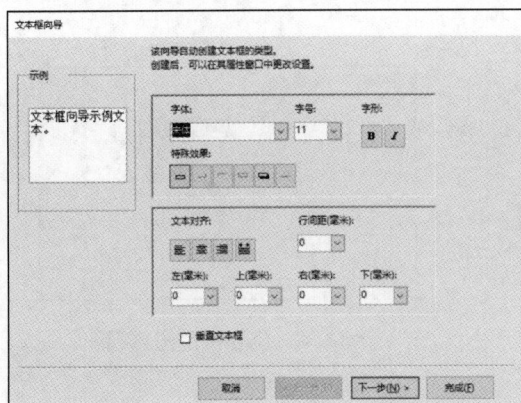

图 6-27 "文本框向导"对话框

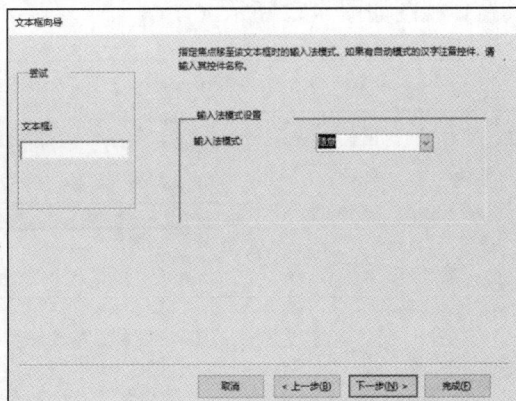

图 6-28 设置文本框输入法模式

（6）指定文本框的名称。在"请输入文本框的名称"文本框中输入"班级"，如图 6-29 所示。单击"完成"按钮，返回窗体设计视图。这时创建的文本框是未绑定型文本框。

（7）将未绑定型文本框绑定到"班级"字段。选中刚添加的文本框，打开"属性表"窗格，选择"数据"选项卡，将该文本框的"控件来源"属性设置为"班级"，如图6-30所示。

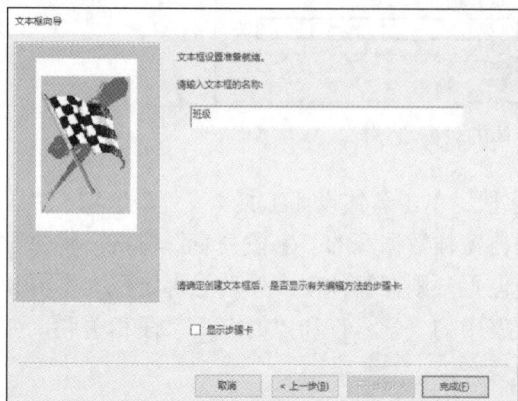

图 6-29　指定文本框的名称

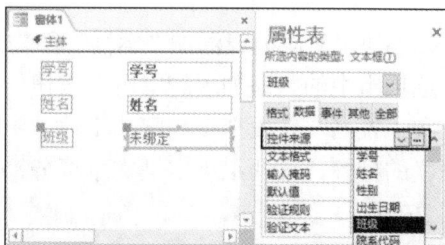

图 6-30　班级文本框"控件来源"属性设置

（8）使用控件按钮添加文本框显示"年龄"。确定窗体设计工具"设计"选项卡"控件"选项组中的"使用控件向导"选项处于无效状态，在窗体主体节的适当位置添加一个文本框，在该文本框的关联标签中直接输入"年龄"，在该文本框"属性表"窗格的"控件来源"属性栏中输入计算年龄的表达式"=Year(Date())-Year([出生日期])"，如图6-31所示。"文本对齐"属性设置为"左"。

> **提示**　年龄值与系统当前日期密切相关。如果要按照周岁计算年龄，可以先计算已经出生的天数，然后除以365获得年数，最后取整数部分作为周岁，计算年龄的表达式如下。
>
> =Int((Date( )-[出生日期])/365)

（9）调整各个控件的大小、位置并对齐后，保存窗体，将其命名为"例6-8创建文本框"，其窗体视图如图6-32所示。

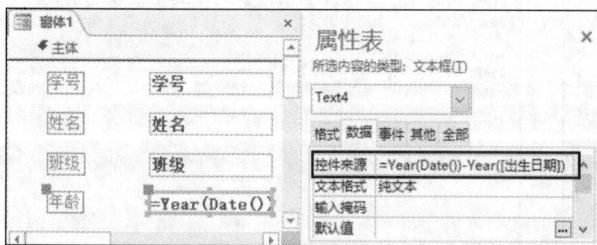

图 6-31　年龄文本框"控件来源"属性设置

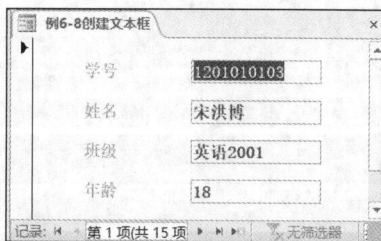

图 6-32　例6-8的窗体视图

3. 组合框与列表框

组合框与列表框的操作基本相同。列表框能够将数据以列表形式显示并供用户选择；组合框实际上是列表框和文本框的组合，用户既可以输入数据，也可以在数据列表中进行选择。在组合框中输入数据或选择某个数据时，如果该组合框是绑定型，则输入或选择的数据会直接保存到绑定的字段中。

【例 6-9】在例 6-8 创建的窗体中，添加组合框显示学生的性别。

具体操作步骤如下。

（1）打开"例 6-8 创建文本框"窗体的设计视图，并将其另存为"例 6-9 添加组合框"。

（2）使用控件向导在窗体主体节的适当位置添加一个组合框，系统自动打开"组合框向导"对话框，如图 6-33 所示。确定组合框获取数值的方式，选中"自行键入所需的值"单选按钮。单击"下一步"按钮。

（3）确定组合框显示的值。"列数"设置为"1"，在列表中输入"男""女"，如图 6-34 所示，单击"下一步"按钮。

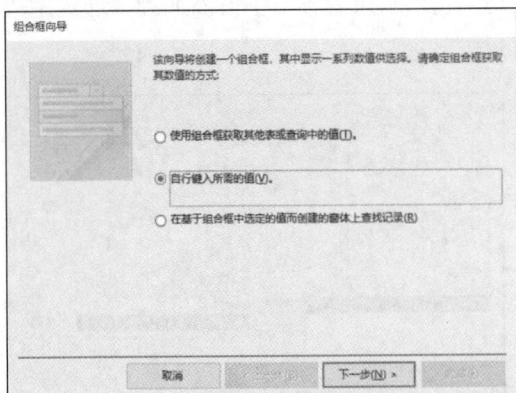

图 6-33 "组合框向导"对话框　　　　　　　　图 6-34　确定组合框显示的值

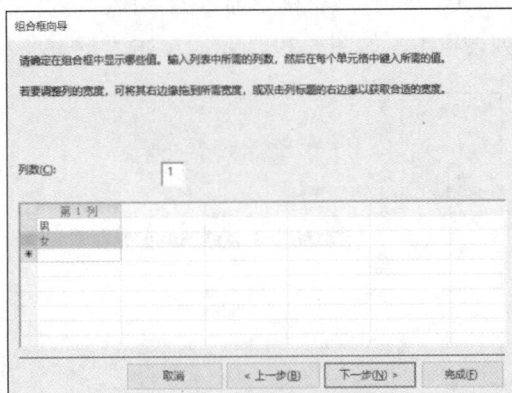

（4）确定组合框选择数值后数据的存储方式。选中"将该数值保存在这个字段中"单选按钮，并在其右侧下拉列表中选择"性别"，如图 6-35 所示，单击"下一步"按钮。

（5）为组合框指定标签。在"请为组合框指定标签"文本框中输入"性别"，如图 6-36 所示，单击"完成"按钮，返回窗体设计视图。

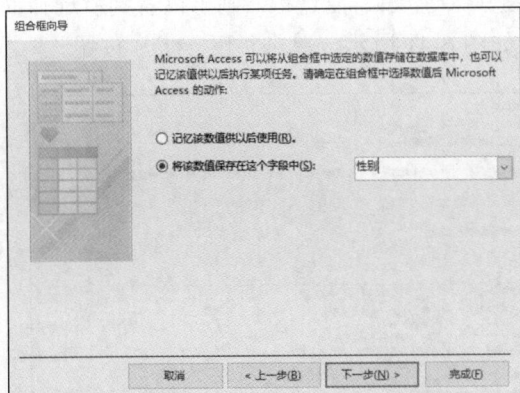

图 6-35　确定组合框选择数值后数据的存储方式　　　　图 6-36　指定组合框的标签

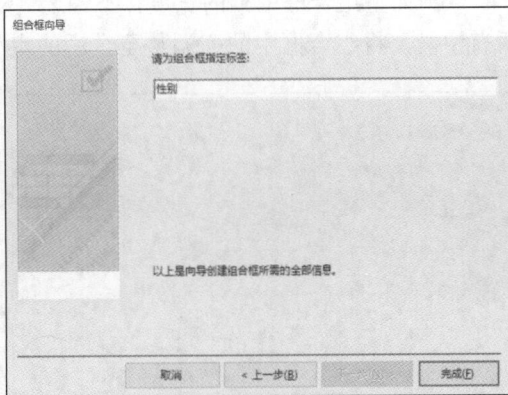

（6）保存窗体，其窗体视图如图 6-37 所示。

【例 6-10】在例 6-9 创建的窗体基础上，添加组合框显示学生的院系代码，并且可以通过"院系代码"和"院系名称"列表进行选择。

具体操作步骤如下。

（1）打开"例 6-9 添加组合框"窗体的设计视图，并将其另存为"例 6-10 添加组合框 2"。

（2）使用控件向导在窗体主体节的适当位置添加一个组合框，系统自动打开"组合框向导"对话框，选中"使用组合框获取其他表或查询中的值"单选按钮。单击"下一步"按钮。

（3）选择为组合框提供数值的表。选中"表"单选按钮并选择"表：院系代码表"，如图 6-38 所示，单击"下一步"按钮。

（4）选择组合框中显示的字段。将"院系代码"和"院系名称"字段添加到"选定字段"列表框中，如图 6-39 所示，单击"下一步"按钮。

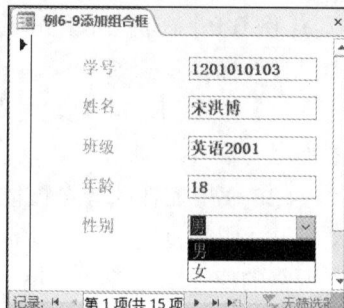

图 6-37　例 6-9 的窗体视图

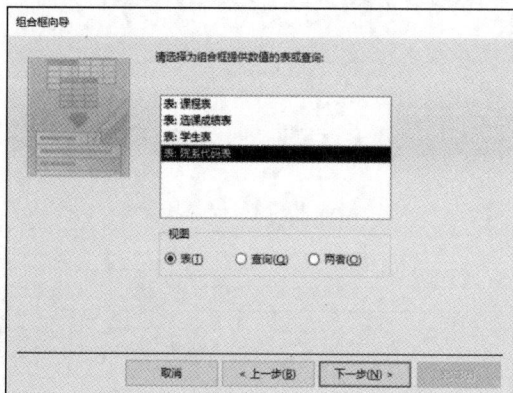

图 6-38　选择为组合框提供数值的表

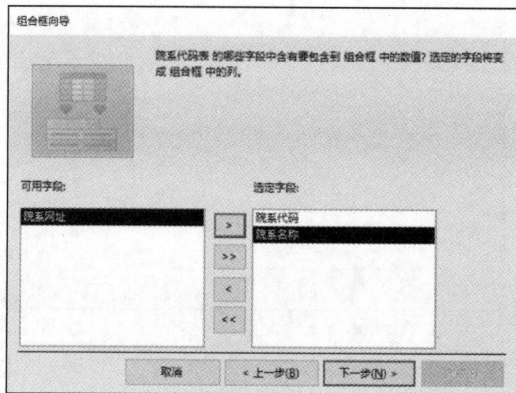

图 6-39　选择组合框中显示的字段

（5）指定组合框中数据的显示顺序。这里选择按"院系代码""升序"显示，如图 6-40 所示，单击"下一步"按钮。

（6）调整组合框中列的宽度。不勾选"隐藏键列（建议）"复选框，则可以看到所选择的所有字段，将组合框中的列调整至合适的宽度，如图 6-41 所示，单击"下一步"按钮。

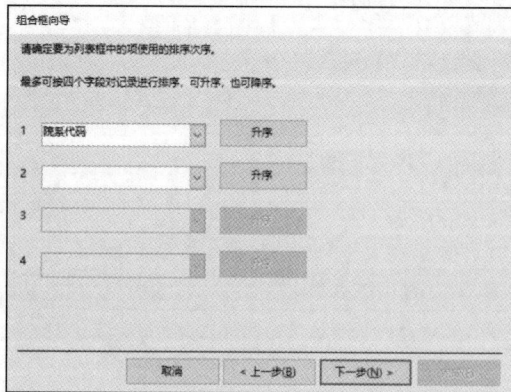

图 6-40　指定组合框中数据的显示顺序

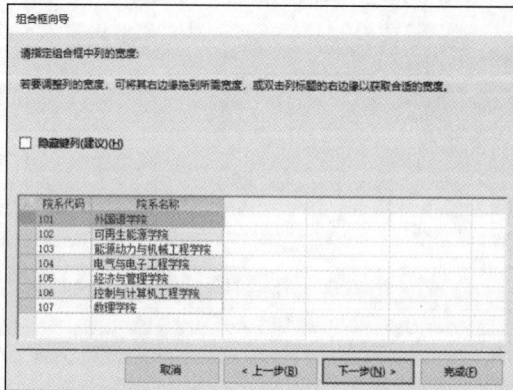

图 6-41　调整组合框中列的宽度

（7）确定使用哪一个字段的数值。由于学生表中存储的是院系代码，所以这里选择"院系代码"字段。如图 6-42 所示，单击"下一步"按钮。

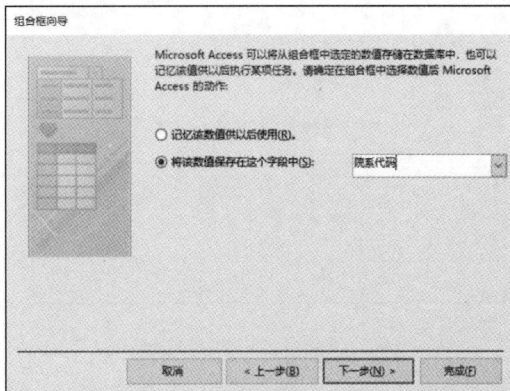

（8）确定组合框选择数值后数据的存储方式。选中"将该数值保存在这个字段中"单选按钮，并在其右侧下拉列表中选择"院系代码"，如图 6-43 所示。单击"下一步"按钮。

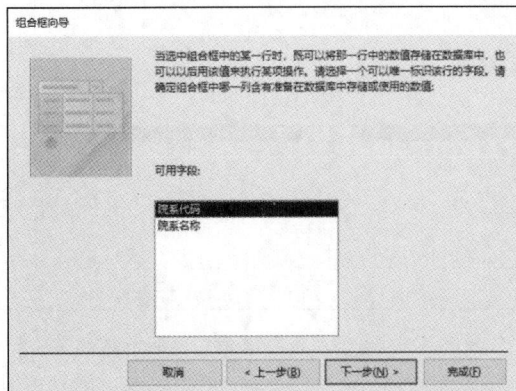

图 6-42　确定使用哪一个字段的数值　　　图 6-43　确定组合框选择数值后数据的存储方式

（9）为组合框指定标签。在"请为组合框指定标签"文本框中输入"院系代码"，如图 6-44 所示，单击"完成"按钮，返回窗体设计视图。

（10）保存窗体，其窗体视图如图 6-45 所示。

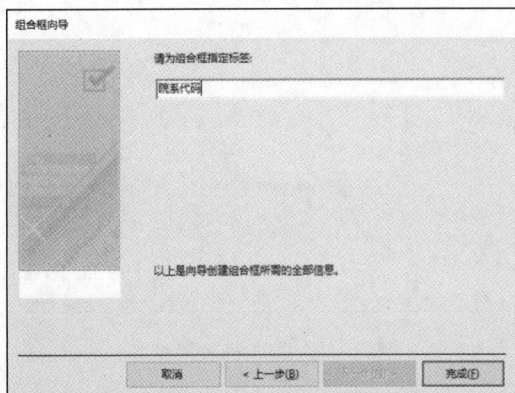

图 6-44　为组合框指定标签　　　图 6-45　例 6-10 的窗体视图

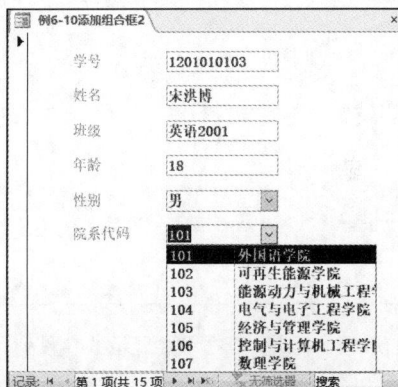

【例 6-11】在例 6-10 创建的窗体基础上，将显示学号的文本框用列表框替代，并要求能根据在列表框中选择的学号查询出姓名、班级、性别、年龄等信息。

具体操作步骤如下。

（1）打开"例 6-10 添加组合框 2"窗体的设计视图，另存为"例 6-11 添加列表框"。

（2）删除绑定"学号"字段的文本框及其关联的标签控件。

（3）使用控件向导在窗体主体节中的适当位置添加列表框控件，在打开的"列表框向导"对话框中选中"在基于列表框中选定的值而创建的窗体上查找记录"单选按钮，如图 6-46 所示，单击"下一步"按钮。

（4）确定列表框中要显示的字段。将"学号"字段添加到"选定字段"列表框中，如图 6-47 所示，单击"下一步"按钮。

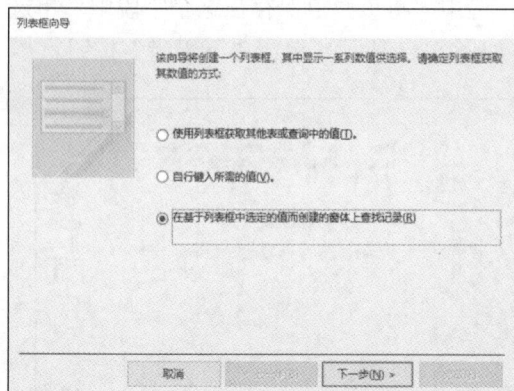

图 6-46 "列表框向导"对话框

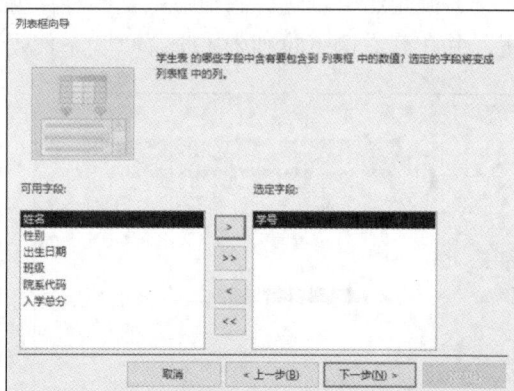

图 6-47 确定列表框中要显示的字段

（5）调整列宽至合适的宽度，如图 6-48 所示。单击"下一步"按钮。

（6）指定列表框标签，在"请为列表框指定标签"文本框中输入"请选择学号"，如图 6-49 所示。单击"完成"按钮。

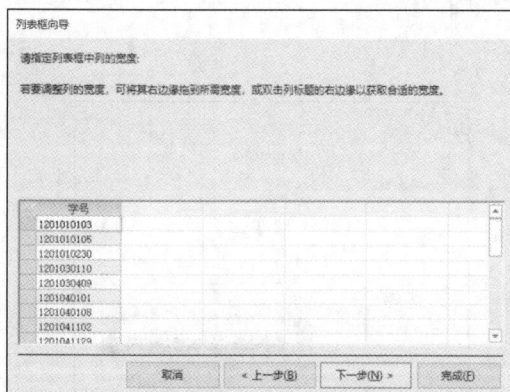

图 6-48 确定列表框中要显示的字段列

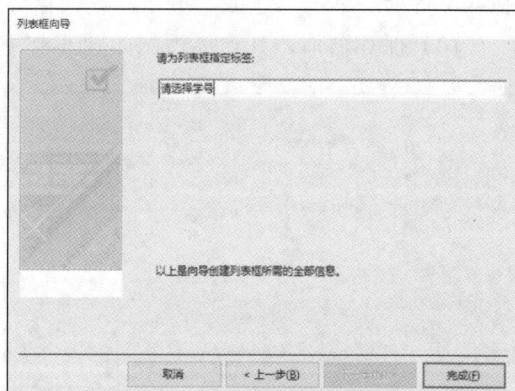

图 6-49 指定列表框标签

（7）保存窗体，其窗体视图如图 6-50 所示。在列表框中选择某个学号后，即在"姓名""班级""年龄"等文本框中显示该学生的信息。

4．命令按钮

在窗体中，用户可以用命令按钮来执行特定操作。例如，用户可以创建一个命令按钮完成记录导航操作。如果要使命令按钮执行某些较复杂的操作，还可以编写相应的宏或 VBA 程序代码。

【例 6-12】在例 6-8 创建的窗体基础上，在窗体页脚节添加 4 个记录导航按钮和 1 个

6-9 例 6-12

图 6-50 例 6-11 的窗体视图

窗体操作按钮。4 个记录导航按钮上显示的文本分别为"第一项记录""前一项记录""下一项记录""最后一项记录",各个按钮对应操作分别为"转至第一项记录""转至前一项记录""转至下一项记录""转至最后一项记录";窗体操作按钮上显示的文本为"关闭",其对应操作为"关闭窗体"。窗体中不显示导航按钮、记录选择器和滚动条。

具体操作步骤如下。

（1）打开"例 6-8 创建文本框"窗体的设计视图,将其另存为"例 6-12 添加命令按钮"。

（2）显示窗体页眉/页脚节,使用控件向导在窗体页脚节中的适当位置添加命令按钮控件,系统自动打开"命令按钮向导"对话框。

（3）选择按下按钮时执行的操作。在"类别"列表框中选择"记录导航",在"操作"列表框中选择"转至第一项记录",如图 6-51 所示。单击"下一步"按钮。

（4）确定按钮显示文本的内容。选中"文本"单选按钮,在文本框中输入"第一项记录",如图 6-52 所示。单击"下一步"按钮。

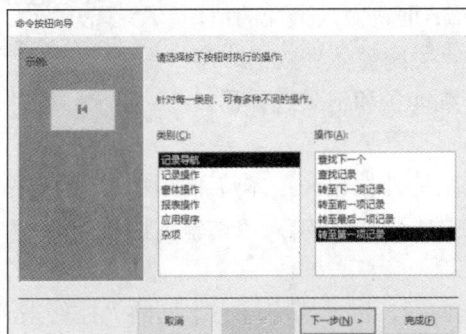

图 6-51　确定按下按钮时执行的操作

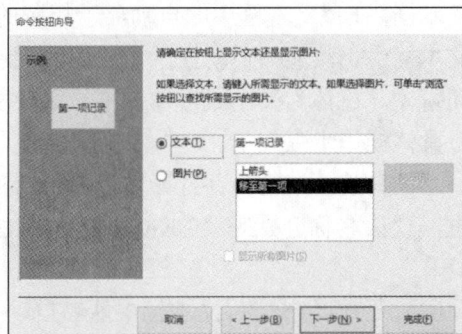

图 6-52　确定按钮显示的文本内容

（5）指定按钮的名称,如图 6-53 所示。选择默认设置,单击"完成"按钮。完成第一个记录导航按钮"第一项记录"的创建。

（6）重复步骤（2）～步骤（5）的操作,添加其他 3 个记录导航按钮,在"操作"列表框中分别选择"转至前一项记录""转至下一项记录""转至最后一项记录"。

（7）添加窗体操作按钮。在"类别"列表框中选择"窗体操作",在"操作"列表框中选择"关闭窗体",如图 6-54 所示。窗体操作按钮显示的文本内容为"关闭",按钮名称选择默认值。添加完 5 个命令按钮,调整大小并对齐后的窗体页脚节如图 6-55 所示。

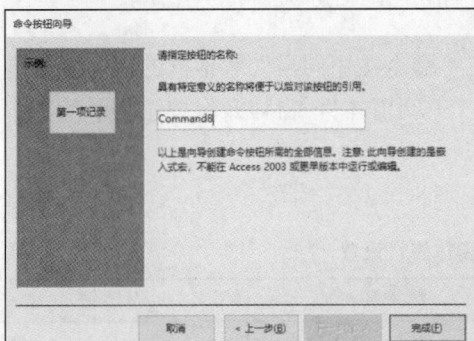

图 6-53　指定按钮名称

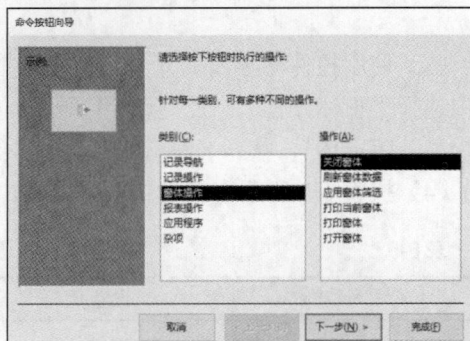

图 6-54　窗体操作按钮设置

（8）打开"属性表"窗格，在对象组合框中选择"窗体"对象，设置窗体的"导航按钮"属性为"否"，"记录选择器"属性为"否"，"滚动条"属性为"两者均无"。

（9）保存窗体，其窗体视图如图6-56所示。

图 6-55　窗体页脚节中添加的 5 个命令按钮

图 6-56　例 6-12 的窗体视图

【例 6-13】使用设计视图创建一个图 6-57 所示的计算圆面积窗体。在"请输入圆的半径："右侧的文本框中输入半径值后，单击"面积："右侧的文本框，在该文本框中能自动显示相应的圆面积值；重新输入半径的值，该文本框中仍然能够自动显示出相应的面积；单击"关闭窗体"按钮即可关闭窗体。窗体为弹出式窗体，不显示导航按钮、滚动条和记录选择器。

6-10　例 6-13

具体操作步骤如下。

（1）新建一个窗体并打开窗体的设计视图。使用控件按钮在主体节添加两个未绑定型文本框，默认名称分别是"Text0"和"Text2"，关联的标签分别输入"请输入圆的半径："和"面积："。

（2）要求"Text2"文本框中能够自动显示圆的面积，因此需将该文本框的"控件来源"属性设置为以等号"="开头的计算圆面积的表达式"=[Text0]*[Text0]*3.14"，效果如图6-58所示。此外，可以将"Text2"文本框的"是否锁定"属性设置为"是"，使得该文本框不允许输入数据。

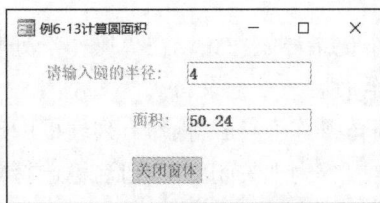

图 6-57　计算圆面积窗体

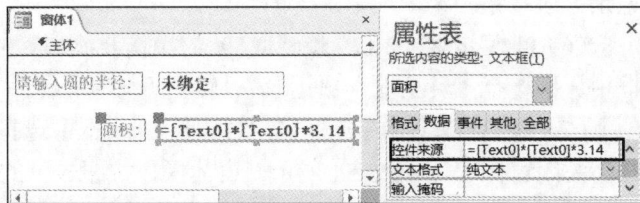

图 6-58　添加文本框并设置属性

（3）使用控件向导添加"关闭窗体"按钮。在"命令按钮向导"对话框的"类别"列表框中选择"窗体操作"，在"操作"列表框中选择"关闭窗体"，窗体操作按钮显示的文本内容为"关闭窗体"，按钮名称选择默认值。

（4）按表 6-5 所示内容设置窗体属性。

表 6-5　　　　　　　　　　　　　例 6-14 计算圆面积的窗体属性设置

属性名称	设置值	属性名称	设置值
导航按钮	否	记录选择器	否
滚动条	两者均无	弹出方式	是

（5）保存窗体，将其命名为"例 6-13 计算圆面积"，完成窗体的创建。

5．复选框、选项按钮、切换按钮和选项组

复选框、选项按钮、切换按钮这 3 个控件的功能相似，形式不同。当这 3 个控件和选项组结合起来使用时，可实现单选操作。

【**例 6-14**】使用设计视图创建一个图 6-59 所示的学生信息查询窗体。该窗体中有一个选项组，其中包含了 3 个选项："按学号查询""按姓名查询""按班级查询"。用户选中某个选项后，单击"开始查询"按钮就可以打开相应的查询界面。窗体为弹出式窗体，不显示导航按钮、滚动条和记录选择器。

6-11　例 6-14

具体操作步骤如下。

（1）新建一个窗体并打开窗体的设计视图。设置窗体的"弹出方式"属性为"是"，"导航按钮"属性为"否"，"记录选择器"属性为"否"，"滚动条"属性为"两者均无"。

（2）在窗体页眉节适当位置添加一个标签控件。在该控件中直接输入"学生信息查询"，设置"字体名称"属性为"楷体"，"字号"属性为"36"，并将其调整至合适的位置及大小。

（3）使用控件向导在窗体主体节创建一个"图像"控件。在弹出的"插入图片"对话框中选择要插入的图片文件（可以任选一个图片），单击"确定"按钮插入。然后调整图片大小并放置到合适的位置。

（4）使用控件向导在窗体主体节创建一个"选项组"控件。在弹出的"选项组向导"对话框中为每个选项指定标签，如图 6-60 所示。单击"下一步"按钮。

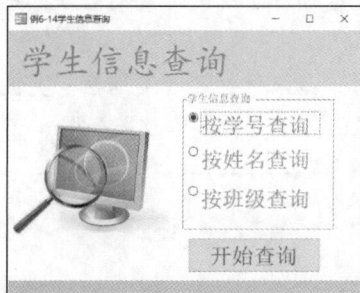

图 6-59　学生信息查询窗体

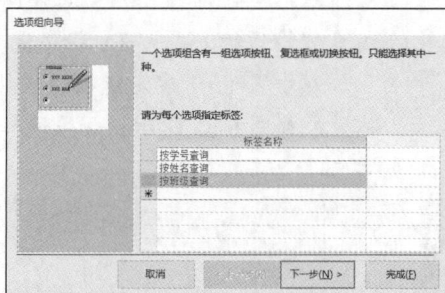

图 6-60　为每个选项指定标签

（5）确定默认选项，如图 6-61 所示。单击"下一步"按钮。

（6）为每个选项赋值，如图 6-62 所示。单击"下一步"按钮。

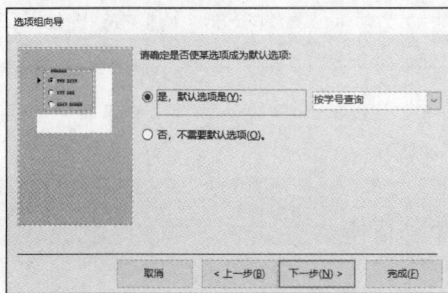

图 6-61　确定默认选项

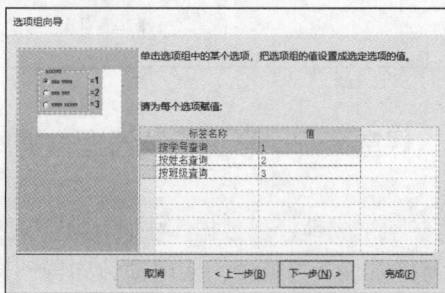

图 6-62　为每个选项赋值

（7）确定选项组控件类型及样式。选中"选项按钮"类型和"蚀刻"样式，如图 6-63 所示。单击"下一步"按钮。

（8）指定选项组标题。在文本框中输入"学生信息查询"，如图 6-64 所示，单击"完成"按钮。然后将各个选项中的字体大小设置为 22，并调整至合适的大小和位置。

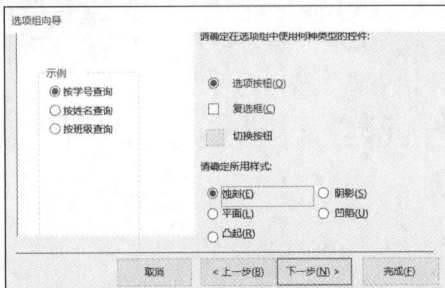

图 6-63　确定选项组控件类型及样式　　　　　图 6-64　指定选项组标题

（9）使用控件按钮在窗体主体节创建"开始查询"命令按钮控件。确定窗体设计工具"设计"选项卡"控件"选项组中的"使用控件向导"选项处于无效状态，再创建命令按钮，命令按钮上显示的文本内容为"开始查询"，字体大小为 22，按钮名称为"查询"。

（10）保存窗体，将其命名为"例 6-14 学生信息查询"，完成窗体创建。

在例 6-14 创建的窗体中单击"开始查询"按钮不会有任何实际操作。要想真正实现单击按钮时打开相应的查询界面，必须将其与宏或模块对象相结合，并编写完成具体操作的宏或 VBA 程序代码。

在步骤（7）确定选项组控件类型及样式时，如果选择了"复选框"类型，则窗体效果如图 6-65 所示；如果选择了"切换按钮"类型，则窗体效果如图 6-66 所示。

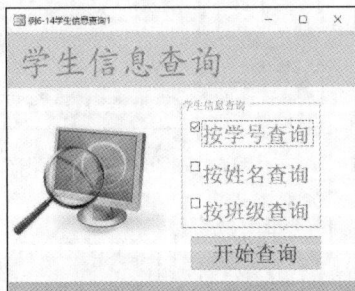

图 6-65　复选框窗体　　　　　　　　图 6-66　切换按钮窗体

6.6　课堂案例：学生成绩管理数据库窗体

在学生成绩管理数据库中使用不同的方法创建下列窗体。

1. 以表为数据源，使用窗体向导创建窗体

【课堂案例 6-1】使用窗体向导创建一个窗体，要求查看学生的学号、姓名、课程名称和

成绩等信息，将其命名为"课堂案例 6-1 学生课程成绩窗体"。

分析：这里涉及"学生表""课程表"和"选课成绩表"3 张表，因此所创建的窗体可以是主/子窗体或单个窗体，这由数据查看的方式确定。具体操作步骤如下。

（1）单击"创建"选项卡"窗体"选项组中的"窗体向导"按钮，启动窗体向导。

（2）在窗体向导的"表/查询"下拉列表框中首先选择"表：学生表"，添加"学号"和"姓名"字段；然后选择"表：课程表"，添加"课程名称"字段；最后选择"表：选课成绩表"，添加"成绩"字段。选择结果如图 6-67 所示，单击"下一步"按钮。

（3）如图 6-68 所示，选择"通过 学生表"查看数据，选中"带有子窗体的窗体"单选按钮，单击"下一步"按钮。

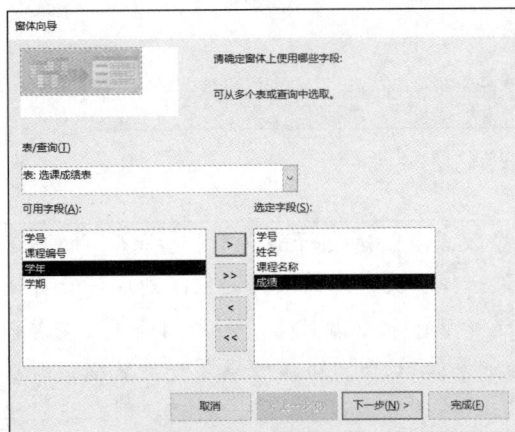

图 6-67　确定表及字段

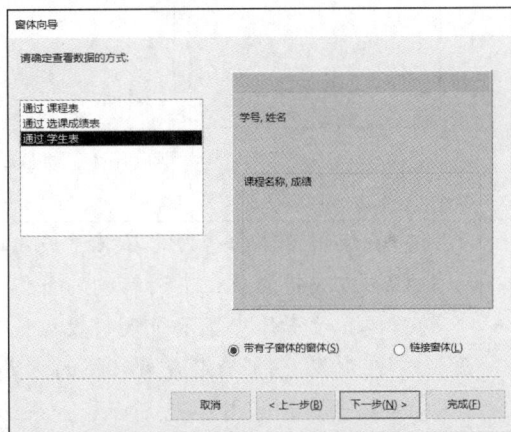

图 6-68　确定查看数据的方式

（4）如图 6-69 所示，指定子窗体采用"数据表"布局，单击"下一步"按钮。

（5）如图 6-70 所示，指定窗体标题为"课堂案例 6-1 学生课程成绩窗体"；指定子窗体标题为"选课成绩表 子窗体"，选中"打开窗体查看或输入信息"单选按钮，单击"完成"按钮。

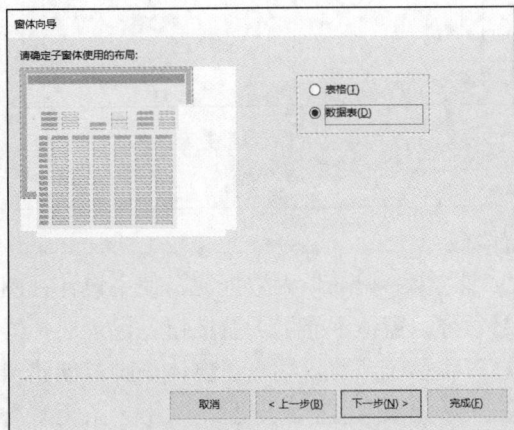

图 6-69　确定子窗体布局

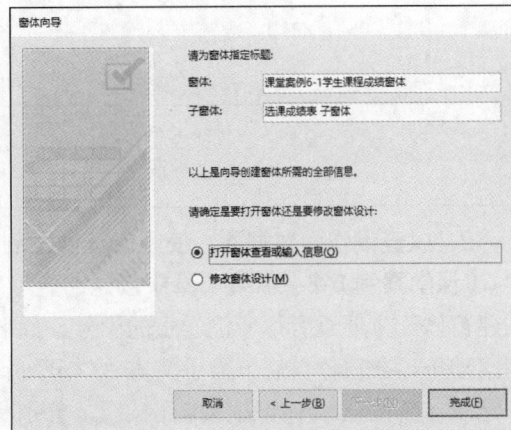

图 6-70　指定窗体及子窗体标题

（6）创建完成的主/子窗体的窗体视图如图 6-71 所示。这时导航窗格中同时创建了"课堂案例 6-1 学生课程成绩窗体"和"选课成绩表子窗体"两个窗体对象。

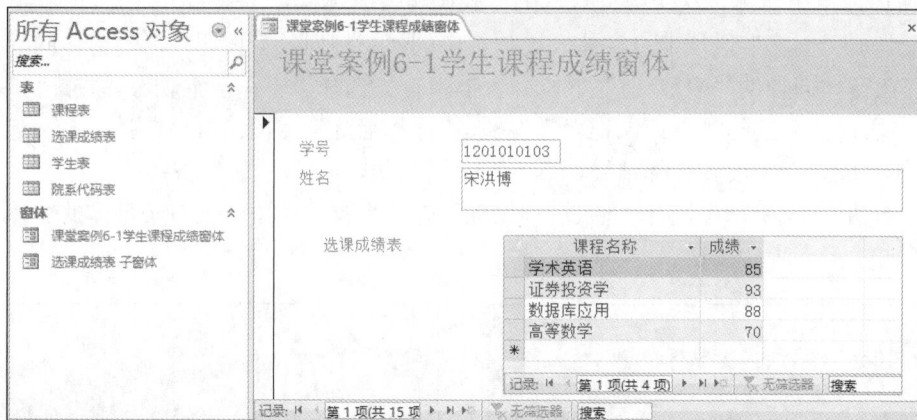

图 6-71　课堂案例 6-1 的窗体视图

在使用窗体向导为存在父子关系的多个数据源创建主/子窗体时，选择不同的查看数据的方式将会产生不同结构的窗体。如果选择从父表查看数据，可以创建带子窗体的窗体，子窗体中显示子表的数据；如果选择从子表查看数据，则会创建单个窗体。

在步骤（3）确定查看数据的方式时，如果选择"通过 课程表"查看数据，则创建的主/子窗体如图 6-72 所示；如果选择"通过 选课成绩表"查看数据，则只能创建单个窗体，默认创建的纵栏式窗体如图 6-73 所示。

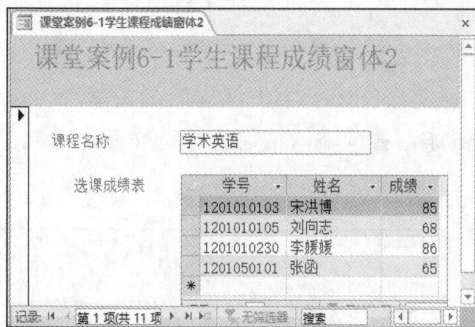

图 6-72　通过课程表查看方式创建的主/子窗体

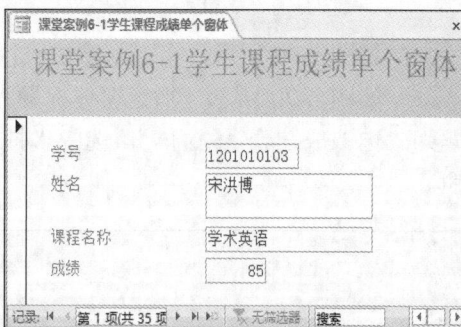

图 6-73　通过选课成绩表查看方式创建的单个窗体

2. 以查询作为数据源，使用设计视图创建窗体

【课堂案例 6-2】以第 5 章中创建的查询对象"课堂案例 5-6"为数据源，使用设计视图创建窗体，方便查看每一位学生的学号、姓名和总学分。窗体不显示导航按钮、记录选择器和滚动条。在窗体页眉节显示文本"学分统计信息"和系统当前日期，在窗体页脚节创建 4 个记录导航按钮和 1 个窗体操作按钮，分别是"第一条记录""前一条记录""下一条记录""最后一条记录"和"关闭"按钮。

具体操作步骤如下。

（1）单击"创建"选项卡"窗体"选项组中的"窗体设计"按钮，新建一个窗体并打开窗体的设计视图。

（2）在"属性表"窗格中，将"窗体"对象的"记录源"属性设置为"课堂案例 5-6"查询对象，并设置窗体的"导航按钮"属性为"否"，"记录选择器"属性为"否"，"滚动条"属性为"两者均无"。

（3）在窗体页眉节添加一个标签控件，并在该控件中直接输入"学分统计信息"，调整标签中的字体、字号到合适的大小。

（4）单击窗体设计工具"设计"选项卡"页眉/页脚"选项组中的"日期和时间"按钮，打开"日期和时间"对话框，如图 6-74 所示。只勾选"包含日期"复选框，选择一种日期格式，然后单击"确定"按钮。此时窗体页眉节添加了一个计算型文本框，在文本框中可以看到计算当前日期的表达式"＝Date()"，如图 6-75 所示。

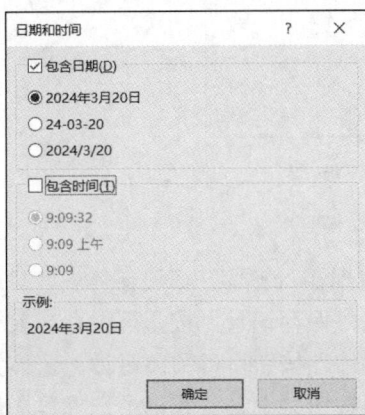

图 6-74　"日期和时间"对话框　　　　　　　　图 6-75　窗体页眉节中的控件

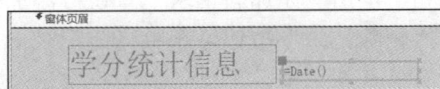

（5）使用控件向导在窗体页脚节添加 4 个记录导航按钮和 1 个窗体操作按钮。"第一条记录"按钮对应操作为"转至第一项记录"；"前一条记录"按钮对应操作为"转至前一项记录"；"下一条记录"按钮对应操作为"转至下一项记录"；"最后一条记录"按钮对应操作为"转至最后一项记录"；"关闭"按钮用来关闭窗体。

（6）在窗体页脚节添加一个"矩形"控件，以圈住所有的命令按钮。单击"设计"选项卡"控件"选项组中的"矩形"控件，在窗体页脚节适当的位置按住鼠标左键拖曳到合适大小，释放鼠标即创建一个"矩形"控件，效果如图 6-76 所示。

图 6-76　窗体页脚节"矩形"控件中的 5 个命令按钮

（7）在主体节添加控件。单击窗体设计工具"设计"选项卡"工具"选项组中的"添加现有字段"按钮，将"字段列表"窗格中的"学号""学生姓名"和"总学分"字段拖曳到主体节中的适当位置并对齐控件，设置所有标签控件的"特殊效果"属性为"凸起"，所有文本框控件的"特殊效果"属性为"凹陷"，效果如图 6-77 所示。

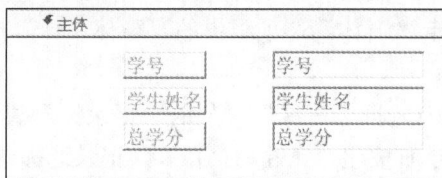

图 6-77　主体节中的控件效果

（8）保存窗体，将其命名为"课堂案例 6-2 学分统计信息窗体"，其窗体视图如图 6-78 所示。

图 6-78　课堂案例 6-2 的窗体视图

3. 以表为数据源，使用设计视图创建数据输入窗体

【课堂案例 6-3】使用设计视图创建学生表记录的数据输入窗体。在该窗体中，有 4 个命令按钮，单击"添加新记录"按钮可添加新记录；单击"保存记录"按钮可保存当前记录；单击"删除记录"按钮可删除当前记录；单击"关闭窗体"按钮可以关闭窗体。窗体为弹出式，只显示新记录，不显示表中已有记录，不显示导航按钮、滚动条和记录选择器，但要求显示窗体各节的分隔线。

具体操作步骤如下。

（1）单击"创建"选项卡"窗体"选项组中的"窗体设计"按钮，新建一个窗体并打开窗体的设计视图。

（2）打开"属性表"窗格，按表 6-6 所示内容设置窗体属性。这里将"数据输入"的属性值设置为"是"，表示只显示新记录，不显示表中已有的记录。

表 6-6　　　　　　　　　　　　　　　窗体属性设置

属性名称	设置值	属性名称	设置值
记录源	学生表	弹出方式	是
数据输入	是	导航按钮	否
记录选择器	否	分隔线	是
滚动条	两者均无		

提示　　　　如果要求用户只能在窗体中浏览查看记录，不允许修改、删除和添加记录，则应将窗体的"允许编辑""允许删除"和"允许添加"属性均设置为"否"。

（3）在窗体页眉节添加一个标签，输入文本"输入学生基本信息"，并设置"字体名称"

属性为"楷体"、"字号"属性为"26"、"文本对齐"属性为"居中"等，效果如图 6-79 所示。

图 6-79　窗体页眉节的标签

（4）在窗体页脚节添加 3 个记录操作按钮和 1 个窗体操作按钮。"添加新记录"按钮对应的记录操作为"添加新记录"；"保存记录"按钮对应的记录操作为"保存记录"；"删除记录"按钮对应的记录操作为"删除记录"；"关闭窗体"按钮用来关闭窗体，效果如图 6-80 所示。

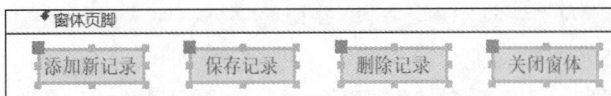

图 6-80　窗体页脚节的命令按钮

（5）在主体节添加控件。单击"设计"选项卡"工具"选项组中的"添加现有字段"按钮，将学生表"字段列表"窗格中的全部字段拖曳到主体节中适当的位置，并调整其位置及大小。

（6）保存窗体，将其命名为"课堂案例 6-3 学生信息输入窗体"，其窗体视图如图 6-81 所示。

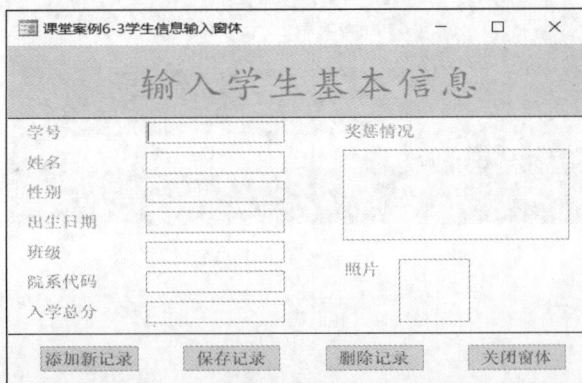

图 6-81　课堂案例 6-3 的窗体视图

4．使用设计视图创建主界面窗体

【课堂案例 6-4】使用设计视图创建主界面窗体，从而实现对数据库中所创建的各个对象的统一管理。主界面窗体的窗体视图如图 6-82 所示，其中的查询对象已经在第 5 章中创建，报表对象将在第 7 章中创建。窗体为弹出式，不显示导航按钮、记录选择器和滚动条。

分析：主界面窗体中的内容与数据库中存储的数据无关，因此不需要设置窗体的数据源。要想实现单击按钮时打开相应的查询、窗体或报表对象，必须编写完成具体操作的宏或 VBA 程序代码，这里仅完成主界面的设计。具体操作步骤如下。

（1）单击"创建"选项卡"窗体"选项组中的"窗体设计"按钮，新建一个窗体并打开窗体的设计视图。

（2）在"属性表"窗格中，将窗体的"弹出方式"属性设置为"是"，"导航按钮"属性设置为"否"，"记录选择器"属性设置为"否"，"滚动条"属性设置为"两者均无"。将主体的"背景色"属性设置为"深色文本"。

（3）在窗体页眉节添加一个标签控件，并在该控件中直接输入"学生成绩管理数据库"，调整字体、字号到合适的大小。

（4）在主体节添加 3 个标签控件，分别输入"查询对象""窗体对象"和"报表对象"，并调整字体、字号及位置。

（5）使用控件按钮在主体节创建"课堂案例 5-1"命令按钮。确定窗体设计工具"设计"选项卡"控件"选项组中的"使用控件向导"选项处于无效状态，再创建命令按钮，命令按钮上显示的文本内容为"课堂案例 5-1"，并调整字体、字号及位置。

（6）重复步骤（5）添加其他命令按钮。

（7）隐藏窗体页脚节。在"属性表"窗格中将窗体页脚的"高度"属性设置为"0cm"。

（8）保存窗体，将其命名为"课堂案例 6-4 主界面窗体"。

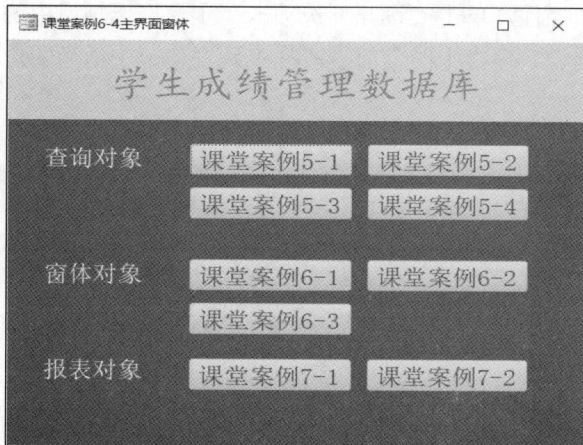

图 6-82　课堂案例 6-4 的窗体视图

【理论练习】

一、单项选择题

1．下列不是窗体控件的是（　　）。

　　A．表　　　　　　　B．标签　　　　　　C．文本框　　　　　　D．组合框

2．在窗体中，控件的类型可以分为（　　）。

　　A．计算型、未绑定型和绑定型　　　　　　B．对象型、计算型和结合型

　　C．计算型、未绑定型和非结合型　　　　　D．对象型、未绑定型和绑定型

3．在 Access 中已建立了学生表，其中存放照片的字段使用的是附件类型。在使用向导为该表创建窗体时，该字段所使用的默认控件是（　　）。

　　A．绑定对象框　　　B．附件　　　　　　C．标签　　　　　　　D．图像

4. 要改变窗体中文本框控件的数据源，应设置的属性是（　　）。

  A．记录源   B．控件来源   C．默认值   D．格式

5. 在窗体设计视图中，不能隐藏的是（　　）节。

  A．主体   B．窗体页眉

  C．窗体页脚   D．页面页眉和页面页脚

6. 主/子窗体通常用来显示具有（　　）联系的多张表的数据。

  A．一对一   B．一对多   C．多对一   D．多对多

7. 若要求在文本框中输入文本时满足密码"*"的显示效果，则应该设置的属性是（　　）。

  A．默认值   B．验证文本   C．输入掩码   D．密码

8. 当需要将一些切换按钮、选项按钮或复选框组合起来共同工作实现单选时，需要使用的控件是（　　）。

  A．选项组   B．列表框   C．文本框   D．组合框

9. 已知学生表中"性别"字段的值只可能是两个选项（男、女）之一，为了方便输入数据，设计窗体时，"性别"字段的控件应该选择（　　）。

  A．标签   B．文本框   C．命令按钮   D．组合框

10. 假设已在 Access 中建立了包含"书名""单价""数量" 3 个字段的"Book"表，以该表为数据源创建的窗体中，有一个计算订购总金额的文本框，则其控件来源应为（　　）。

  A．[单价]*[数量]   B．=[单价]*[数量]

  C．=单价*数量   D．单价*数量

二、填空题

1. 窗体中的数据源可以是_____或_____。

2. 窗体由多个部分组成，每个部分称为一个_____。

3. 分割窗体可同时显示_____和_____两种视图。

4. _____控件中既可以输入数据，也可以在数据列表中进行选择。

5. 在窗体页眉中添加计算文本框，在该文本框中输入_____将显示系统当前日期。

【项目实训】图书馆借还书管理数据库窗体

一、实训目的

1. 了解窗体的类型和创建窗体的相关按钮。

2. 掌握自动创建窗体和使用窗体向导创建窗体的方法。

3. 学会运用窗体设计视图创建窗体，掌握常用控件的主要属性的设置方法。

二、实训内容

在图书馆借还书管理数据库中按以下要求创建窗体。

1．自动创建窗体

（1）使用"窗体"按钮为读者表自动创建一个纵栏式窗体，将其命名为"项目实训 6-1"。

（2）使用"其他窗体"按钮下拉列表中的"多个项目"选项为"项目实训 5-1"查询对象自动创建一个表格式窗体，将其命名为"项目实训 6-2"。

（3）使用"其他窗体"按钮下拉列表中的"数据表"选项为图书表自动创建一个数据表

窗体，将其命名为"项目实训 6-3"。

（4）使用"其他窗体"按钮下拉列表中的"分割窗体"选项为读者类别表自动创建一个分割窗体，将其命名为"项目实训 6-4"。

2．使用窗体向导创建窗体

（1）使用窗体向导创建一个窗体，要求显示图书表中所有字段，窗体布局采用"纵栏表"，将其命名为"项目实训 6-5"。

（2）使用窗体向导创建一个主/子窗体，主窗体显示读者的读者编号和姓名，子窗体显示该读者借阅的图书的书名、作者、定价、借书日期和还书日期等信息。子窗体布局采用"表格"。主窗体命名为"项目实训 6-6"，子窗体命名为"图书 子窗体"。

3．使用设计视图创建窗体

（1）使用设计视图创建一个浏览读者信息的窗体。窗体的数据源为"读者表"，窗体中不显示导航按钮、记录选择器、滚动条，但要有分隔线。在窗体页眉节中添加一个标签来显示文本"浏览读者信息"，并将该标签命名为"Title"；然后添加一个文本框以显示系统当前日期。在窗体页脚节中添加 4 个记录导航按钮"第一项记录""前一项记录""下一项记录""最后一项记录"和 1 个窗体操作按钮"关闭"来关闭窗体。在主体节显示读者的"读者编号""姓名""性别""类别编号""所属院系"和"联系电话"等信息。其中"性别"字段用组合框实现"男""女"的选择。将该窗体命名为"项目实训 6-7"。

（2）使用设计视图创建一个维护图书信息的窗体。窗体的数据源为"图书表"，要求窗体中不显示导航按钮、滚动条和记录选择器。在窗体页眉节添加一个标签来显示文本"图书基本信息维护"，并设置合适的字体、字号。在窗体页脚节添加 2 个记录导航按钮"前一条记录""下一条记录"、3 个记录操作按钮"添加记录""保存记录""删除记录"和 1 个窗体操作按钮"关闭窗体"。当运行该窗体时，使用"前一条记录""下一条记录"按钮可切换当前记录，使用"添加记录"按钮可添加新记录，使用"保存记录"按钮可保存记录，使用"删除记录"按钮可删除当前记录，使用"关闭窗体"按钮可以关闭窗体。在主体节添加图书表中的全部字段，要求所有标签的"特殊效果"属性设置为"蚀刻"，文本框的"特殊效果"属性设置为"凹陷"。将该窗体命名为"项目实训 6-8"。

（3）使用设计视图创建主界面窗体。窗体为弹出式，窗体中不显示导航按钮、记录选择器和滚动条。在窗体页眉节添加一个标签来显示文本"图书借还书管理数据库"，并设置合适的字体、字号。在主体节添加 8 个命令按钮，分别对应前面创建的项目实训 6-1、项目实训 6-2、…、项目实训 6-8 等窗体对象，单击某个命令按钮即可打开对应的窗体对象。这里只要求完成主界面的设计，将该窗体命名为"项目实训主界面"。

【实战演练】商品销售管理数据库窗体

在商品销售管理数据库中按以下要求创建窗体。

1．使用设计视图创建一个浏览商品信息的窗体。窗体中不显示导航按钮、记录选择器、滚动条，但要有分隔线。在窗体页眉节中添加一个标签来显示文本"浏览商品信息"。在窗体页脚节中添加 4 个记录导航按钮"第一项记录""前一项记录""下一项记录""最后一项记录"和 1 个窗体操作按钮"关闭"来关闭窗体。在主体节显示商品的相关信息。

2．使用设计视图创建一个会员（客户）信息输入窗体。窗体中不显示导航按钮、滚动条和记录选择器。在窗体页眉节添加一个标签来显示文本"会员信息录入"。在窗体页脚节添加3 个记录操作按钮"添加记录""保存记录""删除记录"和 1 个窗体操作按钮"关闭窗体"。当运行该窗体时，使用"添加记录"按钮可添加新记录，使用"保存记录"按钮可保存记录，使用"删除记录"按钮可删除当前记录，使用"关闭窗体"按钮可以关闭窗体。在主体节可输入会员的全部信息。

3．使用设计视图创建主界面窗体。窗体为弹出式，窗体中不显示导航按钮、记录选择器和滚动条。在窗体页眉节添加一个标签来显示文本"商品销售管理数据库"。在主体节添加多个命令按钮，单击某个命令按钮即可打开数据库中的相应对象。例如，单击"会员信息录入"命令按钮，即可打开上面创建的会员（客户）信息输入窗体，这里只要求完成主界面的设计。

4．设计并实现主界面中涉及的所有窗体对象。

第 **7** 章 报表

报表是数据库中非常重要的对象，Access 2016 使用报表对象来实现打印数据功能。创建报表的过程和创建窗体基本相同，不同的是，窗体可以与用户进行信息交互，但报表没有交互功能。本章主要介绍报表的组成、创建、编辑和打印等相关知识。

【学习目标】

- 了解报表的类型、组成和视图模式。
- 掌握创建不同类型的报表的方法。
- 掌握报表中计算控件的使用方法。

7.1 报表概述

报表没有输入数据的功能，但是可以按指定格式打印输出数据，报表的数据源可以是表、查询或 SQL 语句。

7.1.1 报表的类型

Access 2016 系统提供了 4 种类型的报表，分别是纵栏式报表、表格式报表、图表报表和标签报表。

7-1 报表的类型

（1）纵栏式报表：在纵栏式报表中，每个字段都显示在主体节中的一个独立的行上，并且左边带有一个该字段的标题标签。纵栏式报表可以将一条记录的所有字段尽量多地显示在报表中，便于用户查看一条记录的细节。

（2）表格式报表：以行和列的方式输出数据，一条记录的所有字段显示在一行中。表格式报表可以在一页上尽量多地显示数据内容，方便用户尽快了解数据全貌。

（3）图表报表：将数据以图表格式显示，类似于 Excel 中的图表。图表报表可直观地展示数据之间的关系。

（4）标签报表：一种特殊类型的报表，是为了满足专用纸张需求而设计的一种多列布局的报表。例如，制作名片、学生证、商品标签等。

7.1.2 报表的组成

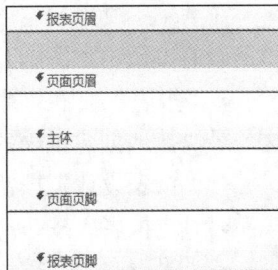

报表的内容是以节为单位划分的，一个报表主要包括报表页眉、页面页眉、主体、页面页脚和报表页脚 5 个部分，每个部分称为一个节。创建新的报表时，默认报表只显示 3 个节：页面页眉节、页面页脚节和主体节。在报表设计视图中单击鼠标右键，在弹出的快捷菜单中选择"页面页眉/页脚"或"报表页眉/页脚"选项可以显示（或隐藏）相应的节。此外，还可以在报表中对记录进行分组，对每个分组添加其对应的组页眉节和组页脚节。报表中的信息可以分布在多个节中。每个节都有特定的用途，每个节最多出现一次，如图 7-1 所示。

7-2 报表的组成

图 7-1 报表中的节

- 报表页眉：在报表开头，只出现一次，可以放置如报表题目、公司名称、徽标或制表日期等说明性信息，通常被设置为单独的一页，用作整个报表的封面。

- 页面页眉：出现在报表的每一页的顶部，通常用来放置显示在报表上方的信息，如报表中每一列的列标题。

- 组页眉：用户对报表中的记录进行分组后，才会出现相应的组页眉和组页脚。组页眉出现在每个分组的开始处，通常用来放置显示分组字段的数据或其他说明信息。例如，在计算每个学生的成绩平均分时，组页眉显示学生的学号、姓名和班级等字段信息。

- 主体：在报表的每页都出现，用来显示数据的详细内容，即数据源中的每一条记录的显示区域，每一条记录显示一次，如学生成绩表中每一名学生各门课程的具体成绩。

- 组页脚：出现在每个分组的结束处，用于显示该组的各种分类汇总信息。例如，在计算每个学生的成绩平均分时，组页脚显示每个学生选修的课程成绩平均分和选修课程数量。

- 页面页脚：出现在报表的每页底部，可以用来显示本页数据的汇总情况，也可以显示日期和页码。

- 报表页脚：出现在报表的最后一页底部，与报表页眉一样，只出现一次，通常用来显示整份报表的合计或其他汇总信息，如制表人、总计等。

7.1.3 报表的视图模式

报表有 4 种视图模式，分别是报表视图、设计视图、打印预览视图和布局视图。

7-3 报表的视图

（1）报表视图：用来查看报表的设计结果，在报表视图中用户可将数据按照预先的设计显示。

（2）设计视图：是报表的工作视图，用户可在设计视图中创建和编辑报表的内容和结构。

（3）打印预览视图：用于查看报表版面的设置及打印的效果，其效果和实际打印效果一致。在打印预览视图中，用户可以设置页面的大小、页面布局等。

（4）布局视图：其界面和报表视图几乎一样，在显示数据的同时还可调整报表控件的布局，插入字段和控件、调整字体，还可以进行页面设置等操作。

7.2 创建报表

7-4 创建报表

创建报表的方法与创建窗体类似。两者都使用控件来组织和显示数据，所以创建窗体的很多方法也适用于创建报表。

在 Access 2016“创建”选项卡的“报表”选项组提供了多种创建报表的按钮，如图 7-2 所示。

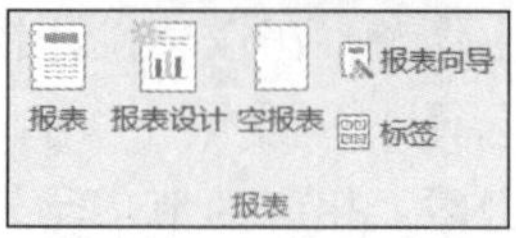

图 7-2 创建报表的按钮

- “报表”按钮：利用当前选中的表或查询自动创建一个报表，这是最快捷地创建报表的方式。
- “报表设计”按钮：打开设计视图，用户可通过添加各种控件来创建复杂的报表。
- “空报表”按钮：创建一个空白报表，并打开布局视图。
- “报表向导”按钮：启动报表向导，帮助用户按照向导既定的步骤和提示创建报表。
- “标签”按钮：启动“标签向导”对话框，用户完成设置后，系统会对当前选中的表或查询创建标签报表，这种报表适合打印输出商品名片、标签等。

7.2.1 使用“报表”按钮创建报表

“报表”按钮提供了最快捷的报表创建方式，单击该按钮，系统会立即生成报表。如果要创建的报表来自单一的表或查询，并且没有分组统计的功能，就可以用这种方式创建。生成的报表会以表格方式显示表或查询中的所有字段和记录。

7-5 例 7-1

【例 7-1】使用“报表”按钮快速创建一个基于“学生表”的报表。

具体操作步骤如下。

（1）在导航窗格中选定“学生表”作为报表的数据源。

（2）单击“创建”选项卡“报表”选项组中的“报表”按钮，系统自动创建包含“学生表”中所有数据项的报表，并在布局视图中显示该报表，如图 7-3 所示。

（3）单击标题栏最左侧的“保存”按钮，保存报表，将报表名称设置为“例 7-1 学生信息报表（报表）”。

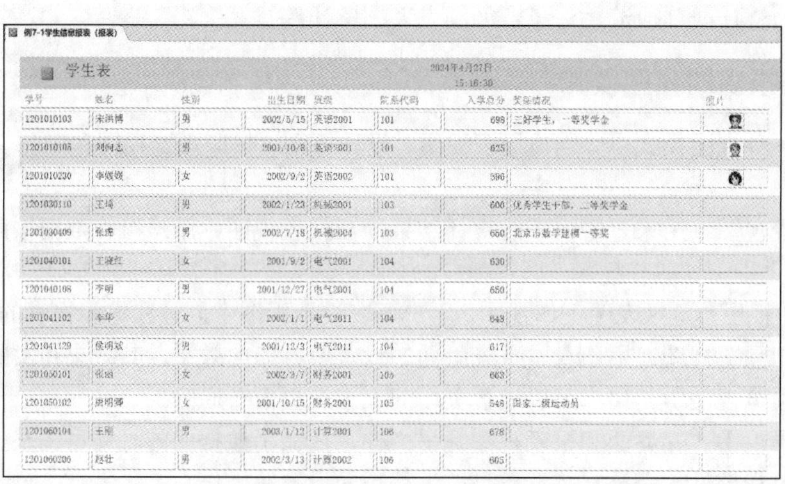
例7-1学生信息报表（报表）

学生表 2024年4月27日 15:16:30

学号	姓名	性别	出生日期	班级	院系代码	入学总分	奖惩情况	照片
1201010103	宋洪博	男	2002/5/15	英语2001	101	698	三好学生，一等奖学金	
1201010105	刘向志	男	2001/10/8	英语2001	101	625		
1201010230	李媛媛	女	2002/9/2	英语2002	101	596		
1201030110	王琦	男	2002/1/23	机械2001	103	600	优秀学生干部，二等奖学金	
1201030409	张虎	男	2002/7/18	机械2004	103	650	北京市数学建模一等奖	
1201040101	王晓红	女	2001/9/2	电气2001	104	630		
1201040108	李明	男	2001/12/27	电气2001	104	650		
1201041102	李华	女	2002/1/1	电气2011	104	648		
1201041129	侯明斌	男	2001/12/3	电气2011	104	617		
1201050101	张丽	女	2002/3/7	财务2001	105	663		
1201050102	唐明卿	女	2001/10/15	财务2001	105	548	国家二级运动员	
1201060104	王刚	男	2003/1/12	计算2001	106	678		
1201060206	赵壮	男	2002/3/13	计算2002	106	605		

图 7-3 例 7-1 的布局视图

7.2.2 使用"空报表"按钮创建报表

使用"空报表"按钮，系统会先创建一个空白报表，然后自动打开"字段列表"窗格，用户可以在"字段列表"窗格中双击字段或拖曳字段，在报表中添加绑定控件以显示字段内容。

【例 7-2】使用"空报表"按钮创建一个报表，要求在该报表中能打印输出所有学生的学号、姓名、班级、院系名称。

具体操作步骤如下。

（1）单击"创建"选项卡"报表"选项组中的"空报表"按钮，打开空报表的布局视图，并在右侧自动显示"字段列表"窗格，如图 7-4 所示。

7-6 例 7-2

图 7-4 空报表的布局视图

（2）在"字段列表"窗格中，单击"学生表"前的"+"展开按钮，展开学生表的所有字段，双击其中的"学号""姓名"和"班级"字段（也可以直接用鼠标拖曳选中的字段到报表内），报表中将自动添加这 3 个字段。

（3）采用相同的操作，将院系代码表中的"院系名称"字段添加到报表中。再用鼠标拖曳列的方式来交换各字段的先后顺序，并调整各个控件的宽度使其能完整地显示。

（4）保存报表，将报表的名称设置为"例 7-2 学生信息报表（空报表）"，该报表的打印预览结果如图 7-5 所示。

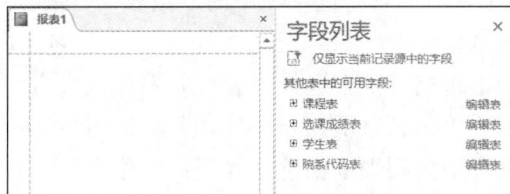

图 7-5 例 7-2 的打印预览结果

> 如果报表中的数据来自多张表，在创建报表之前，表之间需要首先建立联系。

7.2.3 使用"报表向导"按钮创建报表

使用"报表向导"按钮创建报表时，向导会提示用户选择报表的数据源、字段和布局。用户使用报表向导可以设置数据的排序和分组，产生汇总数据，还可以生成带子报表的报表。

【例 7-3】使用"报表向导"按钮创建"各院系学生入学平均成绩报表"，要求打印院系代码，院系名称，学生的学号、姓名、入学总分，并汇总显示各个院系学生的入学成绩平均分。

分析：该报表数据来源于"院系代码表"和"学生表"，在用"报表向导"创建报表之前，表之间需要先建立联系。

7-7　例 7-3

具体操作步骤如下。

（1）单击"创建"选项卡"报表"选项组中的"报表向导"按钮，打开"报表向导"对话框。

（2）在"表/查询"的下拉列表框中选择"表：院系代码表"，将"可用字段"列表框中的"院系代码""院系名称"字段添加到"选定字段"列表框中。

（3）继续在"表/查询"下拉列表框中选择"表：学生表"，将"可用字段"列表框中的"学号""姓名""入学总分"字段添加到"选定字段"列表框中，如图 7-6 所示。

（4）单击"下一步"按钮，确定查看数据的方式（当选定的字段来自多个数据源时，报表向导才有这个步骤）。如果数据源之间是一对多联系，一般选择从"一"方的表（也就是父表）来查看数据。根据要求，在"请确定查看数据的方式"列表框中选择"通过院系代码表"，如图 7-7 所示。

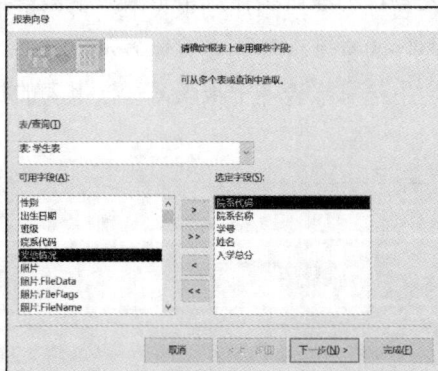

图 7-6　确定学生表中的"选定字段"　　　　　　图 7-7　确定数据查看的方式

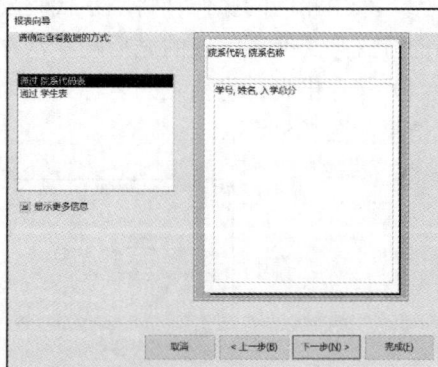

（5）单击"下一步"按钮，确定是否添加分组级别。是否需要分组是由用户根据数据源中的记录结构和报表的具体要求决定的。在本例中，由于数据来自两个已经建立联系的表，实际上已经通过联系建立了一种分组形式，即按照"院系代码"字段分组，所以这里可以不添加分组级别，直接进入下一步，如图 7-8 所示。当然也可以选择按照"院系代码"字段分组。

（6）单击"下一步"按钮，确定明细信息使用的排序次序和汇总信息。在该对话框中，用户可以最多选择 4 个字段对记录进行排序。注意，该排序是在默认分组前提下的排序，因此可选字段只有"学号""姓名""入学总分"，如图 7-9 所示，这里选择按"入学总分"进行"降序"排序。单击"汇总选项"按钮，在"汇总选项"对话框勾选"入学总分"的"平均"

复选框,如图 7-10 所示。单击"确定"按钮,返回"报表向导"对话框。

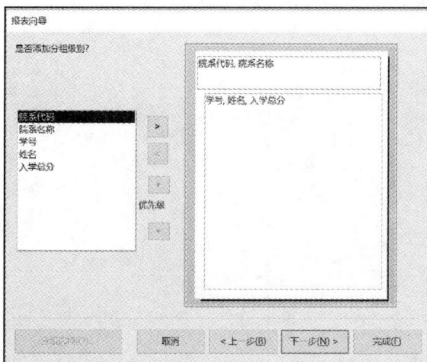

图 7-8 确定是否添加分组级别

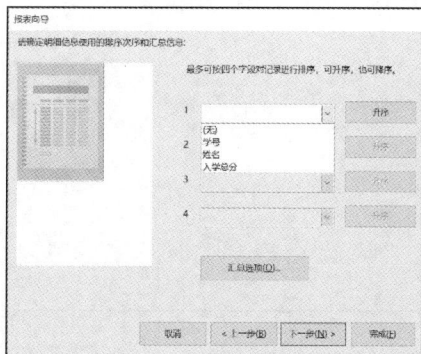

图 7-9 选择排序字段

(7)单击"下一步"按钮,确定报表的布局方式,设置报表的布局和方向。这里保持默认设置,左侧的预览框中显示了效果,如图 7-11 所示。

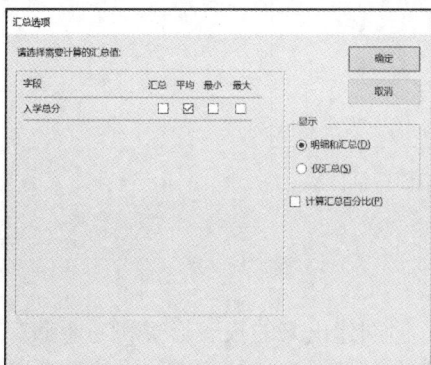

图 7-10 汇总选项对话框

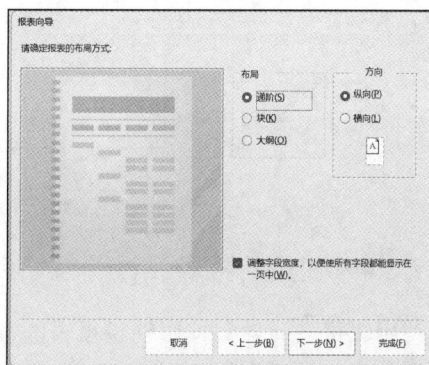

图 7-11 设置报表的布局和方向

(8)单击"下一步"按钮,指定报表的标题。在"请为报表指定标题"下方的文本框中输入"例 7-3 各院系学生入学平均成绩报表(报表向导)",在"请确定是要预览还是要修改报表设计"下选中"预览报表"单选按钮,如图 7-12 所示。

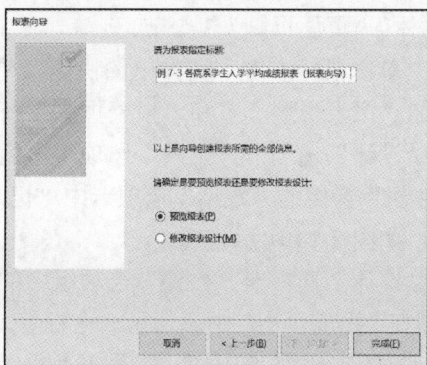

图 7-12 指定报表的标题

（9）单击"完成"按钮，报表的打印预览视图如图 7-13 所示。关闭打印预览视图后，显示该报表的设计视图，在该设计视图中，可以对用向导创建的报表进行修改。

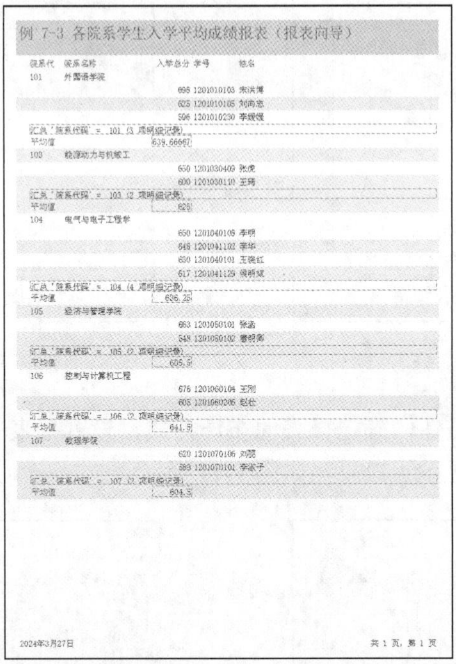

图 7-13　例 7-3 的打印预览视图

7.2.4　使用"报表设计"按钮创建报表

使用"报表向导"按钮创建报表的方法虽方便，但创建出来的报表形式和功能都有限。而使用"报表设计"按钮创建报表，系统会先打开一个新报表的设计视图，在该设计视图中用户可以根据自己的意愿对报表进行设计。

【例 7-4】使用"报表设计"按钮创建一个基于"学生表"的报表，要求在报表中画出水平和垂直框线，显示学生的学号、姓名、性别、院系代码、入学总分。

具体操作步骤如下。

（1）单击"创建"选项卡"报表"选项组中的"报表设计"按钮，打开报表的设计视图，默认显示出"页面页眉""主体""页面页脚"3 个节。

（2）在报表的设计视图中单击鼠标右键，在弹出的快捷菜单中选择"报表页眉/页脚"，则可在报表的设计视图中添加"报表页眉"节和"报表页脚"节。

（3）单击报表设计工具"设计"选项卡"工具"选项组中的"属性表"按钮，显示报表的"属性表"窗格，在"属性表"窗格的"数据"选项卡中"记录源"右边的下拉组合框中，选定"学生表"作为数据源，如图 7-14 所示。

（4）单击报表设计工具"设计"选项卡"控件"选项组中的"标签"按钮，再单击"报表页眉"节中的适当位置，则在"报表页眉"中添加了一个标签，输入文本"学生清单报表"。在"属性表"窗格中设置该标签的字体为"宋体"，字号为"28"，字体颜色（前景色）为"红色"，文本对齐方式为"居中"，设计效果如图 7-15 所示。

图 7-14 选定记录源

图 7-15 添加标签控件

（5）单击报表设计工具"设计"选项卡"工具"选项组中的"添加现有字段"按钮，打开"字段列表"窗格。从"字段列表"窗格中拖曳"学号""姓名""性别""院系代码""入学总分"字段到"主体"节中，在"主体"节中就添加了这 5 个字段对应的 5 个绑定型文本框和 5 个关联的标签。

（6）把"主体"节中的所有"标签"剪切并粘贴到报表的"页面页眉"节，单击"排列"选项卡"调整大小和排序"选项组中的"对齐"按钮，在打开的下拉列表框中选择对齐方式，将各个标签对齐。

（7）在"主体"节中，采用同样的方法将各个文本框调整到合适的位置。单击"设计"选项卡"工具"选项组中的"属性表"按钮，分别设置这 5 个文本框的属性表，设置"边框样式"为"透明"，设置"文本对齐"为"居中"，设计效果如图 7-16 所示。

（8）绘制水平框线。为使设计出的报表结构更清晰，单击鼠标右键，在弹出的快捷菜单中选择"网格"选项，隐藏网格。单击"设计"选项卡"控件"选项组中的"直线"按钮，在"页面页眉"节各标签上方的位置，沿水平方向拖曳鼠标创建一个长度能覆盖所有标签的水平"直线"。复制该"直线"，分别在"页面页眉"节各标签的下方，以及"主体"节中各文本框的下方放置一条直线，并将它们左对齐。

（9）绘制垂直框线。单击"设计"选项卡"控件"选项组中的"直线"按钮，在"页面页眉"节沿垂直方向拖曳鼠标创建一条"直线"，"直线"的长度以能连接页面页眉上的两个水平的"直线"为准，然后复制 3 次同样的"直线"分别放置到各个标签之间的位置。用同样的方法在"主体"节中各个文本框之间绘制 4 条"直线"。设计效果如图 7-17 所示。

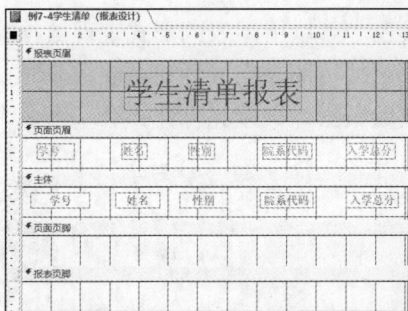

图 7-16 添加"主体"节和"页面页眉"节的内容并对齐

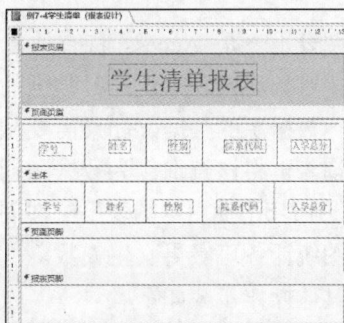

图 7-17 绘制水平框线和垂直框线

（10）用拖曳鼠标的方法调整各个节的高度，设计效果如图 7-18 所示。然后切换到打印预览视图，效果如图 7-19 所示。

（11）保存该报表，将报表命名为"例 7-4 学生清单（报表设计）"。

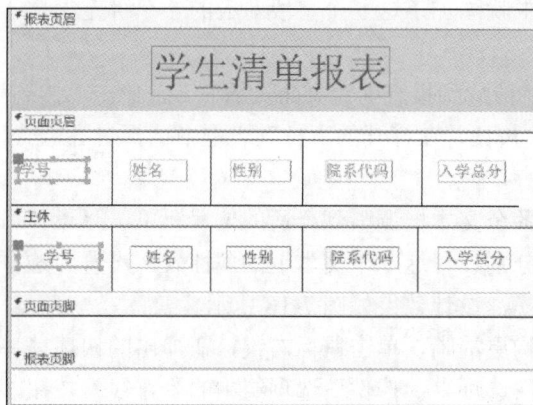

图 7-18　调整后报表的设计视图

图 7-19　例 7-4 的打印预览视图

> 没有内容的各节之间不留空白，可以用鼠标指针拖曳分隔条或将相应节的"高度"属性设置为"0"来实现。

7.2.5　创建图表报表

图表报表是 Access 特有的一种图表格式的报表，可以用图表的形式表现数据库中的数据，相对普通报表来说，其数据的表现形式更直观。使用图表向导创建图表报表时，只能处理单一数据源的数据，如果需要从多个数据源中获取数据，必须先创建一个基于多个数据源的查询，再将该查询作为数据源创建图表报表。

【例 7-5】使用"图表"控件创建一个基于"学生表"的图表报表，用柱形图统计各班级男女生人数。

具体操作步骤如下。

（1）单击"创建"选项卡"报表"选项组中的"报表设计"按钮，进入报表的设计视图。

7-8　例 7-5

158

（2）单击"设计"选项卡 "控件"选项组中的"图表"按钮 📊，然后单击报表"主体"节中的适当位置来创建图表，弹出"图表向导"对话框。

（3）在"图表向导"对话框中，在"请选择用于创建图表的表或查询："下方的列表框中选择"表：学生表"，如图 7-20 所示。如果数据来源于多个表，则需要单击"视图"下方的"查询"单选按钮，然后选择对应的查询作为图表报表的数据源。

（4）单击"下一步"按钮，选择图表数据所在的字段。在"可用字段"列表框中选择"班级"字段和"性别"字段，如图 7-21 所示。单击"下一步"按钮。

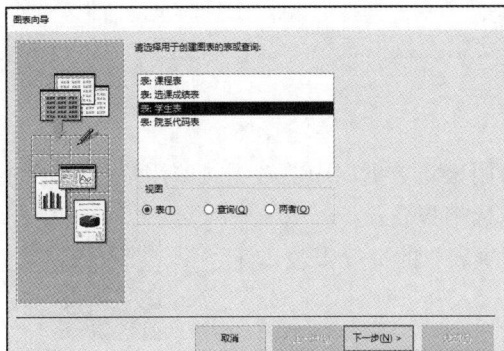

图 7-20 选择用于创建图表的表或查询

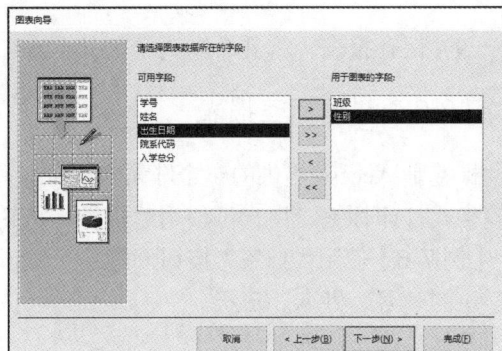

图 7-21 选择图表数据所在的字段

（5）选择图表的类型。这里采用默认的"柱形图" 📊。单击"下一步"按钮。

（6）指定数据在图表中的布局方式。将右侧的"班级"和"性别"字段按钮拖曳到左侧的图表示例中相应的位置，如图 7-22 所示。单击左上角的"预览图表"按钮即可预览图表效果。单击"下一步"按钮。

（7）指定图表的标题。在"请指定图表的标题"下方的文本框中输入"例 7-5 各班级男女生人数报表"。

（8）单击"完成"按钮，返回报表的设计视图，如图 7-23 所示，通过拖曳调整图表的大小，完成图表的创建。报表视图效果如图 7-24 所示。注意，在报表的设计视图下，图表中的数据不会正常显示，只有退出设计视图，如切换到报表视图、布局视图或打印预览视图，图表中的数据才会显示。

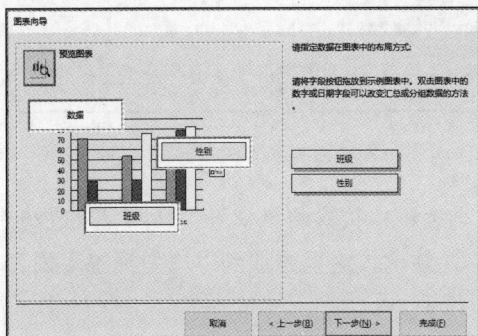

图 7-22 指定数据在图表中的布局方式

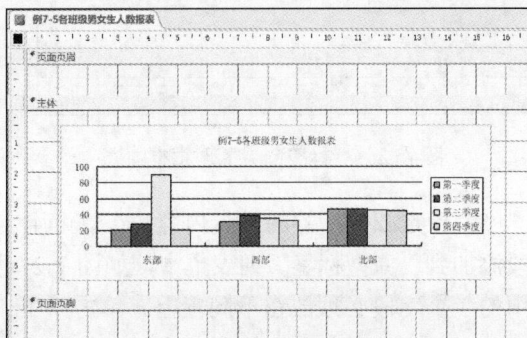

图 7-23 图表的设计视图

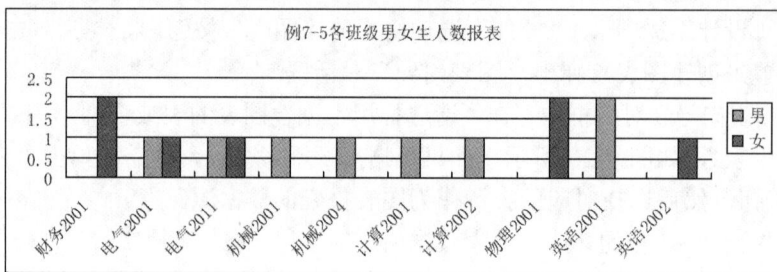

图 7-24　例 7-5 的报表视图

（9）保存报表，将其命名为"例 7-5 各班级男女生人数报表"。

7.2.6　创建标签报表

标签是 Access 提供的一个非常实用的功能，可用来将数据库中的数据按照用户定义好的标签格式打印标签。用户可使用"标签"按钮创建标签报表。

【例 7-6】使用"标签"按钮创建一个基于"学生表"的标签报表，打印学生的学号、姓名、班级。

具体操作步骤如下。

（1）在导航窗格中选择"学生表"作为数据源。

（2）在"创建"选项卡中，单击"报表"选项组中的"标签"按钮，打开"标签向导"对话框，如图 7-25 所示。

（3）在"请指定标签尺寸"下方的列表框中指定标签尺寸，这里选择默认尺寸。

（4）单击"下一步"按钮，设置文本的字体和颜色等，如图 7-26 所示。单击"下一步按钮"。

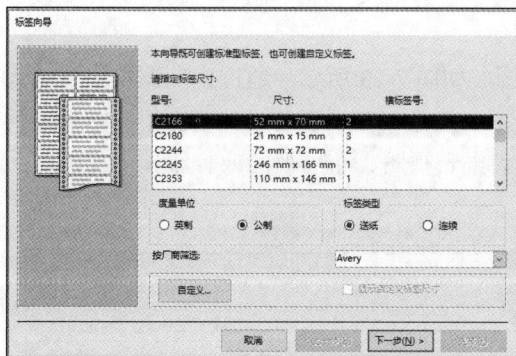

图 7-25　"标签向导"对话框

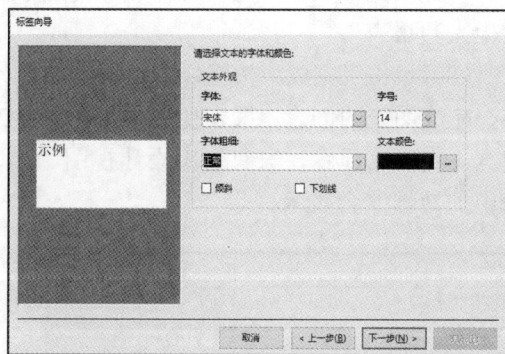

图 7-26　设置文本的字体和颜色

（5）指定邮件标签的显示内容。在"可用字段"列表框中依次将"学号""姓名""班级"字段添加到"原型标签"列表框中，如图 7-27 所示。请注意，这里添加到"原型标签"列表框中的 3 个字段必须放在不同行上。单击"下一步"按钮。

（6）确定按哪些字段排序。本例选择"学号"字段作为"排序依据"，如图 7-28 所示。单击"下一步"按钮。

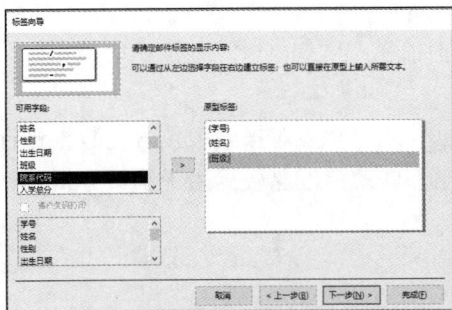

图 7-27 确定标签内容

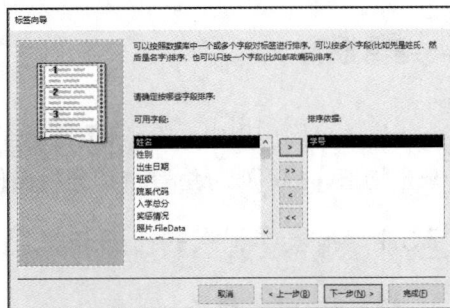

图 7-28 确定排序字段

（7）指定报表名称，在"请指定报表的名称"下方的文本框中输入"例 7-6 学生标签报表"，在"请选择："下方选定打开方式，这里保持默认设置。

（8）单击"完成"按钮，效果如图 7-29 所示。

（9）切换到报表的设计视图，编辑内容并调整格式。选中显示学生学号的"文本框"，在"属性表"窗格中将其"控件来源"属性改为"="学号："& [学号]"，采用同样的方法将显示学生姓名和班级的"文本框"的"控件来源"属性分别改为"="姓名："& [姓名]"和"="班级："& [班级]"，如图 7-30（a）所示。这里用到的"&"是字符串中的连接运算符，用来将字符串和表中的文本字段连接起来。

（10）保存报表，将其命名为"例 7-6 学生标签报表"，切换到打印预览视图，效果如图 7-30（b）所示。

图 7-29 标签向导创建的报表

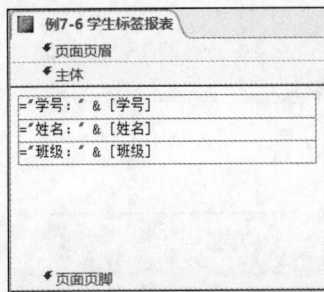

（a）

（b）

图 7-30 例 7-6 的学生标签报表

161

7.3 编辑报表

在报表的实际应用中，除了显示和打印原始数据，还经常要对报表中包含的数据进行计数、求平均值、排序或分组等统计分析操作，以得出一些统计汇总数据用于决策分析。

7.3.1 报表中记录的排序与分组

1. 报表中记录的排序

在使用"报表向导"按钮创建报表时，最多可以按 4 个字段进行排序，而在报表的设计视图中，可以对记录进行超过 4 个的字段或表达式排序。

在报表的"设计视图"中，设置报表记录排序的一般操作步骤如下。

（1）打开报表的"设计视图"。

（2）单击"设计"选项卡"分组和汇总"选项组中的"分组和排序"按钮，在设计视图的下方显示出"分组、排序和汇总"窗格，该窗格内显示"添加组"按钮和"添加排序"按钮。

（3）单击"添加排序"按钮，选择排序所依据的字段。默认情况下按"升序"排序，若要改变排序次序，可在"升序"按钮的下拉列表中选择"降序"。第 1 行的字段或表达式具有最高排序优先级，第 2 行则具有次高的排序优先级，依此类推。

【例 7-7】对"例 7-4 学生清单（报表设计）"报表中的数据进行排序，要求按学号升序排列记录。

具体操作步骤如下。

（1）将"例 7-4 学生清单（报表设计）"复制后粘贴为新报表，指定新报表名称为"例 7-7 学生清单报表（排序）"，并打开该报表的设计视图。

（2）在"设计"选项卡中，单击"分组和汇总"选项组中的"分组和排序"按钮，在底部打开"分组、排序和汇总"窗格，该窗格中显示"添加组"按钮和"添加排序"按钮，如图 7-31 所示。

（3）单击"添加排序"按钮，选择"学号"字段。在"分组、排序和汇总"窗格中添加了一个"排序依据"栏，如图 7-32 所示，默认按"升序"排序。

（4）单击"报表页眉"节中的"学生清单报表"标签，将名称改为"学生清单报表（按学号升序）"，并保存对该报表设计的修改。

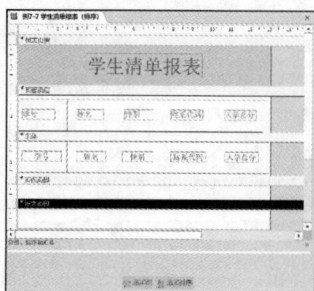

图 7-10 例 7-7

图 7-31 报表的设计视图

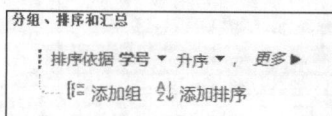

图 7-32 选择按"学号""升序"排序

（5）单击状态栏右方的"打印预览视图"按钮，显示该报表的打印预览效果，如图 7-33 所示。

学生清单报表（按学号升序）

学号	姓名	性别	院系代码	入学总分
1201010103	宋洪博	男	101	698
1201010105	刘向志	男	101	625
1201010230	李媛媛	女	101	596
1201030110	王琦	男	103	600
1201030409	张虎	男	103	650
1201040101	王晓红	女	104	630
1201040108	李明	男	104	650
1201041102	李华	女	104	648
1201041129	侯明斌	男	104	617
1201050101	张函	女	105	663
1201050102	唐明卿	女	105	549
1201060104	王刚	男	106	678
1201060206	赵壮	男	106	605
1201070101	李淑子	女	107	589

图 7-33　例 7-7 的打印预览视图

2. 报表中记录的分组

用户在建立报表过程中，除了对整个报表的记录进行排序、统计汇总，还经常需要在某些分组前提下对每个分组进行统计汇总，即分类汇总。用数据源的某个或多个字段分组，可以将具有共同特征的相关记录形成一个集合，在显示或打印报表时，它们将集中在一起。对分组产生的每个集合可以设置汇总等信息，一个报表最多可以对 10 个字段或表达式进行分组。

在分组后的报表设计视图中，增加了"组页眉"和"组页脚"节。一般情况下，组页眉中显示和输出用于分组字段的值；组页脚用于添加计算型控件，实现对同组记录的数据汇总和显示输出。

【**例 7-8**】基于"例 7-4 学生清单（报表设计）"设计一个按院系代码分组的报表，并要求统计各院系学生的人数，报表名称为"例 7-8 统计各院系学生人数报表"。

具体操作步骤如下。

7-11　例 7-8

（1）将"例 7-4 学生清单（报表设计）"复制后粘贴为新报表，指定新报表的名称为"例 7-8 统计各院系学生人数报表"，并打开该报表的设计视图。

（2）在"设计"选项卡中，单击"分组和汇总"选项组中的"分组和排序"按钮，打开"分组、排序和汇总"窗格，单击"添加组"按钮，在"字段列表"中选择"院系代码"字段，效果如图7-34所示。

（3）单击"更多"，展开"分组形式"栏，单击"无页脚节"右侧的下拉按钮，在弹出的下拉列表中选择"有页脚节"，添加"院系代码页脚"节。默认情况下只会添加"院系代码页眉"节，单击"不将组放在同一页上"右侧的下拉按钮，在弹出的下拉列表中单击"将整个组放在同一页上"，"分组形式"栏的设置如图7-35所示。

（4）单击"更少"按钮，收起"分组形式"栏。此时，报表的设计视图中添加了"院系代码页眉"节和"院系代码页脚"节。单击"添加排序"按钮，选择按"学号"字段"升序"排序。

（5）修改"报表页眉"节中的标签标题属性为"各院系学生人数报表"。

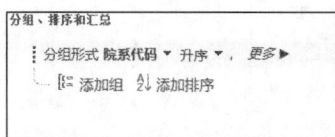

图7-34 添加组

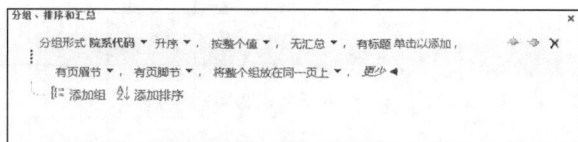

图7-35 分组形式栏的设置

（6）调整报表中的每个节的高度到合适的位置。将"页面页眉"节中的"院系代码"标签和"主体"节中"院系代码"文本框移动到"院系代码页眉"节的左侧，在"院系代码页脚"节中添加一个文本框，在文本框中直接输入"="院系人数："& Count([学号])"，然后删除与文本框关联的标签。把所有文本框的"边框样式"属性都设置为"透明"。为了使报表的结构清晰，在"院系代码页眉"节下部添加一条水平直线，并隐藏网格线，设计视图如图7-36所示。

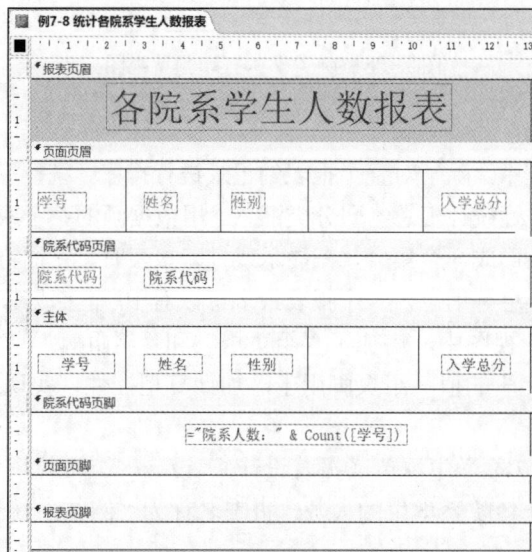

图7-36 设计视图

（7）单击"保存"按钮，保存对该报表设计的修改。报表的打印预览效果如图7-37所示。

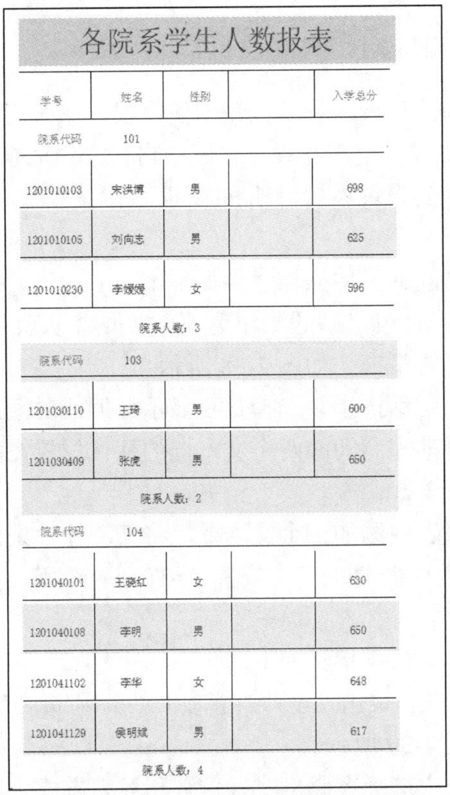

各院系学生人数报表

学号	姓名	性别		入学总分
院系代码	101			
1201010103	宋洪博	男		698
1201010105	刘向志	男		625
1201010230	李媛媛	女		596
	院系人数：3			
院系代码	103			
1201030110	王琦	男		600
1201030409	张虎	男		650
	院系人数：2			
院系代码	104			
1201040101	王晓红	女		630
1201040108	李明	男		650
1201041102	李华	女		648
1201041129	侯明斌	男		617
	院系人数：4			

图 7-37　例 7-8 的打印预览视图

在“分组、排序和汇总”窗格中“将组放在同一页上”的设置，用于确定在打印报表时页面上组的布局方式。用户可能需要将组尽可能放在一起，以减少查看整个组时翻页的次数。由于大多数页面在底部都会留有一些空白，因此这往往会增加打印报表所需的纸张数。该设置中包含以下两种选项。

- 不将组放在同一页上。可能会出现同一组的内容打印在不同页上的情况。
- 将整个组放在同一页上。有助于将组中的分页符数量减至最少。如果页面中的剩余空间容纳不下某个组，系统则会将这些空间保留为空白，从下一页开始打印该组。虽然较大的组仍需跨多个页面，但该选项有助于将组中的分页符数尽可能减至最少。

7.3.2　报表中计算控件的使用

在报表中添加计算控件并设置该控件来源的表达式，可以实现计算功能。在打开报表的打印预览视图时，系统会在计算型控件文本框中显示出其表达式计算结果的值。

在报表中添加计算控件的具体操作步骤如下。

（1）打开报表的设计视图。单击“设计”选项卡“控件”选项组中的“文本框”按钮。

（2）单击报表“设计视图”中某个节的适当位置，在该节中添加一个文本框。

（3）双击该文本框，显示该文本框的“属性表”窗格。在“控件来源”属性框中，输入以等号“=”开头的表达式。例如，在例 7-8 中使用的计算型文本框：“="院系人数：" & Count([学号])”。

7.3.3　在报表中添加日期和时间及页码

如果是使用"报表"和"报表向导"按钮创建报表，系统会自动在报表页脚处生成显示日期和页码的"文本框"。如果是用户在设计视图中自定义生成报表，则用户可以通过系统提供的"日期和时间"对话框为报表添加日期和时间。

1. 添加日期和时间

在报表中添加日期和时间的具体操作步骤如下。

（1）打开报表的设计视图，单击"设计"选项卡"页眉/页脚"选项组中的"日期和时间"按钮，弹出"日期和时间"对话框，如图 7-38 所示。

（2）在"日期和时间"对话框中，选择是否显示日期或时间及其显示的格式，单击"确定"按钮。新生成的显示日期和时间的两个文本框的默认位置在报表页眉节的右上角，用户可以将它们调整到适当的位置。

另外，用户还可以在报表中添加一个文本框，将其"控件来源"属性设置为日期或时间的表达式。例如，将其设置为"=Date( )"或者"=Time ( )"等。

2. 添加页码

在报表中添加页码的具体操作步骤如下。

（1）打开报表的设计视图，单击"设计"选项卡"页眉/页脚"选项组中的"页码"按钮，弹出"页码"对话框，如图 7-39 所示。

（2）在"页码"对话框中选择页码格式、位置和对齐方式。用户如果不想在报表的首页显示页码，则取消勾选"首页显示页码"复选框。

图 7-38　"日期和时间"对话框　　　　　图 7-39　"页码"对话框

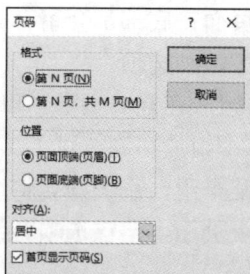

另外，用户还可以在报表中添加一个文本框，将其"控件来源"属性设置为页码的表达式。例如，将其设置为"=[Page]"，以返回报表的当前页码；或者将其设置为"=[Pages]"，以返回报表的总页码数。

7.4　报表的打印

报表设计完成后，就可以预览或打印报表。在打印报表之前，一般先使用打印预览视图查看报表，对报表的预览结果满意后，再打印该报表，如果不满意，可以打开报表的设计视图修改报表的格式与内容。预览报表可显示打印报表的页面布局,在报表的打印预览状态下,"打印预览"选项卡将自动打开并显示在数据库上部,如图 7-40 所示。

图 7-40 报表的"打印预览"选项卡

"打印预览"选项卡上各选项组中的按钮和复选框的功能如下。

(1)"打印"按钮:直接将报表输出到打印机上。

(2)"页面大小"选项组。

- "纸张大小"按钮:可选择打印的纸张规格,如 letter、A3、A4 等。
- "页边距"按钮:可设置报表打印时页面的上、下、左、右 4 个页边距。
- "仅打印数据"复选框:勾选该复选框,只打印数据,标签、线条等均不打印。

(3)"页面布局"选项组。

- "纵向"/"横向"按钮:设置打印的纸张方向为纵向/横向,系统默认为纵向打印。
- "列"按钮:可设置页面的列数、行间距等。
- "页面设置"按钮:将打开"页面设置"对话框。该对话框包含"打印选项""页""列"3 个选项卡,可设置页边距、打印方向、纸张大小、网格以及列尺寸等内容。

(4)"显示比例"选项组。

- "显示比例"按钮:可设置多种打印预览的显示大小,如 200%、100%、50%等。
- "单页"/"双页"按钮:显示一页/两页报表。
- "其他页面"按钮:可设置预览时将显示对应的页数。

(5)"数据"选项组。

- "全部刷新"按钮:刷新报表上的数据。
- "Excel""文本文件"等按钮:将报表导出为其他格式的文件,如 Excel、文本文件等。

7.5 课堂案例:学生成绩管理数据库报表

在学生成绩管理数据库中用不同的方式创建以下报表。

【课堂案例 7-1】使用"空报表"按钮创建"学生选课成绩报表",要求打印学生的学号、姓名、课程编号、课程名称和成绩,并按照学号升序排列。

具体操作步骤如下。

(1)单击"空报表"按钮,弹出空报表的布局视图,在右侧的"字段列表"窗格,单击"学生表"前的"+"展开按钮,展开学生表的所有字段,双击其中的"学号"和"姓名"字段添加到报表中。

(2)采用相同的操作,将选课成绩表中的"课程编号"和"成绩",课程表中的"课程名称"字段添加到报表中。可以用鼠标拖曳列的方式来交换成绩和课程名称的先后顺序,并调整各个控件的宽度使其能完整地显示。

167

（3）在"学号"控件的任意位置单击鼠标右键，在弹出的快捷菜单中选择"升序"选项。

（4）保存该报表，将该报表命名为"课堂案例7-1学生选课成绩报表（空报表）"，该报表的打印预览效果如图7-41所示。

【课堂案例7-2】 对"课堂案例7-1的学生选课成绩报表（空报表）"进行分组，并汇总显示各个学生的成绩平均分。

具体操作步骤如下。

（1）将"课堂案例7-1学生选课成绩报表（空报表）"复制后粘贴为新报表，并指定新报表名称为"课堂案例7-2学生选课成绩报表（分组汇总）"。

（2）打开报表的设计视图，单击"设计"选项卡"分组和汇总"选项组中的"分组和排序"按钮，打开"分组、排序和汇总"窗格。单击"添加组"按钮，在"字段列表"中选择"学号"字段，单击"更多"，展开"分组形式"栏，单击"无汇总"右侧的下拉按钮，在弹出的下拉列表中选择汇总方式、类型并勾选"在组页脚中显示小计"复选框，如图7-42所示。

图7-41　课堂案例7-1的打印预览效果

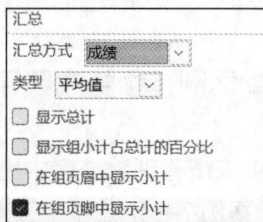

图7-42　汇总方式的设置

（3）在"分组形式"栏中设置"无页眉节""有页脚节"和"将整个组放在同一页上"，如图7-43所示。

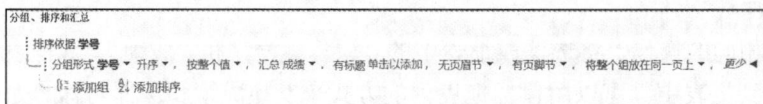

图7-43　分组形式栏的设置

（4）调整各个节的高度，然后保存该报表，报表的设计视图和打印预览效果分别如图 7-44 和图 7-45 所示。

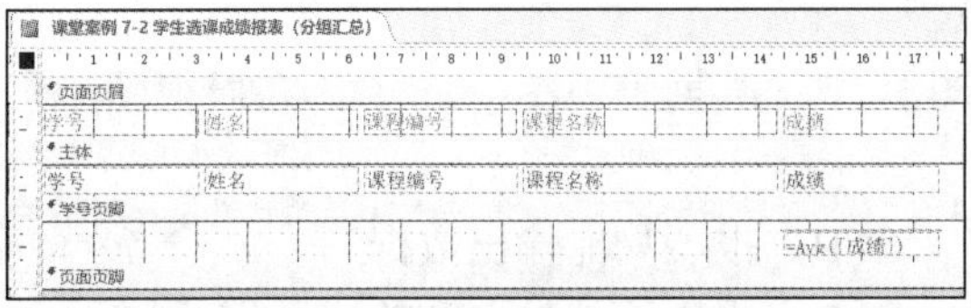

图 7-44 报表的设计视图

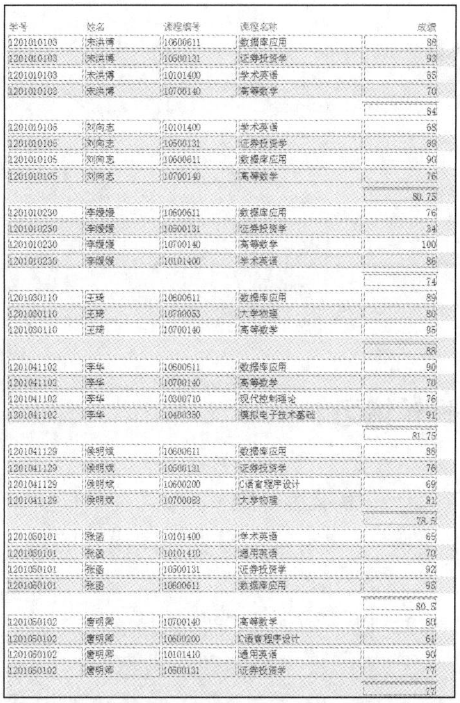

学号	姓名	课程编号	课程名称	成绩
1201010103	宋洪博	10600611	数据库应用	88
1201010103	宋洪博	10500131	证券投资学	93
1201010103	宋洪博	10101400	学术英语	65
1201010103	宋洪博	10700140	高等数学	70
				84
1201010105	刘向志	10101400	学术英语	68
1201010105	刘向志	10500131	证券投资学	89
1201010105	刘向志	10600611	数据库应用	90
1201010105	刘向志	10700140	高等数学	76
				80.75
1201010230	李媛媛	10600611	数据库应用	76
1201010230	李媛媛	10500131	证券投资学	34
1201010230	李媛媛	10700140	高等数学	100
1201010230	李媛媛	10101400	学术英语	86
				74
1201030110	王琦	10600611	数据库应用	89
1201030110	王琦	10700053	大学物理	80
1201030110	王琦	10700140	高等数学	95
				88
1201041102	李华	10600611	数据库应用	90
1201041102	李华	10700140	高等数学	70
1201041102	李华	10300710	现代控制理论	76
1201041102	李华	10400350	模拟电子技术基础	91
				81.75
1201041129	侯明斌	10600611	数据库应用	88
1201041129	侯明斌	10500131	证券投资学	76
1201041129	侯明斌	10600200	C语言程序设计	69
1201041129	侯明斌	10700053	大学物理	81
				78.5
1201050101	张函	10101400	学术英语	65
1201050101	张函	10101410	通用英语	70
1201050101	张函	10500131	证券投资学	92
1201050101	张函	10600611	数据库应用	95
				80.5
1201050102	唐明卿	10700140	高等数学	80
1201050102	唐明卿	10600200	C语言程序设计	61
1201050102	唐明卿	10101410	通用英语	90
1201050102	唐明卿	10500131	证券投资学	77
				77

图 7-45 课堂案例 7-2 的打印预览效果

【**课堂案例 7-3**】对“课堂案例 7-2 学生选课成绩报表（分组汇总）”通过添加计算控件的方式显示每位学生的选课门数，并在报表中添加日期和页码。

具体操作步骤如下。

（1）将“课堂案例 7-2 学生选课成绩报表（分组汇总）”复制后粘贴为新报表，并指定新报表名称为“课堂案例 7-3 学生选课成绩报表（计算控件）”。

（2）打开报表的“设计视图”，显示“报表页眉”节和“报表页脚”节。

（3）在“报表页眉”节中添加一个“标签”，设置标题为“学生选课成绩汇总报表”，字号为 20，颜色为红色。

（4）选中“学号页脚”节中的“文本框”，在文本框中输入“="平均成绩: " & Round(Avg([成绩]),1)”，其中，Round()函数的作用是四舍五入后保留 1 位小数。

（5）在“学号页脚”节中添加一个“文本框”，在文本框中输入“=Count([学号])”，在与其相关联的标签中输入“选课门数:”。

（6）在“页面页脚”节中添加一个文本框，在文本框中输入“="共" & [Pages] & "页，第 " & [Page] & "页"”。

（7）在“报表页脚”节中添加一个文本框，在文本框中输入“=Date( )”，在与其相关联的标签中输入“制表日期:”，并设置该文本框的“格式”属性值为“长日期”。

（8）调整各个节的高度，然后保存该报表，报表的设计视图和打印预览效果分别如图 7-46 和图 7-47 所示。

图 7-46　报表的设计视图

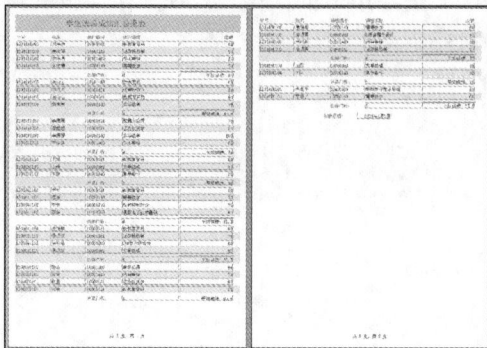

图 7-47　课堂案例 7-3 的打印预览效果

【理论练习】

一、单项选择题

1．下列不属于报表视图模式的是（　　）。

　　A．设计视图　　　　　　B．打印预览视图　　　C．数据表视图　　　　D．布局视图

2．以下叙述中正确的是（　　）。

　　A．报表只能输入数据　　　　　　　　　　B．报表只能输出数据

　　C．报表可以输入和输出数据　　　　　　　D．报表不能输入和输出数据

3．关于设置报表数据源，下列叙述中正确的是（　　）。

　　A．可以是任意对象　　　　　　　　　　　B．只能是表对象

　　C．只能是查询对象　　　　　　　　　　　D．只能是表对象或查询对象

4．要设置只在报表最后一页的主体内容之后显示的信息，正确的设置是在（　　）节。

　　A．报表页眉　　　　　B．报表页脚　　　　　C．页面页眉　　　　　D．页面页脚

5．要显示格式为"页码/总页数"的页码，应当设置文本框的"控件来源"属性是（　　）。

　　A．[Page]/[Pages]　　　　　　　　　　　B．=[Page]/[Pages]

　　C．[Page]& " / " & [Pages]　　　　　　　D．=[Page]& " / " & [Pages]

二、填空题

1．含有分组的报表设计视图通常由报表页眉、_____、_____、_____、_____、_____和组页脚 7 个部分组成。

2．计算控件的控件来源属性设置为以_____开头的计算表达式。

3．报表的标题一般放在_____节。

【项目实训】图书馆借还书管理数据库报表

一、实训目的

1．了解报表的基本概念和种类。

2．学会建立不同类型的报表。

3．掌握在设计视图下修改报表的方法。

4．掌握报表中记录的排序与分组的方法，熟练运用报表设计中的各种统计汇总方法。

二、实训内容

在图书馆借还书管理数据库中，按要求创建以下报表。

1．使用"报表"按钮创建"图书信息报表"，要求打印图书编号、书名、作者、出版社、定价和库存数量，要求报表按照图书编号升序排列显示，报表保存为"项目实训 7-1"。

2．使用"空报表"按钮创建"读者借阅明细报表"，要求打印所有读者的读者编号、姓名、类别名称，借阅的图书编号、书名和借书日期，并使输出的记录按借书日期升序排列，报表保存为"项目实训 7-2"。

3．使用"报表向导"按钮创建"读者借阅数量报表"，要求打印读者的读者编号、姓名和类别名称，借阅的图书编号、书名和借书日期，并使输出的记录按读者编号升序排列，汇总显示各个读者的借阅数量，报表保存为"项目实训 7-3"。

4．使用"图表"按钮创建各院系读者类别统计报表的柱状图表报表，用柱形图统计各院系的不同类别读者的数量，报表保存为"项目实训 7-4"。

5．使用"标签"按钮创建"图书标签报表"，要求标签上打印图书编号和书名，报表保存为"项目实训 7-5"。

6．使用"报表设计"按钮创建一个基于"图书表"的报表，要求在报表中画出水平和垂直框线，打印图书的图书编号、书名、出版日期和定价，报表保存为"项目实训 7-6"。

【实战演练】商品销售管理数据库报表

在商品销售管理数据库中，按要求创建以下报表。

1．创建"商品信息报表"，要求打印商品编号、商品名称、库存数量和定价，要求报表按照库存数量降序排列显示。

2．创建"商品销售统计报表"，要求打印商品编号、商品名称、购买数量和订单编号，并汇总显示各商品的销售总量。

3．创建"会员购买商品统计报表"，要求打印会员的会员编号、昵称和会员等级，该会员的订单编号，购买的商品编号、商品名称和购买数量，并汇总显示每个会员购买的商品总量。

第8章 宏

宏和表、查询、窗体、报表等一样是 Access 数据库的对象。宏是一系列操作的集合，用户可以通过创建宏来自动执行某一项复杂的任务。本章将介绍有关宏的知识，包括宏的概念、宏的类型、宏的创建、编辑和运行。

【学习目标】
- 了解宏的概念和类型，掌握常用的宏指令。
- 熟悉宏设计视图布局，掌握创建和编辑不同类型宏的方法。
- 掌握宏的运行方法。

8.1 宏概述

宏是由一个或多个操作组成的集合，其中的每个操作都能够实现特定的功能，如打开窗体或报表。宏是一种工具，用户可以用它来自动执行重复任务，从而大大提高工作效率。使用宏时，用户不需要编写程序，只需将所需的宏指令组织起来就可以实现特定的功能。

8.1.1 宏的概念

Access 预先定义好了多种操作（指令），它们和内置函数一样，可以实现数据库应用特定的操作或功能，这些指令称为宏指令。例如，用户可以单独使用一条宏指令或将一些宏指令组织起来按照一定的顺序使用，以实现所需要的功能。用户组织使用宏指令的 Access 对象就是宏。

8-1 宏的概念

Access 提供了 66 条宏指令，这些宏指令可以完成打开或关闭表和报表，执行查询，筛选查找记录，显示提示框，为控件属性赋值等操作。表 8-1 列出了常用的部分宏指令及功能。

表 8-1　　　　　　　　　　　　常用的部分宏指令

宏指令	功能	宏指令	功能
CloseWindow	关闭指定的窗口	OpenForm	打开窗体
MaximizeWindow	最大化活动窗口	OpenTable	打开表
MinimizeWindow	最小化活动窗口	OpenReport	打开报表

宏指令	功能	宏指令	功能
OnError	定义错误处理行为	Beep	计算机发出"嘟嘟"声
RunDataMacro	运行数据宏	CloseDatabase	关闭当前数据库
RunMacro	运行一个宏	QuitAccess	退出 Access
StopMacro	终止当前正在运行的宏	MessageBox	显示含有警告或提示消息的提示框
OpenQuery	打开查询	GoToControl	将焦点移动到指定的字段或控件上
FindRecord	查找符合条件的记录	ApplyFilter	应用筛选、查询或 SQL WHERE 子句
ShowAllRecord	显示所有记录	GoToRecord	指定某条记录成为当前记录
CreateRecord	在指定表中创建新记录	SetField	为新记录的字段分配值

8.1.2 宏的类型

如果按照创建宏时打开宏设计视图的方法来分类，宏可以分 3 类：独立宏、嵌入宏和数据宏。

1. 独立宏

独立宏是数据库中的宏对象，其独立于数据库中的表、窗体、报表等其他对象，通常显示在导航窗格中的"宏"对象列表中。独立宏是最基本的宏类型。在执行时，独立宏会按照指令顺序逐条地执行，直到指令执行完毕。如果在 Access 数据库的多个位置需要重复使用宏，可以创建独立宏，这样可以避免在多个位置重复编写相同的宏代码。

2. 嵌入宏

嵌入宏与独立宏不同，因为它是嵌入在窗体、报表或其控件的事件属性中的宏，它存储在窗体、报表或控件的事件属性中，成为这些对象的一部分，因此并不作为对象显示在导航窗格的"宏"对象列表中。嵌入宏通过触发窗体、报表和控件等对象的事件（如加载 Load 或单击 Click 事件）运行。在每次复制、导入或导出窗体或报表时，嵌入宏仍依附于窗体或报表。

3. 数据宏

数据宏是建立在表对象上的。当对表中的数据进行插入、删除和修改时，可以调用数据宏进行相关的操作。例如，在"学生表"中删除某条学生的记录时，调用数据宏将该学生的信息自动写入另一张表"取消学籍学生表"中，或者可以使用数据宏实施更复杂的数据完整性控制。

8.1.3 宏的设计视图

创建独立宏、嵌入宏或数据宏时，打开宏设计视图的方法虽然不同，但用各种方法打开的宏设计视图大体相同。下面以独立宏的宏设计视图为例来进行介绍。

单击"创建"选项卡"宏与代码"选项组中的"宏"按钮，打开宏设计视图。在宏工作区中显示"宏设计"窗格和"操作目录"窗格，并在功能区中显示宏工具的"设计"选项卡，如图 8-1 所示。

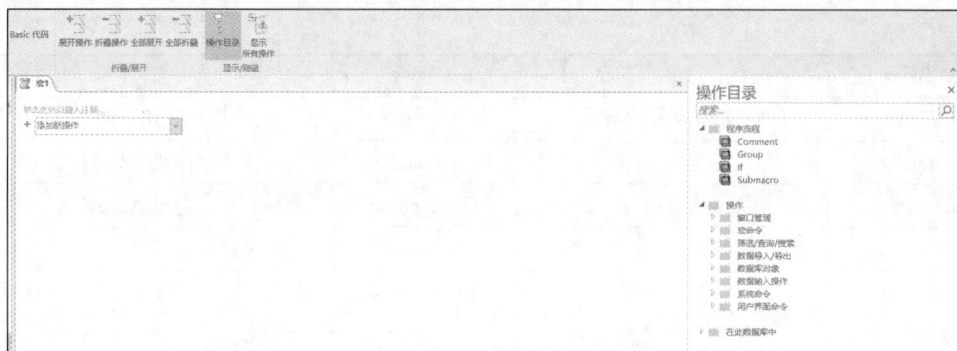

图 8-1　宏工作区

在"宏设计"窗格中，会显示带有"添加新操作"占位符的下拉列表框，在下拉列表中用户可以选择要添加的宏操作。

在"操作目录"窗格中，以树形结构分别列出了"程序流程""操作""在此数据库中" 3 个目录及其下层的子目录或部分宏操作。单击宏工具"设计"选项卡中的"+"展开操作按钮，可以展开下一层的子目录或宏操作；单击"－"折叠操作按钮，可以把已展开的下一层的子目录或宏操作隐藏起来。"操作目录"窗格中的内容如下。

（1）"程序流程"目录。该目录列出了如下宏操作。

• Comment：注释信息，用于提高宏操作的可读性。

• Group：允许宏操作和程序流程在已命名、可折叠、未执行的块中分组，以使宏的结构更清晰、可读性更好。

• If：通过条件表达式的值来控制宏操作的执行，如果条件表达式的值为"True"，则执行相应逻辑块内的宏操作，否则，就不执行相应逻辑块内的宏操作。

• Submacro：用于在宏内创建子宏，每一个子宏都需要指定其子宏名，一个宏可以包含若干个子宏，而一个子宏又可以包含若干个宏操作。

（2）"操作"目录。"操作"目录包括"窗口管理""宏命令""筛选/查询/搜索""数据导入/导出""数据库对象""数据输入操作""系统命令""用户界面命令" 8 个子目录。每个子目录下都有相应的宏操作指令，主要实现对数据库的各种具体操作。

（3）"在此数据库中"目录。该目录列出了当前数据库中已有的宏对象。

宏操作是创建宏的资源。在创建宏的过程中，用户可以很方便地通过"操作目录"窗格搜索和添加所需的宏操作。

在宏设计视图中添加宏操作的方法有如下几种。

方法 1：在"添加新操作"组合框的下拉列表中选择要添加的宏操作。

方法 2：在"操作目录"窗格中双击要添加的宏操作。

方法 3：从"操作目录"窗格将要添加的宏操作拖曳到"宏设计"窗格中。

8.2　创建宏

创建宏的方法和创建其他对象的方法不同，其他对象既可以通过向导创建，也可以通过设计视图创建，但宏不能通过向导创建，只能通过设计视图创建。

8.2.1 创建独立宏

独立宏一般包含一条或多条宏操作和一个或多个注释。在执行时,独立宏会按照宏操作顺序一条一条地执行,直到所有的宏操作执行完毕为止。

8-2 例 8-1

【例 8-1】将"例 6-14 学生信息查询"窗体复制粘贴并命名为"例 8-1 学生信息查询系统"窗体,建立打开"例 8-1 学生信息查询系统"窗体的独立宏。运行该宏时先出现有"欢迎使用学生信息查询系统"信息的提示框,同时扬声器发出"嘟嘟"声,然后打开"例 8-1 学生信息查询系统"窗体。

分析:该独立宏中包含了 3 个宏操作。第 1 个宏操作是"Comment",用来在宏中提供注释说明,运行时将被跳过,不会被执行。第 2 个宏操作是"MessageBox",用来显示"欢迎使用学生信息查询系统"信息的提示框。第 3 个宏操作是"OpenForm",用来打开名为"例 8-1 学生信息查询系统"窗体。

具体操作步骤如下。

(1)复制"例 6-14 学生信息查询"窗体,粘贴并命名为"例 8-1 学生信息查询系统"。

(2)单击"创建"选项卡"宏与代码"选项组中的"宏"按钮,打开宏设计视图。

(3)在宏设计视图中,单击"添加新操作"下拉列表框,在下拉列表中选择"Comment"宏操作,然后输入注释信息。

(4)再次单击"添加新操作"下拉列表框,在下拉列表中选择"MessageBox"宏操作,展开"MessageBox"操作块的设计窗格,输入欢迎信息。

(5)重复步骤(3)用同样的方法添加"OpenForm"宏操作,展开"OpenForm"操作块。单击该操作块中的"窗体名称"右侧的下拉按钮,在下拉列表中选择"例 8-1 学生信息查询系统"。宏设计视图如图 8-2 所示。

(6)保存宏,将该宏命名为"例 8-1 独立宏"。

(7)单击"设计"选项卡"工具"选项组中的" ! 运行"按钮,运行该宏,先出现有"欢迎使用学生信息查询系统"信息的提示框,如图 8-3 所示,同时扬声器发出"嘟嘟"声,然后打开"例 8-1 学生信息查询系统"窗体,如图 8-4 所示。

(8)单击宏设计视图右上角的"关闭"按钮,完成独立宏的创建。

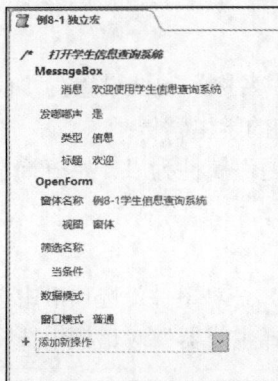

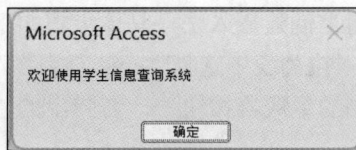

图 8-2　宏操作代码　　　　　图 8-3　信息提示框　　　　　图 8-4　例 8-1 的窗体视图

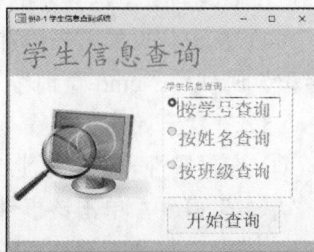

8.2.2　创建宏组和子宏

在 Access 中，每个宏都可以包含多个宏而形成宏组。宏组中包含的宏称为子宏。宏组由若干彼此相关的子宏构成，如功能相关的一组操作，或同一窗体上的若干操作。创建宏组的目的是为方便管理，宏组中的子宏可以被多次调用，从而提高开发效率。

在一个宏组中使用"Submacro"宏操作可以创建子宏，创建子宏的方法与创建独立宏类似，这里不再赘述。此外，可以使用"RunMacro"或"OnError"宏操作调用子宏，但当直接运行宏组时，只运行宏组中排在最前面的子宏。因此，运行宏组中的子宏时，通常要在子宏名前加宏组名，其格式为"宏组名.子宏名"。

8.2.3　创建嵌入宏

嵌入宏是嵌入在窗体、报表或控件的事件属性中的宏。创建嵌入宏的具体操作步骤如下。

（1）打开需要嵌入宏的窗体或报表的设计视图。

（2）打开需要嵌入宏的控件或节的事件的宏设计视图，完成宏操作的设计。

（3）单击快速访问工具栏中的"保存"按钮保存宏，并关闭宏设计视图。一旦为控件或节的事件嵌入了宏，相应的属性栏就会显示"[嵌入的宏]"。

【例 8-2】修改"例 6-1 学生表纵栏式窗体"，添加查询功能，使用户可以在窗体的上方输入学号后对学生信息进行查询。

分析：根据要求，需要在窗体中添加一个输入学号的文本框和一个命令按钮，然后在命令按钮中嵌入宏实现查询功能。在查询过程中，用户需要先在"学号"文本框中输入要查询的学生学号，然后单击"开始查询"命令按钮进行查询。如果用户没有输入学号而直接单击"开始查询"命令按钮，则系统就会出现异常而中断。因此，为了实现具有简单容错功能的查询，需要在宏操作中增加判断功能，先判断"学号"文本框是否为空，如果为空，则输出提示信息"请输入学生学号"，否则开始查询。

8-3　例 8-2

具体操作步骤如下。

（1）复制"例 6-1 学生表纵栏式窗体"，粘贴并命名为"例 8-2 学号学生信息查询"窗体后打开窗体的设计视图。

（2）在窗体页眉节中更改标签的标题为"例 8-2 学号学生信息查询"，并适当调整高度以容纳输入学号的文本框和"开始查询"命令按钮。

（3）在窗体页眉节中添加一个未绑定型文本框，将文本框的"名称"属性设置为"txt学号"，修改与文本框关联的标签的"标题"属性为"请输入要查询的学生学号："。

（4）在窗体页眉节中添加一个命令按钮，设置命令按钮的"标题"属性为"开始查询"，"名称"属性为"cmd查询"，并适当调整控件位置，如图 8-5 所示。

（5）在"开始查询"命令按钮上创建嵌入宏，具体步骤如下。

① 在"属性表"窗格上方的下拉列表中选择"cmd查询"对象，在"事件"选项卡中选择"单击"事件，单击该事件右侧的生成器按钮，在弹出的"选择生成器"对话框中选择"宏生成器"，打开宏设计视图。

② 在宏设计视图中，增加一个宏操作"If"。在"If"的"条件表达式"中输入"IsNull([txt学号])"。函数 IsNull()的作用是判断括号内表达式的值是否为空，如果是，函数的返回值为

真，否则，函数的返回值为假。该表达式也可以用表达式生成器生成，表达式生成器可以通过单击"If"宏操作右侧的 ⚏ 生成器按钮打开。在表达式生成器中，IsNull()是内置函数，"txt学号"是窗体中的未绑定型文本框的名称，如图 8-6 所示。

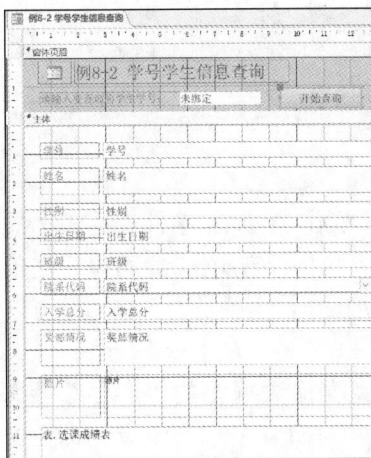

图 8-5　例 8-2 的窗体设计视图　　　　图 8-6　用表达式生成器生成条件表达式

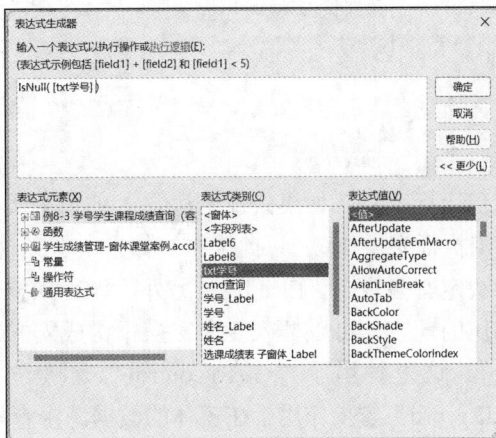

③ 在"Then"后添加"MessageBox"宏操作，将其"消息"设置为"请输入学生学号！"。

④ 单击"添加 Else"增加 Else 块。在 Else 块中，添加宏操作"GoToControl"，设置"控件名称"参数为"学号"。添加宏操作"FindRecord"，设置"查找内容"参数为"=[txt 学号]"，如图 8-7 所示。

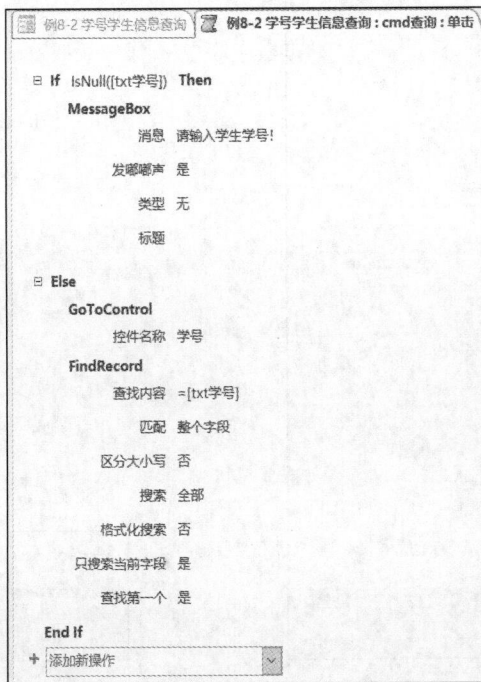

图 8-7　按学号查询学生信息的宏设计视图

说明：

① 这里使用了"If"宏操作来控制程序流程，"If"宏操作的语法格式如下。

```
If    条件表达式1  Then
      宏操作1
Else If  条件表达式2  Then
      宏操作2
……
Else
      宏操作n
End If
```

当运行宏时，如果条件表达式1的值为真，则执行宏操作1；如果条件表达式2的值为真，则执行宏操作2；以此类推，如果所有条件都不满足，则执行宏操作n。可以根据条件的多少决定有多少个"Else If"。另外，"If"宏操作是一个块操作，也就是说，在每个可以插入宏操作的地方，可以插入多个宏操作构成宏操作块。

② 这里使用了"GoToControl"宏操作将焦点移到窗体数据源的"学号"字段上，"FindRecord"宏操作用于在窗体的数据源中查找符合条件"=[txt学号]"的记录，即在窗体的数据源中查找"学号"字段值为文本框中所输入的学号的记录。

（6）关闭宏设计视图，并保存窗体。在窗体视图中输入学号"1201010230"后单击"开始查询"按钮运行该嵌入宏，结果如图8-8所示。如果用户没有输入学号，直接单击"开始查询"按钮，将弹出图8-9所示的消息提示框。

图 8-8　例 8-2 的窗体视图　　　　图 8-9　消息提示框

【例 8-3】在"例 6-2 学生表表格式窗体"基础上,添加按班级查询功能,使用户可以输入班级名称后查询该班级的所有学生信息。

分析:根据要求,实现按班级查询需要筛选出该班级的所有学生信息,"FindRecord"宏操作只能找到一条符合条件的记录,如果要筛选出多条符合条件的记录,则需要使用"ApplyFilter"宏操作。

具体操作步骤如下。

(1)复制"例 6-2 学生表表格式窗体",粘贴并命名为"例 8-3 班级学生信息查询"。

(2)切换到窗体的设计视图,在窗体页眉节中更改标签的"标题"属性为"例 8-3 班级学生信息查询",添加一个命令按钮,设置命令按钮的"标题"属性为"开始查询","名称"属性为"cmd 查询",如图 8-10 所示。

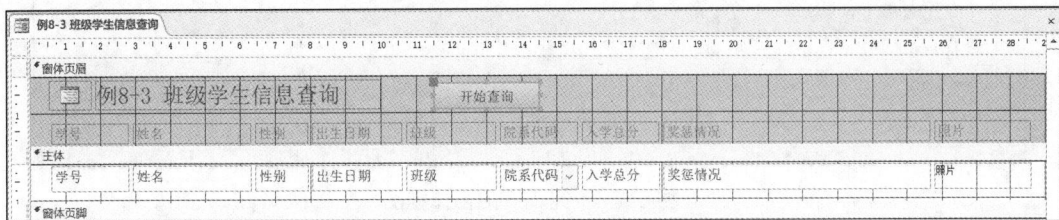

图 8-10 例 8-3 的窗体设计视图

(3)在"开始查询"命令按钮的"单击"事件中创建嵌入宏。

① 添加第一个宏操作。在"添加新操作"下拉列表框中选择"ShowAllRecords"。如果之前有使用过其他筛选器,这个操作会清除原有的筛选器。

② 添加宏操作"ApplyFilter"。设置其"当条件="参数为"[学生表]![班级]=[班级名称]",如图 8-11 所示。其中"[学生表]![班级]"是表中的字段,"[班级名称]"是筛选参数。"ApplyFilter"宏操作的作用是在表、窗体或报表中应用筛选、查询或 SQL WHERE 子句,通过这些方法可对来自表或查询中的记录进行筛选或排序。在这里,该宏操作用来筛选某班级的学生。

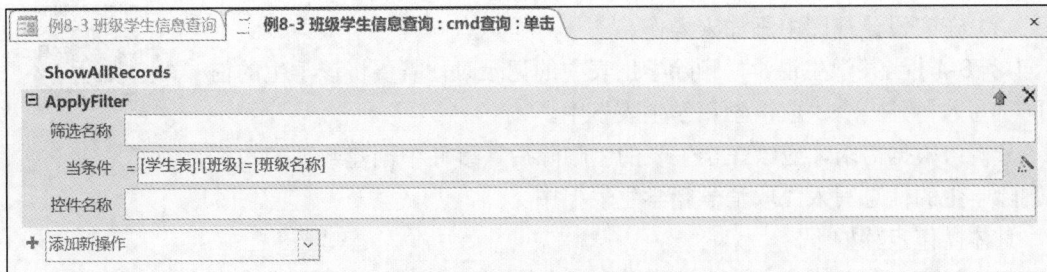

图 8-11 按班级查询学生信息的宏设计视图

(4)关闭宏设计视图并保存窗体,切换到"窗体视图"。单击"开始查询"按钮运行嵌入宏,在弹出的对话框中输入要查找的班级名称进行查找,如图 8-12 所示。

读者可以仿照例 8-2 和例 8-3 创建按学生姓名查询的窗体,保存为"例 8-3-1 姓名学生信息查询"。

图 8-12 例 8-3 的窗体视图

8.2.4 创建数据宏

数据宏是 Access 2016 新增的一项功能。当对表中的数据进行插入、删除和更新时，可以调用数据宏进行相关的操作。数据宏有 5 种类型：插入后、删除前、删除后、更新前和更新后。因为数据宏是建立在表对象上的，所以不会显示在导航窗格中的"宏"对象列表中。创建、编辑和删除数据宏必须使用表的数据表视图或设计视图。

创建和编辑数据宏的操作步骤如下。

（1）在导航窗格中，双击要创建或编辑数据宏的表，打开表的数据表视图。

（2）在表格工具"表"选项卡上单击"前期事件"选项组或"后期事件"选项组中的相关按钮，在有关事件上创建数据宏。

（3）在宏设计视图中添加宏操作。

【例 8-4】当某学生退学，删除学生表中的记录时，需要将该学生的信息同时写入另外一个"取消学籍学生表"中。

8-4　例 8-4

分析：根据需求，应该在学生表的"删除后"事件中创建数据宏，将被删除学生的信息写入"取消学籍学生表"中。

具体操作步骤如下。

（1）创建一个新的表"取消学籍学生表"，该表可以由"学生表"复制得来，复制时选择"仅结构"。为了简单起见，将其他字段删除，只保留"学号"和"姓名"字段，同时增加"变动日期"字段，"数据类型"为"日期/时间"。

（2）在学生表的"删除后"事件中创建数据宏。

① 打开学生表的设计视图。

② 单击表格工具"设计"选项卡"字段、记录和表格事件"选项组中的"创建数据宏"

按钮，在"创建数据宏"下拉列表中选择的"删除后"，打开宏设计视图。

③ 添加"CreateRecord"宏操作，设置参数"在所选对象中创建记录"为"取消学籍学生表"。"CreateRecord"宏操作用来在指定表中创建新记录，仅适用于数据宏。"CreateRecord"宏操作会创建出一个宏操作块，用户可以在块中执行一系列操作。

④ 向"CreateRecord"宏操作中添加"SetField"宏操作，设置参数"名称"为"学号"，"值"为"=[old].[学号]"。

⑤ 采用同样的方法再添加两个"SetField"宏操作，分别设置参数"名称"为"姓名"，"值"为"=[old].[姓名]"；参数"名称"为"变动日期"，"值"为"=Date()"，如图 8-13 所示。"SetField"宏操作用来为新记录的字段分配值，仅适用于数据宏。参数"名称"指定要分配值的字段名称，参数"值"是一个表达式，表达式的值就是分配给该字段的值。在本例中用"=[old].[字段名称]"引用被删除的数据。

⑥ 保存并关闭宏设计视图。

图 8-13　删除后数据宏中的操作

（3）运行宏。打开"学生表"，删除其中的某条记录，然后打开"取消学籍学生表"，可以看到，数据宏已经运行，被删除的学生信息已经写入该表中。

> **提示**　在数据宏中可以采用"[old].[字段名称]"或者"[旧].[字段名称]"来引用已经删除的字段。

8.3　编辑宏

8-5　编辑宏

对于已经创建好的宏，可以在宏设计视图中对原有的宏操作进行编辑，如修改操作、添加新操作和删除操作等。

1．独立宏的修改
在导航窗格的"宏"对象列表中找到想要修改的某个独立宏对象，打开该独立宏的宏设计视图进行修改。

2．嵌入宏的修改
要想修改嵌入宏，首先要打开嵌入宏所在的窗体或报表的设计视图，在"属性表"窗格的"事件"选项卡中，单击属性值为"[嵌入的宏]"所在组合框右侧的"…"按钮，打开该嵌入宏的宏设计视图进行修改。

3．数据宏的修改
要想修改数据宏，首先要打开数据宏所在的表的设计视图，单击表格工具"设计"选项卡"字段、记录和表格事件"选项组中的"创建数据宏"按钮，在下拉列表中选择要修改的数据宏类型，打开宏设计视图进行修改。

4．删除操作
在宏设计视图中单击要删除的操作名，该操作所在的操作块就会被一个矩形围住，该块的右上角有一个"删除"按钮✕，单击该按钮或者按键盘上的 Delete 键，即可删除该操作。

5. 移动操作的位置

在宏设计视图中单击要移动的操作名，该操作所在的操作块就会被一个矩形围住，该块的右上角会自动显示绿色的"上移"按钮⬆和"下移"按钮⬇。单击这两个按钮可以移动该操作的位置。

8.4 运行宏

创建宏后，就可以运行宏。运行宏有以下几种方法。

方法 1：打开要运行的宏的设计视图，单击宏工具"设计"选项卡"工具"选项组中的"运行"按钮，便可以直接运行宏。

方法 2：双击左侧导航窗格中的"宏"对象列表中要运行的某个宏名，就可以直接运行该宏。对于含有子宏的宏组，仅运行该宏组中的第 1 个子宏。

方法 3：在导航窗格中的"宏"对象列表中选择要运行的宏名并单击鼠标右键，在弹出的快捷菜单中选择"运行"选项，可以运行该宏。对于含有子宏的宏组，仅运行该宏组中的第 1 个子宏。

方法 4：单击"数据库工具"选项卡上的"宏"选项组中的"运行宏"按钮，显示"执行宏"对话框，如图 8-14 所示。"宏名称"组合框的下拉列表中列出了所有独立宏的宏名。对于含有子宏的宏组，该下拉列表中以"宏组名.子宏名"格式列出了所有子宏。在该下拉列表框中选择要运行的宏名或子宏名，然后单击"确定"按钮，便可以运行该宏。

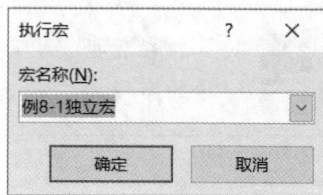

方法 5：在其他宏中可以使用"RunMacro"宏操作调用要运行的独立宏。

图 8-14 "执行宏"对话框

方法 6：在数据库打开时自动运行宏。在导航窗格的"宏"对象列表中选择要自动运行的宏名并单击鼠标右键，将宏名改为"AutoExec"。"AutoExec"是 Access 设置的一个特殊的宏名，该宏在数据库打开时将被自动运行。

8.5 课堂案例：学生成绩管理数据库宏

在学生成绩管理数据库中创建以下宏或宏组。

【课堂案例 8-1】创建宏组"课堂案例 8-1 多种查询"，并修改窗体"例 8-1 学生信息查询系统"以调用宏组实现不同的查询。

具体操作步骤如下。

（1）创建独立宏组"课堂案例 8-1 多种查询"。

① 单击"创建"选项卡"宏与代码"选项组中的"宏"按钮，打开宏设计视图。

② 在操作目录窗口中，双击"程序流程"下的"Submacro"向宏中添加一个子宏，设置子宏名为"按学号查询"。

③ 向该子宏块中添加"OpenForm"操作，设置"窗体名称"为"例 8-2 学号学生信息

查询",如图 8-15 所示。

④ 重复步骤③,采用同样的方法创建"按姓名查询"和"按班级查询"两个子宏,如图 8-16 所示。

⑤ 保存宏为"课堂案例 8-1 多种查询",关闭宏设计视图。

(2)打开窗体"例 8-1 学生信息查询系统"的设计视图。

① 将窗体中选项组控件的名称更改为"Frame 查询"。该选项组由 3 个单选按钮构成,选项组的值("=1""=2"或"=3")代表了实际操作时对 3 个单选按钮的选择结果。

② 将标题为"开始查询"的命令按钮的名称更改为"cmd 查询",在该按钮的"单击"事件上创建嵌入宏。在该嵌入宏中用"If"宏操作控制流程,当用户选择不同的查询方式时,会执行宏组"课堂案例 8-1 多种查询"中不同的子宏。该嵌入宏的设计视图如图 8-17 所示。

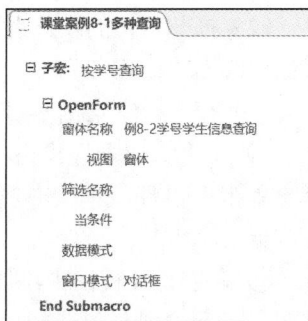

图 8-15　宏组中第一个子宏

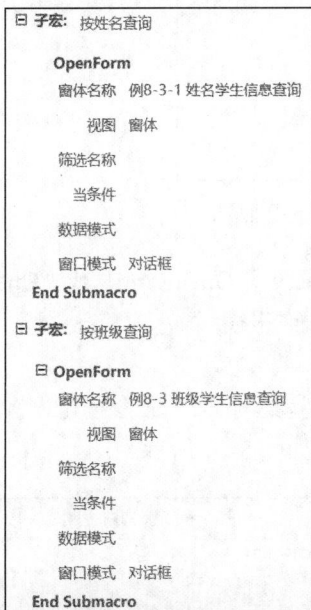

图 8-16　宏组中的子宏

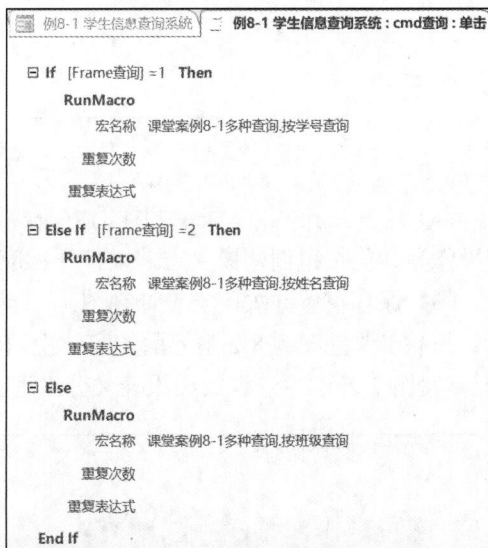

图 8-17　"开始查询"的宏设计视图

③ 保存并关闭宏设计视图。

(3)切换到窗体"例 8-1 学生信息查询系统"的窗体视图,选择任意一个选项后单击"开始查询"按钮,会立即打开相应的查询窗体。

【课堂案例 8-2】为课堂案例 6-4 创建的主界面窗体中的各个命令按钮创建嵌入宏,实现单击某个按钮时打开相应的查询、窗体或报表。

分析:根据题目要求,需要在"课堂案例 6-4 主界面窗体"的各个命令按钮的单击事件中嵌入宏,打开查询的宏操作是"OpenQuery",打开窗体的宏操作是"OpenForm",打开报表的宏操作是"OpenReport"。

具体操作步骤如下。

(1)复制"课堂案例 6-4 主界面窗体",粘贴并命名为"课堂案例 8-2 主界面"。

（2）打开窗体的设计视图，在"属性表"窗格中将"课堂案例 7-2"命令按钮的"名称"属性修改为"cmd7-2"。

（3）在"课堂案例 7-2"命令按钮上创建嵌入宏，具体步骤如下。

① 在"属性表"窗格上方的下拉列表中选择按钮"cmd7-2"，在"事件"选项卡中选择"单击"事件，单击右侧的生成器按钮，在弹出的"选择生成器"对话框中选择"宏生成器"。

② 在宏设计视图中添加"OpenReport"宏操作，单击该操作的"报表名称"右侧的下拉按钮，在下拉列表中选择"课堂案例 7-2 学生选课成绩报表（分组汇总）"。宏设计视图如图 8-18 所示。

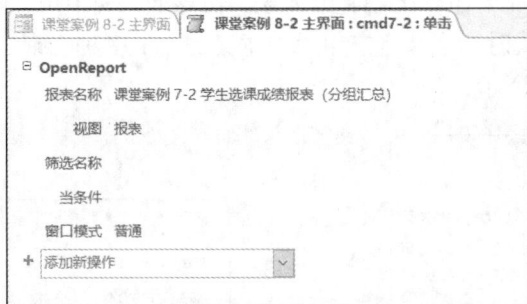

图 8-18　课堂案例 8-2 的宏设计视图

（4）重复步骤（3），采用同样的方法，利用"OpenQuery""OpenForm"或"OpenReport"宏操作为其他按钮创建嵌入宏，以打开相应的查询、窗体或报表。

（5）保存窗体并关闭宏设计视图。

（6）在课堂案例 8-2 主界面的窗体视图中，单击"课堂案例 7-2"命令按钮，将立即打开"课堂案例 7-2 学生选课成绩报表（分组汇总）" 报表，如图 8-19 所示。

图 8-19　课堂案例 8-2 的窗体视图

【课堂案例 8-3】实现在数据库打开时自动打开"课堂案例 8-2 主界面"窗体。

分析:"AutoExec"是 Access 设置的一个特殊的宏名称,该宏在数据库打开时将被自动运行,因此,为了实现数据库打开时就自动打开窗体"课堂案例 8-2 主界面" 窗体,需要建立一个名为"AutoExec"的独立宏。

具体操作步骤如下。

(1)创建独立宏并命名为"AutoExec"。

(2)打开宏设计视图,添加宏操作"OpenForm",设置"窗体名称"为"课堂案例 8-2 主界面"。

(3)保存并关闭宏设计视图。

【理论练习】

一、单项选择题

1. 若一个宏包含多个操作,在运行宏时将按(　　)顺序来运行这些操作。

　　A. 从上到下　　　　B. 从下到上　　　　C. 从左到右　　　　D. 从右到左

2. 数据宏的创建是在打开(　　)的设计视图情况下进行的。

　　A. 窗体　　　　　　B. 报表　　　　　　C. 查询　　　　　　D. 表

3. 直接运行含有子宏的宏组时,能运行(　　)的所有操作命令。

　　A. 全部宏　　　　　B. 第一个子宏　　　C. 第二个子宏　　　D. 最后一个子宏

4. 宏组中的子宏的调用格式是(　　)。

　　A. 宏组名　　　　　B. 子宏名.宏组名　　C. 宏组名.子宏名　　D. 以上都不对

5. 宏由若干个宏操作组成,宏组由(　　)组成。

　　A. 一个宏　　　　　B. 若干个宏操作　　C. 若干个宏　　　　D. 以上都不对

二、填空题

1. 宏是一个或多个_____的集合。

2. 如果要创建一个宏,希望执行该宏后,首先打开一个表,然后打开一个窗体,那么在该宏中应该使用_____和_____两个操作命令。

3. _____宏允许在表事件(如添加、更新或删除数据等)中添加操作。

4. _____宏存储在窗体、报表或控件的事件属性中。

5. 每次打开数据库时能自动运行的宏是_____。

【项目实训】图书馆借还书管理数据库宏

一、实训目的

1. 熟悉宏设计视图布局,掌握创建和编辑不同类型宏的方法。

2. 掌握宏的运行方法。

二、实训内容

在图书馆借还书管理数据库中,按要求创建以下宏。

1. 为借还书表创建一个"更改前"的数据宏,用于限制输入的"还书日期"字段的值不小于"借书日期"，如果在数据表视图中的"还书日期"字段输入的值小于"借书日期"，单击"保存"按钮时，显示提示信息"还书日期不能早于借书日期！"。

（提示：打开借还书表的设计视图后，单击"设计"选项卡"字段、记录和表格事件"选项组中"创建数据宏"的"更改前"按钮，打开宏设计视图。使用"RaiseError"宏操作显示提示信息）

2．修改"项目实训 6-1"窗体，实现具有容错功能的查询，用户可以在窗体的上方输入读者姓名对读者信息进行查询，当没有输入就直接点击"开始查询"按钮时，弹出"请输入姓名"提示框。

3．在第 6 章创建的"项目实训主界面"窗体的命令按钮的单击事件中嵌入宏，单击某个按钮时，打开相应的窗体，并在数据库打开时自动运行宏打开"项目实训主界面"窗体。

【实战演练】商品销售管理数据库宏

在商品销售管理数据库中，按要求创建以下宏。

1．为订单明细表创建一个"更改前"的数据宏，用于限制输入的"购买数量"字段的值大于等于 0，如果在数据表视图中的"购买数量"字段输入的值小于 0，单击"保存"按钮时，显示提示信息"购买数量必须大于等于 0！"。

2．在第 6 章使用设计视图创建的主界面窗体中，创建各个命令按钮的单击事件的嵌入宏，实现单击某个按钮时，打开相应的数据库对象。

3．在数据库打开时自动运行宏，打开主界面窗体。

第 9 章 VBA 程序设计与数据库编程

VBA（Visual Basic for Application）是 Access 内置的程序语言，通过 VBA 编程可以完成宏无法实现的功能，开发出能够满足复杂要求的数据库应用系统。本章主要介绍模块的基本概念、VBA 程序设计和 VBA 数据库编程等。

【学习目标】

- 熟悉 VBA 开发环境和模块的概念。
- 掌握 VBA 的数据类型、输入/输出语句以及程序控制结构。
- 了解 ADO 的主要对象，理解 VBA 数据库编程技术。

9.1 模块概述

模块是 Access 数据库中由 VBA 语言组成的一个重要对象。VBA 的程序代码保存在模块中，模块是保存 VBA 代码的容器。

9.1.1 模块的分类

模块分为标准模块和类模块两种类型。

1. 标准模块

标准模块用于存储其他数据库对象使用的公共过程，具有很强的通用性。标准模块包含若干个由 VBA 代码组成的过程，这些代码不与任何 Access 的对象关联，可以在数据库中被任意一个对象调用。一些公共变量和公共过程通常被设计成标准模块，其作用范围为整个应用系统。

2. 类模块

类模块是面向对象编程的基础，用户可以在类模块中编写代码创建新对象，这些新对象可以包含自定义的属性、方法和事件过程。窗体和报表都属于类模块，因此用户可以为任何一个窗体对象或报表对象创建它们各自的窗体模块或报表模块。

9.1.2 模块的组成

一个模块通常包含 Option 声明区域、Sub 子过程和 Function 函数过程等，如图 9-1 所示。

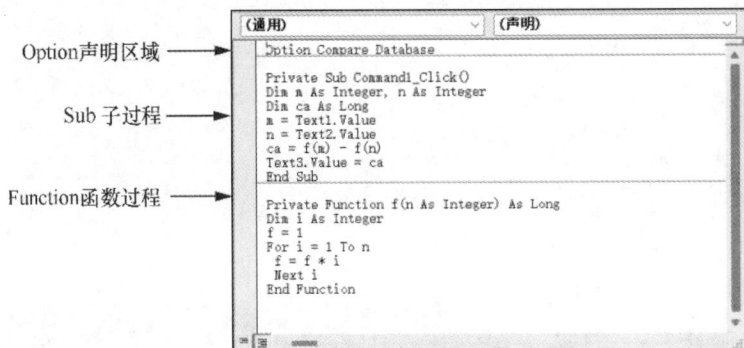

图 9-1　模块的组成

1. Option 声明区域

Option 声明区域主要进行变量、常量或自定义数据类型的声明。

2. Sub 子过程

Sub 子过程的定义格式如下。

```
Sub 子过程名([形参列表])
    语句序列
End Sub
```

Sub 子过程执行语句序列来完成相应的操作，无返回值。

3. Function 函数过程

Function 函数过程的定义格式如下。

```
Function 函数名([形参列表])  As  返回值类型
    语句序列
End Function
```

Function 函数过程执行语句序列来完成相应的功能，执行后有返回值。

首先通过一个简单的示例来介绍 VBA 窗体模块的创建。

【例 9-1】新建一个窗体，在窗体上放置一个名称为"Command1"的命令按钮，命令按钮上显示文本"欢迎词"。运行窗体时，单击命令按钮后弹出显示"Hello World!"信息的提示框。

9-1　例 9-1

具体操作步骤及 VBA 代码如下。

（1）单击"创建"选项卡"窗体"选项组中的"窗体设计"按钮，打开新窗体的设计视图。

（2）在窗体中添加一个命令按钮，在"属性表"窗格中将其"名称"属性设置为"Command1""标题"属性设置为"欢迎词"。

（3）在该命令按钮处单击鼠标右键，在弹出的快捷菜单中选择"事件生成器"选项，弹出"选择生成器"对话框，如图 9-2 所示。

（4）选中"代码生成器"，单击"确定"按钮，进入窗体模块的 VBA 代码编辑窗口，按照图 9-3 所示输入代码。

（5）关闭 VBA 代码编辑窗口，返回窗体设计视图。

（6）切换到"窗体视图"以运行窗体，这时单击窗体中的命令按钮将立即弹出显示"Hello World!"信息的提示框，如图 9-4 所示。

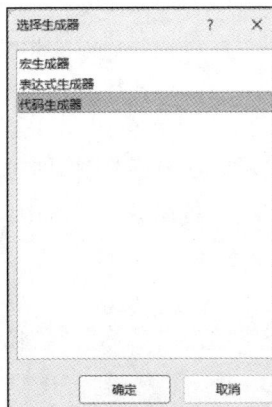

图 9-2　"选择生成器"对话框

图 9-3　例 9-1 窗体模块的 VBA 代码编辑窗口

图 9-4　窗体模块的运行结果

说明如下。

（1）在面向对象的程序设计中，每一个控件都是一个对象。对象都有自己的属性，本例中使用了命令按钮对象的"名称"属性和"标题"属性。

（2）在窗体运行时，单击命令按钮会产生鼠标单击（Click）事件，Click 事件触发后会自动执行相应的事件过程（VBA 程序代码）。本例为命令按钮的 Click 事件过程编写了程序代码来显示"Hello World！"信息的提示框。

9.2　VBA 程序设计概述

VBA 程序设计是一种面向对象的程序设计方法。面向对象的程序设计以对象为核心，以事件为驱动，可以提高程序设计的效率。VBA 面向对象的程序设计中包含对象、属性、方法、事件和事件过程等基本概念。

9.2.1　对象和对象名

对象是面向对象程序设计的基本单元，是一种将数据和操作结合在一起的数据结构。每个对象都有名称，称为对象名，每个对象也都有自己的属性、方法和事件。

1．对象

在 Access 数据库中，表、查询、窗体、报表、宏和模块都是对象，窗体和报表中的控件（如标签、文本框、组合框和命令按钮等）也是对象。

2．对象名

未绑定控件对象的默认名称是控件的类型加上一个唯一的整数，如 Text1；绑定控件对象，如果是通过从字段列表中拖曳字段的方法创建的，则该控件对象的默认名称是数据源中的字段名称。

3．对象名修改

如果要修改某个对象的名称，可以在该对象的"属性表"窗格中，为"名称"属性赋予新的属性值。

> **提示**　在同一窗体或报表中控件的对象名不能相同，在不同的窗体或报表中控件的对象名可以相同。

9.2.2　对象的属性

通过设置对象的属性可以定义对象的特征和状态，如窗体的"标题"（Caption）属性可以定义窗体标题栏中显示的内容。

1．在"属性表"窗格中设置属性值

在窗体的设计视图下，窗体和其中的控件属性都可以在"属性表"窗格中设定。

"属性表"窗格的上部组合框中列出了窗体和窗体中控件的对象名，下部包含 5 个选项卡，分别是"格式""数据""事件""其他""全部"。其中，"格式"选项卡包含窗体和控件的外观类属性；"数据"选项卡包含与数据源相关的属性；"事件"选项卡包含窗体或控件能够响应的事件；"其他"选项卡包含控件名称等属性；"全部"选项卡包含对象的所有属性。选项卡左侧用中文显示属性的名称，右侧是该属性的属性值。图 9-5 显示了一个文本框控件的"属性表"窗格，该文本框的"名称"为"Text1"。

图 9-5　"属性表"窗格

2．在 VBA 代码中设置属性值

如果需要引用对象的属性值，则要构造对象引用表达式，对象运算符有"！"和"．"两种。

* "！"运算符：用于引用窗体、报表或控件等对象。
* "．"运算符：用于引用窗体、报表或控件等对象的属性。

在实际应用中，"！"运算符和"．"运算符通常是配合使用的，用于标识引用一个对象或对象的属性。

窗体对象的引用格式如下。

```
Forms! 窗体名! 控件名[.属性名]
```

报表对象的引用格式如下。

```
Reports! 报表名! 控件名[.属性名]
```

其中，Forms 表示窗体对象集合，Reports 表示报表对象集合。父对象与子对象之间用"!"分隔。"[.属性名]"中的内容为可选项，若省略则默认使用该控件对象的默认属性名。

例如，在图 9-6 所示的"计算圆面积"的窗体中有两个文本框，名称分别为"Text1"和"Text2"，可以使用如下语句对这两个控件对象进行引用。

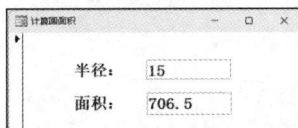

图 9-6　"计算圆面积"的窗体

```
Forms!计算圆面积!Text2.Value= Forms! 计算圆面积! Text1.Value * Forms! 计算圆面积!
Text1.Value *3.14
```

如果在本窗体的模块中引用控件对象，可以将"Forms!窗体名"缺省。控件对象的引用格式如下。

```
控件名[.属性名]
```

则上例中的语句可以表示如下。

```
Text2.Value = Text1.Value * Text1.Value * 3.14
```

在 VBA 代码中使用的属性名是英文的，Access 中的常用对象的英文属性如表 9-1 所示。

表 9-1　　　　　　　　　　　　　Access 中的常用对象的英文属性

对象类型	属性名	说明
窗体	AutoCenter	设置将窗体打开时放置在屏幕中部
	Caption	设置窗体的标题栏显示的文本内容
	CloseButton	设置是否在窗体中显示关闭按钮
	NavigationButtons	设置是否在窗体中显示导航按钮
	RecordSelector	设置是否在窗体中显示记录选择器
	ScrollBars	设置是否在窗体中显示滚动条
文本框	BackColor	设置文本框的背景色
	ForeColor	设置文本框的前景色
	Name	设置文本框的名称
	Value	设置文本框中显示的值
	Visible	设置文本框是否可见
命令按钮	Caption	设置命令按钮上显示的文字
	Default	设置命令按钮是否是窗体的默认按钮
	Enabled	设置命令按钮是否可用
标签	Caption	设置标签显示的文字
	Name	设置标签的名称

9.2.3　对象的方法

方法用来描述对象的行为，对象的方法就是对象可以执行的操作，用来完成某种特定的功能，如在文本框中使用设置焦点（SetFocus）方法可以获得插入点光标。如果说属性是静态成员，那么方法就是动态操作。

方法的引用格式如下。

对象名.方法名

例如，为窗体中的文本框 Text1 设置焦点以获得插入点光标，使用的命令如下。

```
Text1.SetFocus
```

9.2.4　对象的事件和事件过程

事件是系统事先设定的能被对象所识别并响应的动作，如鼠标单击（Click）事件、打开窗体（Open）事件等。

事件过程是响应某一事件时去执行的程序代码，与事件一一对应。如果希望发生某事件时执行相应的操作，则需要先将事件执行的代码写入相应的事件过程。

事件过程和方法的区别在于，事件过程的程序代码可以由用户编写，而方法是系统事先定义好的程序，可以在程序中直接调用。

Access 中的常用事件主要包括鼠标事件、键盘事件、窗口事件、对象事件和操作事件等，如表 9-2 所示。

表 9-2　　　　　　　　　　　　　　　Access 中的常用事件

事件类型	事件名称	说明
鼠标事件	Click	单击鼠标事件
	DblClick	双击鼠标事件
	MouseMove	鼠标移动事件
	MouseDown	鼠标按下事件
	MouseUp	鼠标释放事件
键盘事件	KeyDown	键按下事件
	KeyUp	键释放事件
	KeyPress	击键事件
窗口事件	Open	打开事件
	Load	加载事件
	Close	关闭事件
对象事件	GotFocus	获得焦点事件
	LostFocus	失去焦点事件
	BeforeUpdate	更新前事件
	AfterUpdate	更新后事件
	Change	更改事件
操作事件	Delete	删除事件
	BeforeInsert	插入前事件
	AfterInsert	插入后事件

下面通过一个例子说明事件和事件过程的关系。

【例 9-2】创建一个图 9-7 所示的名为"例 9-2 显示信息"的窗体，单击"显示"命令按钮后，在窗体的文本框中显示"Access 2016"。

具体操作步骤如下。

（1）新建一个窗体。在设计视图中添加一个文本框，名称为 Text1；添加一个命令按钮，名称为 Command1，标题为"显示"。

9-2　例 9-2

（2）切换到窗体视图，单击命令按钮后，发生了 Click 事件，由于此时没有编写事件过程代码，所以单击命令按钮后文本框中没有显示任何信息。

（3）切换到设计视图，选中命令按钮后，单击"设计"选项卡"工具"选项组的"查看代码"按钮，在代码窗口中为命令按钮 Command1 对象的 Click 事件过程编写如下的代码。

图 9-7　例 9-2 的窗体

```
Private Sub Command1_Click()
        Text1.Value = "Access 2016"
End Sub
```

（4）关闭代码编辑窗口。将窗体从设计视图切换到窗体视图，单击命令按钮后，发生了 Click 事件，执行该事件过程代码后，文本框中显示出了"Access 2016"。

（5）保存该窗体，并命名为"例 9-2 显示信息"。

该例子说明单击"显示"命令按钮事件需要有编写好的事件过程代码，这样的命令按钮才是有效的；否则"显示"命令按钮就是个无效按钮。

9.2.5　DoCmd 对象

DoCmd 是 Access 数据库中的一个重要对象，其主要功能是通过调用 Access 内置的方法，在 VBA 中实现某些特定的操作。用户可以将 DoCmd 看成 VBA 提供的一个命令，输入"DoCmd."命令即可显示可用的方法，如 OpenForm 方法可以打开窗体，OpenReport 方法可以打开报表等。

例如，使用 DoCmd 对象打开"例 9-2 显示信息"窗体的代码如下。

```
DoCmd.OpenForm "例 9-2 显示信息"
```

9.3　VBA 程序开发环境

VBE（Visual Basic Editor）是编辑 VBA 代码时使用的界面。VBE 提供了完整的开发和调试环境，可以用于创建和编辑 VBA 程序代码。

9.3.1　VBE 窗口的打开

打开 VBE 窗口的方法有以下几种。

方法 1：单击"创建"选项卡上"宏与代码"选项组中的"模块"按钮，则在 VBE 编辑器中创建一个空白模块。

方法 2：打开窗体或报表的设计视图，单击"设计"选项卡上"工具"选项组中的"查看代码"按钮，即可打开该窗体或报表的 VBE 窗口。

方法 3：打开窗体的"属性表"窗格，在"事件"选项卡中选中需要编写代码的事件，单击该事件右侧的" ··· "按钮，在打开的"选择生成器"对话框中选择"代码生成器"，即可打开 VBE 窗口。

9.3.2 VBE 窗口的组成

VBE 窗口主要由工程资源管理器窗口、属性窗口、代码窗口、立即窗口、本地窗口和监视窗口等组成，如图 9-8 所示。

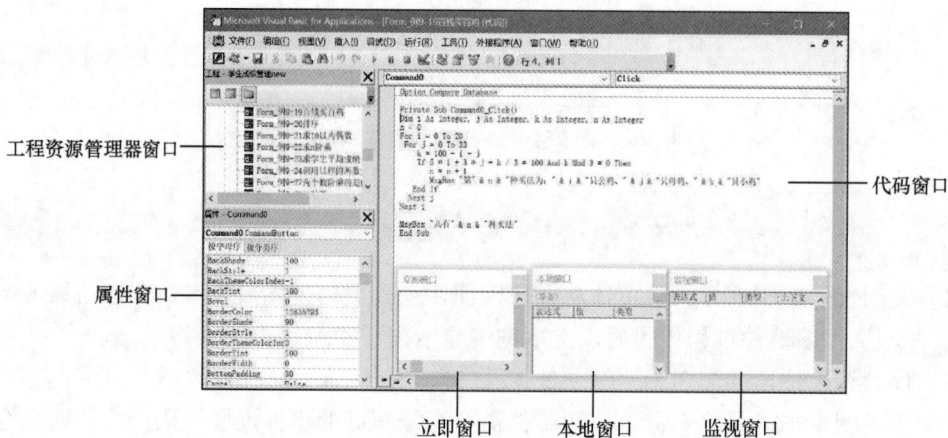

图 9-8　VBE 窗口组成

1．工程资源管理器窗口

单击"视图"菜单，选择"工程资源管理器"选项即可打开工程资源管理器窗口。该窗口列出了应用程序的所有模块，双击其中的一个模块，该模块相应的代码窗口就会显示出来。

2．属性窗口

单击"视图"菜单，选择"属性窗口"选项即可打开属性窗口。属性窗口列出了所选中对象的全部属性，可以按照"按字母序"和"按分类序"两种方法查看。用户可以直接在属性窗口中编辑对象的属性，这是对象属性的"静态"设置方法；也可以在代码窗口中用 VBA 程序语句编辑对象的属性，这是对象属性的"动态"设置方法。

3．代码窗口

单击"视图"菜单，选择"代码窗口"选项即可打开代码窗口。代码窗口是最重要的 VBE 组成部分，VBA 程序代码需要在代码窗口中进行编辑。

4．立即窗口

单击"视图"菜单，选择"立即窗口"选项即可打开立即窗口。在立即窗口中，用户可以快速计算表达式的值、完成简单的操作和进行程序测试工作，也可以输入语句后按 Enter 键立即执行该语句，但立即窗口中的语句不能被存储。在立即窗口中可以使用以下语句显示表达式的值。

（1）Debug.Print 表达式

（2）Print 表达式

（3）？表达式

例如，计算表达式 2+3 的值，在立即窗口中输入 "Debug.Print 2+3"，立即得到输出结果为 5。

例如，计算 7 除 5 的余数，在立即窗口中输入 "Print 7 Mod 5"，立即得到输出结果为 2。

例如，显示当前的日期，在立即窗口中输入 "？Date()"，立即得到输出结果为系统当前日期。

以上代码的运行结果如图 9-9 所示。

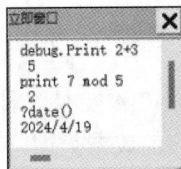

图 9-9　立即窗口

5．本地窗口

单击 "视图" 菜单，选择 "本地窗口" 选项即可打开本地窗口。在本地窗口中，可以自动显示当前过程中的所有变量声明和变量值。

6．监视窗口

单击 "视图" 菜单，选择 "监视窗口" 选项即可打开监视窗口。用户通过在监视窗口添加监视表达式，可以动态了解一些变量或表达式值的变化情况，判断代码是否正确。

9.3.3　VBE 窗口中编写代码

VBE 窗口提供了完整的开发和调试 VBA 代码的环境。代码窗口顶部包含两个组合框：左侧为对象列表，右侧为事件列表。编写代码的具体操作步骤如下。

（1）在左侧组合框中选择一个对象后，在右侧事件组合框中将列出该对象的所有事件。

（2）选择某个事件名称，系统将自动生成与该对象该事件对应的事件过程。

图 9-10 展示了 Command0 对象的 Click 事件过程。

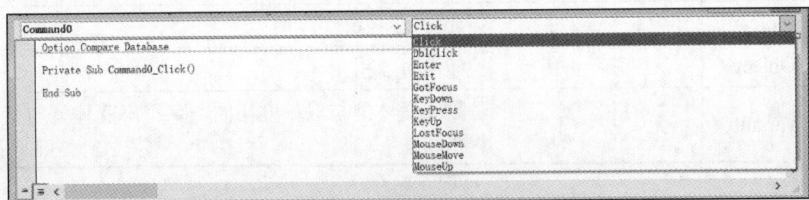

图 9-10　选择对象和事件

在代码窗口中输入程序代码时，VBE 会根据情况显示不同的提示信息。

● 输入属性和方法。在控件名称后输入圆点字符 "."时，VBE 将自动弹出该控件可以使用的属性和方法列表，用户找到自己需要的属性或方法后，双击该属性或方法即可。

提示　如果未弹出该控件的属性和方法列表，则该控件名称可能出现错误。

● 输入函数。当输入函数时，VBE 会自动列出该函数的使用格式，包括参数的提示信息。

● 检查程序代码。在关闭 VBE 窗口时，VBE 会自动检查程序代码的语法是否正确。

9.4　VBA 程序基础

使用 VBA 编写应用程序时，主要的处理对象是各种数据，所以首先要掌握数据类型和数据运算等基础知识。

9.4.1　数据类型

VBA 支持多种数据类型，Access 表中提供的数据类型在 VBA 中都有相应的数据类型。表 9-3 中列出了 VBA 程序中的基本数据类型，以及它们在计算机中所占用的字节数和取值范围等。

9-3　数据类型

表 9-3　　　　　　　　　　　　　　　VBA 程序中的基本数据类型

数据类型	类型标识	符号	占用字节	取值范围
字节型	Byte	无	1 字节	$0\sim255$
整型	Integer	%	2 字节	$-32768\sim32767$
长整型	Long	&	4 字节	$-2147483648\sim2147483647$
单精度型	Single	!	4 字节	负数：$-3.402823\times10^{38}\sim-1.401298\times10^{-45}$ 正数：$1.401298\times10^{-45}\sim3.402823\times10^{38}$
双精度型	Double	#	8 字节	负数：$-1.79769313486232\times10^{308}\sim-4.9406545841247\times10^{-324}$ 正数：$4.9406545841247\times10^{-324}\sim1.79769313486232\times10^{308}$
货币型	Currency	@	8 字节	$-922337203685477.5808\sim922337203685477.5807$
日期型	Date	无	8 字节	100 年 1 月 1 日～9999 年 12 月 31 日
字符串型	String	$	不定	定长字符串可以包含 0 个字符～2^{16} 个字符 变长字符串可以包含 0 个字符～2^{31} 个字符
布尔型	Boolean	无	2 字节	True、False
对象型	Object	无	4 字节	任何对象引用
变体型	Variant	无	不定	数字变体型与双精度相同，字符串变体型与变长字符串型相同

9.4.2　常量、变量与数组

1. 常量

常量是指在程序中可以直接引用的量，其值在程序运行期间保持不变。常量分为字面常量、符号常量和系统常量 3 种类型。

（1）字面常量

字面常量直接按照实际值出现在程序中，它的表示形式决定了其类型，也称为直接常量。常用的字面常量有以下几种类型。

● 数值常量：由数字组成，如 156、3.14。

● 字符常量：由双引号括起来的字符串，如"HELLO"、"156"、"数据库系统"。

- 日期常量：由符号 "#" 括起来的日期时间，如#2024-1-1#、#2024/1/1 10:20:35#。
- 布尔常量：只有两个值，即 True 和 False。

（2）符号常量

符号常量是用标识符表示的常量，必须使用常量说明语句进行声明。符号常量声明语句的格式如下。

```
Const 符号常量名=常量值
```

如果程序中多处使用了某个常量，将其声明成符号常量有两方面的好处：一方面增加了程序的可读性，另一方面便于程序的修改和维护，可以做到 "一改全改"。

例如：

```
Const PI = 3.14159
```

当程序执行语句 "s = Text1.Value * Text1.Value * PI" 时，系统将 "PI" 用 "3.14159" 替换。

（3）系统常量

系统常量是系统预先定义的常量，用户可以直接引用。通常来说，系统常量开头的两个字母表示其所在的类库，Access 类库的常量以 "ac" 开头，如 acForm 等；ADO 类库的常量以 "ad" 开头，如 adOpenKeyset 等；Visual Basic 类库的常量以 "vb" 开头（如颜色常量，vbRed 代表红色，vbBlue 代表蓝色）等。

2. 变量

变量是指在程序运行期间取值可以变化的量。在程序中，每个变量都用唯一的名称来标识，用户可以通过变量名来访问内存中的数据。

一个变量有 3 个基本要素：变量名、变量的数据类型和变量值。

（1）变量的命名规则

给变量命名时应该遵守以下规则。

① 变量名必须以英文字母或汉字为起始字符。

② 变量名可以包含字母、汉字、数字或下划线，但不能包含空格和标点符号。

③ 变量名的长度不能超过 255 个字符，变量名不区分大小写。

④ 变量名不能使用 VBA 的关键字。

例如，sum、a_1、成绩、x1 都是合法的变量名，但 5b、sum-1、a.3、if 都是不合法的变量名，其中 if 是关键字。

变量命名最好遵循 "见名知义" 的原则，如 name、age、sum 等，避免使用 a、b、c 这类含义不明确的变量名。

（2）变量的声明

一般来说，在程序中使用变量时需要先声明后使用。声明变量可以起到两个作用：一是指定变量的名称和数据类型，二是指定变量的取值范围。变量的声明分显式、隐式和强制三种。

① 显式变量声明。通常情况下，变量在使用之前需要声明，先声明后使用变量是一个良好的编程习惯。

显式声明变量的格式如下。

```
Dim 变量名 [As 类型名|类型符] [, 变量名 [As 类型名|类型符],...]
```

显式变量声明语句的功能是定义变量并为其分配内存空间。其中，"Dim"为关键字；"As"用于指定变量的数据类型，如果缺省，则默认定义变量为变体型（Variant）。

例如：

```
Dim score As Integer
```

该语句声明了一个整型变量 score。

```
Dim n As Integer, sum As Long, aver As Single, str As String, flag As Boolean, w
```

该语句声明了整型变量 n，长整型变量 sum，单精度型变量 aver，变长字符串型变量 str，布尔型变量 flag，变体型变量 w。

可以使用类型符代替类型名来进行变量声明。例如：

```
Dim name $, age %, score !
```

该语句与 "Dim name As String, age As Integer, score As Single" 的声明作用相同。

② 隐式变量声明。隐式变量是指没有使用变量声明语句进行声明而直接使用的变量，隐式变量的数据类型是变体型（Variant）。例如：

```
s = 0
```

在该语句中，因为没有为 s 变量声明数据类型，所以 s 变量是变体型（Variant），s 的值是 0。

在 VBA 编程中应该尽量减少隐式变量的使用，大量使用隐式变量会增加识别变量的难度，给调试程序带来困难。

---

③ 强制变量声明。建议用户显式声明变量，显式声明变量可以使程序更加清晰。可以通过设置强制显式变量声明的方法使用户必须显式声明变量。设置强制显式变量声明的方法如下。

方法 1：在 VBE 窗口中单击"工具"菜单，选择"选项"选项，在打开的"选项"对话框中的"编辑器"选项卡上选中"要求变量声明"复选框后，单击"确定"按钮，则在代码区域中出现语句"Option Explicit"，在输入代码时，所有的变量必须进行显式声明。

方法 2：在代码开始处直接输入语句"Option Explicit"，该语句的功能是强制对模块中的所有变量进行显式声明。

3. 数组

数组是由一组具有相同数据类型的变量组成的集合，数组中的变量称为数组元素。数组元素由变量名和数组下标组成。数组不允许隐式声明，必须用"Dim"语句显式声明。

（1）数组声明

一维数组的声明语句格式如下。

```
Dim 数组名([下标下界 To ]下标上界) [As 数据类型]
```

说明如下。

① 下标下界缺省值为 0。数组元素为数组名(0)～数组名(下标上界)。

② 如果设置下标下界非 0，要使用 To 选项。

③ 可以在模块声明区域指定数组的默认下标下界是 1，"Option Base 1"即可将数组的默

认下标下界设置为 1。

例如：

```
Dim a(5) As Integer
```

该语句声明了一个一维数组，数组的名称为 a，数据类型为整型，该数组包含 6 个数组元素，分别为 a(0)、a(1)、a(2)、a(3)、a(4)和 a(5)，数组下标为 0～5。

```
Dim b(1 To 5) As Single
```

该语句声明了一个一维数组，数组的名称为 b，数据类型为单精度型，该数组包含 5 个数组元素，分别为 b(1)、b(2)、b(3)、b(4)和 b(5)，数组下标为 1～5。

（2）数组引用

数组声明后，可以在程序中引用。数组元素的引用格式如下。

```
数组名(下标值)
```

其中，下标值的范围为"下标下界～下标上界"的整数值。

例如，引用前面声明的数组的语句如下。

```
a(2)        '引用一维数组 a 的第 3 个元素，该数组下标下界为 0
b(2)        '引用一维数组 b 的第 2 个元素，该数组下标下界为 1
```

9.4.3 表达式

1．表达式的组成

表达式是将常量、变量、对象引用、函数等用运算符连接起来的式子。表达式的运算结果是一个值，其类型由表达式中操作数的类型和运算符决定。

2．表达式的书写规则

（1）表达式从左至右书写在同一行中，不能出现上标或下标，如 5^3 正确的写法是 5^3。

（2）不能省略运算符，如 4ac 正确的写法是 4*a*c。

（3）只能使用圆括号且必须成对出现。

（4）将数学符号用 VBA 相关的函数表示。

例如，数学中一元二次方程的求根公式为 $\dfrac{-b+\sqrt{b^2-4ac}}{2a}$

正确的 VBA 表达式为"(-b+Sqr(b^2-4*a*c))/(2*a)"，其中，Sqr()是求平方根的函数。

3．表达式中的运算顺序

如果一个表达式中含有多种不同类型的运算符，进行运算的先后顺序由运算符的优先级决定，当优先级相同时运算按照从左到右的顺序进行，可以通过圆括号来改变运算的优先顺序。不同类型运算符之间的优先级如下。

对象运算符>算术运算符>字符串运算符>关系运算符>逻辑运算符

表达式中 True 的值为-1，False 的值为 0。如(5>3)+6 的结果是 5，(5<3)+6 的结果是 6。

例如，表达式(9-2)\4+5 Mod 3+2<6 and 9<5 按照运算符优先级的运算结果是 False。

9.5 VBA 程序语句

VBA 程序是由 VBA 语句序列组成的。每一条语句都是能够完成某个操作的命令，包括关键字、运算符、常量、变量和表达式等。

VBA 程序中的语句一般分为以下 4 种类型。

（1）声明语句：用来为变量、常量和过程定义命名，指定数据类型。

（2）赋值语句：用来为变量指定一个值。

（3）执行语句：用来调用过程或函数，以及实现各种流程控制。

（4）注释语句：用来说明语句的功能。

9.5.1　语句的书写规则

在编写 VBA 语句时需要按照一定的规则来进行书写，主要的书写规则如下。

（1）通常将一条语句书写在一行内。若语句较长，可以使用续行符（空格加下划线）在下一行继续书写语句。

（2）在同一行内可以书写多条语句，语句之间需要用冒号"："进行分隔。

（3）语句中不区分英文字母的大小写。语句的关键字首字母自动转换为大写，其余字母转换为小写。

（4）语句中的所有符号和括号必须在英文输入法状态下输入。

提示　输入一行语句并按 Enter 键后，VBA 会自动进行语法检查。如果语句中存在语法错误，则该行代码将以红色显示或产生错误提示信息，用户需要及时改正错误。

9.5.2　声明语句

声明语句用来命名和定义常量、变量、数组、过程等。当声明一个变量、数组、子过程或函数时，声明语句同时定义了它们的作用范围，此范围取决于声明位置和使用的关键字。例如：

```
Private Sub Proc()
        Const PI = 3.14
        Dim r As Single, area As Single
        …
End Sub
```

上述代码定义了一个名为"Proc"的局部子过程，在过程开始部分用"Const"语句声明了名为"PI"的符号常量；用"Dim"语句声明了名为"r"和"area"的两个单精度型变量。"PI""r"和"area"的作用范围在"Proc"子过程的内部。

9.5.3　赋值语句

赋值语句用来给某个变量赋予一个表达式的值。赋值语句格式如下。

```
[Let] 变量名=表达式
```

其功能是计算等号右端的表达式的值，并将结果赋值给等号左端的变量。"Let"是可选项，通常可以省略。例如：

```
Const PI = 3.14
Dim r As Single, area As Single
r = 10                              '将常量10赋值给变量r
```

```
area = r * r * PI                          '先用表达式计算出圆面积，再赋值给变量 area
```

使用赋值语句时需要注意以下几个方面。

（1）不能在一个赋值语句中同时给多个变量赋值，如 a=b=c=0 语句没有语法错误，但运行结果是错误的。

（2）赋值号左端只能是变量名，不能是常量、常量标识符或表达式，如 3 = x + y 或 x + y = 3 都是错误的赋值语句。

9.5.4　注释语句

注释语句用于对程序或语句的功能进行解释和说明，适当使用注释语句可以增强程序的可读性和可维护性。

在 VBA 程序中，可以使用以下两种方法添加注释。

方法 1：使用 Rem 语句，格式如下。

```
Rem 注释语句
```

方法 2：使用英文单引号'，格式如下。

```
'注释语句
```

注释语句可以写在某个语句之后，也可以独占一行。但当在某个语句后用 Rem 语句进行注释时，必须在该语句与 Rem 之间用一个冒号"："进行分隔。例如：

```
Rem 求圆面积程序
Const PI=3.14
Dim r As Single, area As Single
r=10                               :Rem 给变量 r 赋值为常量 10
area=r*r*PI                        '先用表达式计算出圆面积，再赋值给变量 area
```

9.5.5　输入语句和输出语句

在 VBA 程序中，用户通常先用输入语句输入数据，然后对数据进行计算处理得到结果，最后将结果用输出语句进行输出显示。输入、输出语句是常用的语句，VBA 提供了 InputBox 函数实现输入、MsgBox 函数或 MsgBox 过程实现输出。

1. InputBox 函数

InputBox 函数是用来输入数据的函数，该函数显示一个输入对话框，等待用户输入。当用户单击"确定"按钮时，函数返回输入的值；当用户单击"取消"按钮时，函数返回空字符串。

9-4　InputBox 函数

InputBox 函数格式如下。

```
InputBox(prompt[, title][, default][, xpos][, ypos])
```

参数说明如下。

- prompt：必需的参数项，显示对话框的提示信息。
- title：对话框标题栏中的显示信息，是可选项；缺省时在标题栏中显示"Microsoft Access"。
- default：在输入文本框中显示的信息，缺省时输入文本框为空。
- xpos 和 ypos：指定对话框与屏幕左边和上边的距离。

例如：

```
Dim pincode As String
```

```
pincode = InputBox("请输入密码：", "密码输入", "PASSWORD")
```

上述代码执行后将显示图 9-11 所示的对话框，在文本框中输入"123"后单击"确定"按钮，则"pincode"的值为"123"。

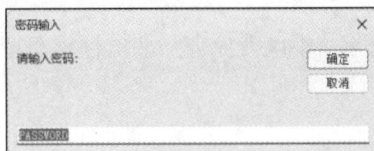

图 9-11 InputBox 函数显示输入对话框

InputBox 函数输入的是字符串型，如果用户希望输入的数字串作为数字类型的数据，则需要使用 Val 函数进行数据类型的转换。

例如，输入"456"并单击"确定"按钮后，以下两条语句的返回值是不同的。

```
a=InputBox("a=")              'a 的值为字符串"456"
a=Val(InputBox("a="))         'a 的值为数字 456
```

2. MsgBox 函数和过程

MsgBox 的功能是输出显示，可以在一个对话框中显示消息，等待用户单击按钮，并返回一个整数值来告诉系统单击的是哪个按钮。MsgBox 分为函数和过程两种调用形式，格式分别如下。

MsgBox 函数调用格式如下。

```
MsgBox(prompt[,buttons][,title])
```

MsgBox 过程调用格式如下。

```
MsgBox prompt[,buttons][,title]
```

9-5 MsgBox 函数和过程

参数说明如下。

- prompt：必需的参数项，显示对话框的提示信息。
- buttons：用来指定显示按钮的数目和使用的图标样式，是可选项，默认值为 0。"buttons"的值及其描述如表 9-4 所示。

表 9-4   MsgBox 中"buttons"的值及描述

分组	常量	按钮值	描述
按钮数目	vbOKOnly	0	只显示"确定"按钮
	vbOKCancel	1	显示"确定"和"取消"按钮
	vbAbortRetryIgnore	2	显示"终止""重试""忽略"按钮
	vbYesNoCancel	3	显示"是""否""取消"按钮
	vbYesNo	4	显示"是"和"否"按钮
	vbRetryCancel	5	显示"重试"和"取消"按钮
图标类型	vbCritical	16	显示停止图标⊗
	vbQuestion	32	显示询问图标❓
	vbExclamation	48	显示警告图标⚠
	vbInformation	64	显示信息图标ⓘ

- title：在对话框标题栏显示的信息，是可选项，默认的标题是"Microsoft Access"。

例如：

```
f=MsgBox("要退出吗？")                    '没有指定按钮和标题，如图 9-12（a）所示
f=MsgBox("要退出吗？", 4, "退出提示")      '4 表示显示"是"和"否"按钮，如图 9-12（b）所示
f=MsgBox("要退出吗？", 4+32, "退出提示")   '32 表示显示询问图标，如图 9-12（c）所示
```

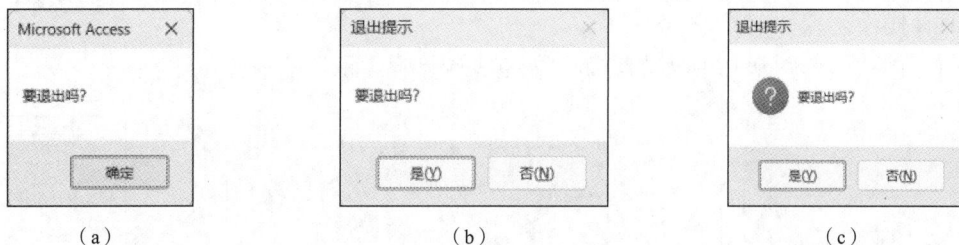

| （a） | （b） | （c） |

图 9-12　MsgBox 函数应用示例

在使用这两种不同的调用形式时，需要注意 MsgBox 过程和 MsgBox 函数的区别。

MsgBox 过程中不需要将参数用圆括号括起来，调用后没有返回值；MsgBox 函数需要用圆括号将参数括起来，并且该函数调用后得到一个返回值，如表 9-5 所示。

表 9-5　　　　　　　　　　　　MsgBox 函数的返回值

单击的按钮	常量	返回值
确定	vbOK	1
取消	vbCancel	2
终止	vbAbort	3
重试	vbRetry	4
忽略	vbIgnore	5
是	vbYes	6
否	vbNo	7

调用 MsgBox 函数语句时，需将函数返回值赋值给一个整型变量，而 MsgBox 过程调用可以作为一个独立的语句使用。

例如：

```
f=MsgBox("要退出吗？", 4)
MsgBox "要退出吗？, 4"
```

其中，当单击"是"按钮后，变量 f 的值可以表示为 vbYes，也可以表示为 6。

9.6　VBA 程序的控制结构

程序是按照一定的结构来控制整个流程的。常用的程序控制结构可以分为 3 种：顺序结构、选择结构和循环结构。

9.6.1 顺序结构

顺序结构是在程序执行时，按照程序中语句的书写顺序依次执行语句。在顺序结构中经常使用的语句有输入语句、赋值语句和输出语句等。

9-6 顺序结构

【例9-3】输入圆的半径值，输出圆的面积。

具体操作步骤如下。

（1）创建一个图9-13所示的名为"例9-3计算圆面积"的窗体。

（a）

（b）

（c）

图9-13 例9-3的窗体

（2）在窗体中添加一个命令按钮，名称设置为"cmd"，标题设置为"计算圆面积"。

（3）为cmd命令按钮编写Click事件代码。在窗体"设计视图"的"设计"选项卡 "工具"选项组中，单击"查看代码"按钮打开VBE代码窗口。在代码窗口中的cmd命令按钮的Click事件过程中输入如下的程序代码。

```
Private Sub cmd_Click()
        Const PI = 3.14
        Dim r As Single, area As Single     'r为圆的半径，area为圆的面积，均为单精度型
        r = Val(InputBox("请输入半径"))   '将输入的字符串转换为数字型赋值给半径r
        area = r * r * PI                 '计算圆面积
        MsgBox "圆的面积=" & area          '将"圆的面积="与area的值进行字符串连接后输出显示
End Sub
```

（4）关闭VBE代码窗口，切换到窗体视图，单击图9-13（a）所示的"计算圆面积"按钮，先弹出图9-13（b）所示的"请输入半径"对话框，在文本框中输入半径值单击"确定"按钮后，显示图9-13（c）所示的计算结果。

【例9-4】输入两个数，交换两个数的值并显示交换后的结果。

具体操作步骤如下。

（1）创建一个图9-14所示的名为"例9-4交换两个数"的窗体。

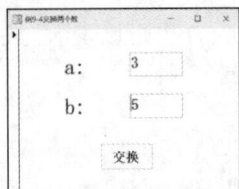

（a）

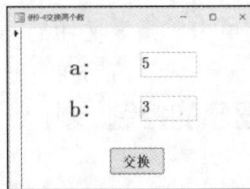

（b）

图9-14 例9-4的窗体

（2）在窗体中添加两个文本框，名称分别设置为Text0和Text2，标签标题分别设置为

"a:"和"b:";添加一个命令按钮，名称设置为 Command0，标题设置为"交换"。

（3）为 Command0 命令按钮编写 Click 事件代码。在实现两个数交换的程序中，需要定义一个临时变量 t。先将 a 的值赋值给 t，然后将 b 的值赋值给 a，最后再将 t 的值赋值给 b 来实现变量 a 与 b 的交换。在 Command0 命令按钮的 Click 事件过程中输入如下的程序代码。

```
Private Sub Command0_Click()
        Dim a As Integer, b As Integer, t As Integer
        a = Text0.Value                    '将 Text0 文本框中输入的值赋给变量 a
        b = Text2.Value                    '将 Text2 文本框中输入的值赋给变量 b
        t = a : a = b: b = t               '实现变量 a 与变量 b 的值交换
        Text0.Value = a                    '将变量 a 的值赋给 Text0 文本框
        Text2.Value = b                    '将变量 b 的值赋给 Text2 文本框
End Sub
```

（4）在图 9-14（a）所示的窗体视图中分别输入 a 和 b 的值后，单击"交换"按钮的效果如图 9-14（b）所示。

9.6.2　选择结构

选择结构是在程序执行时，根据不同的条件选择执行不同的程序语句。选择结构有以下几种形式。

1. 单分支"If"语句

单分支"If"语句的格式如下。

```
If 条件表达式 Then
        语句序列
End If
```

单分支"If"语句的功能为先计算条件表达式的值，当条件表达式的值为真（True）时，执行语句序列中的语句。执行语句序列后，将执行"End If"语句之后的语句；当条件表达式的值为假（False）时，直接执行"End If"语句之后的语句。其执行过程如图 9-15 所示。

【例 9-5】输入一个数，求出该数的绝对值。

具体操作步骤如下。

（1）创建一个图 9-16 所示的名为"例 9-5 求绝对值"的窗体。

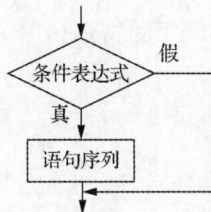

图 9-15　单分支"If"语句的执行过程　　　　图 9-16　例 9-5 的窗体

（2）在窗体中添加两个文本框，名称分别设置为 Text0 和 Text1，标签标题分别设置为"x 的值"和"x 的绝对值"。

（3）为文本框 Text1 编写 GotFocus 事件代码。当单击 Text1 文本框时，该文本框获得焦点，此时判断 x 的值是否小于 0，若小于 0 则将-x 的值赋值给 x。在 Text1 的 GotFocus 事件过程中输入的程序代码如下。

```
Private Sub Text1_GotFocus()
        Dim x As Integer
        x = Text0.Value              '将 Text0 文本框中输入的值赋给变量 x
        If x < 0 Then
            x = -x                   '如果 x 的值小于 0，则将-x 赋给 x
        End If
        Text1.Value = x              '将变量 x 的值赋给 Text1 文本框并显示
        Text0.SetFocus               '为 Text0 文本框设置焦点，可以再次输入数值
End Sub
```

2. 二分支 "If" 语句

二分支 "If" 语句的格式如下。

```
If 条件表达式 Then
        语句序列1
Else
        语句序列2
End If
```

9-7　二分支 If 语句

二分支 "If" 语句的功能为先计算条件表达式的值，当条件表达式的值为真（True）时，执行语句序列 1 中的语句，然后执行 "End If" 语句之后的语句；当条件表达式的值为假（False）时，执行语句序列 2 中的语句，然后执行 "End If" 语句之后的语句。其执行过程如图 9-17 所示。

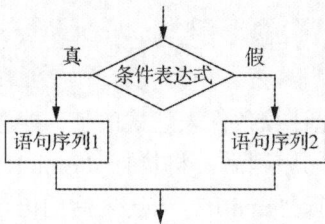

图 9-17　二分支 "If" 语句的执行过程

【例 9-6】输入两个整数，求出这两个整数中较大的数并输出。

具体操作步骤如下。

（1）创建一个图 9-18 所示的名为 "例 9-6 求出两个数中大数" 的窗体。

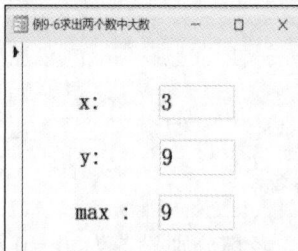

图 9-18　例 9-6 的窗体

（2）在窗体中添加 3 个文本框，名称分别设置为 Text1、Text2 和 Text3，标签标题分别设置为 "x:""y:""max:"。

（3）为文本框 Text3 按钮编写 GotFocus 事件代码。当单击 Text3 文本框时，该文本框获得焦点，判断 x 和 y 的大小，若 x 大于等于 y，将 x 的值赋给 max，否则将 y 的值赋给 max。在 Text3 的 GotFocus 事件过程中输入的程序代码如下。

```
Private Sub Text3_GotFocus()
        Dim x As Integer, y As Integer, max As Integer
        x = Text1.Value
        y = Text2.Value
        If x >= y Then
            max = x                 ' x≥y 时，将 x 赋值给 max
        Else
            max = y                 ' x<y 时，将 y 赋值给 max
        End If
        Text3.Value = max
End Sub
```

【例 9-7】输入一个学生的成绩，显示该学生是否通过考试。

具体操作步骤如下。

（1）创建一个图 9-19 所示的名为"例 9-7 通过考试"的窗体。

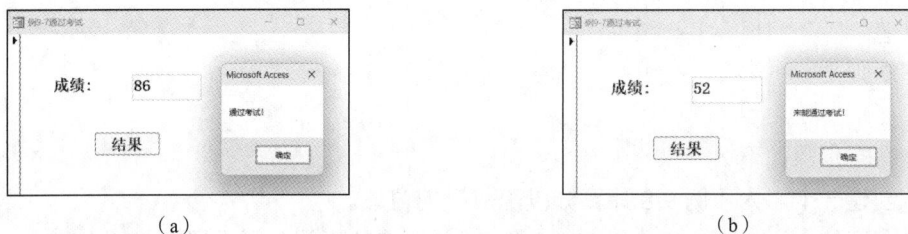

|（a）|（b）|

图 9-19　例 9-7 的窗体

（2）在窗体中添加一个文本框，名称设置为 Text0，标签设置为"成绩："；添加一个命令按钮，名称设置为 Command0，标题设置为"结果"。

（3）为 Command0 按钮编写 Click 事件代码，程序代码如下。

```
Private Sub Command0_Click()
        If Text0.Value >= 60 Then
                MsgBox "通过考试！"          '输出结果
        Else
                MsgBox "未能通过考试！"
        End If
        Text0.SetFocus                        '将输入光标设置在文本框 Text0 中，等待再次输入
End Sub
```

（4）在窗体视图中分别输入 86、52 后单击"结果"按钮的效果如图 9-19（a）、（b）所示。

3. 多分支"If"语句

当判断分支的条件比较复杂时，可以使用"If…Then…ElseIf"多分支语句形式，其语句格式如下。

```
If 条件表达式 1  Then
        语句序列 1
ElseIf 条件表达式 2  Then
        语句序列 2
[ Else
```

9-8　多分支 If 语句

```
         语句序列 3 ]
End If
```

该语句的功能为先计算条件表达式 1 的值，当条件表达式 1 的值为真（True）时，则执行语句序列 1 中的语句；当条件表达式 2 的值为真（True）时，则执行语句序列 2 中的语句；当条件表达式 2 的值为假（False）时，则执行语句序列 3 中的语句，然后执行"End If"语句之后的语句。其执行过程如图 9-20 所示。

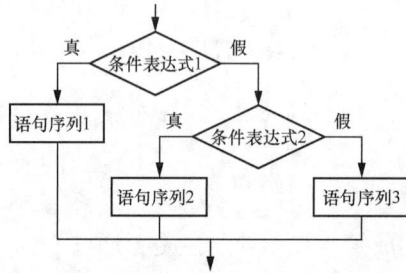

图 9-20　多分支"If"语句的执行过程

【例 9-8】进行分段函数的计算，输入 x 的值，计算 y 的值。

计算规则是 $y = \begin{cases} 1 & x > 0 \\ 0 & x = 0 \\ -1 & x < 0 \end{cases}$

具体操作步骤如下。

（1）创建一个名为"例 9-8 计算分段函数"的窗体。

（2）在窗体中添加 2 个文本框 Text0 和 Text1，将其标签分别设置为"x："和"y："。

（3）为文本框 Text1 编写 GotFocus 事件代码。该例中分为 3 种情况，适合采用"If…Then…ElseIf"语句形式，程序代码如下。

```
Private Sub Text1_GotFocus()
        Dim x As Integer, y As Integer
        x = Text0.Value
        If x > 0 Then
            y = 1
        ElseIf x = 0 Then
            y = 0
        Else
            y = -1
        End If
        Text1.Value = y
End Sub
```

（4）在窗体视图中分别输入 x 的值为 9、0、−9 的效果分别如图 9-21（a）、（b）、（c）所示。

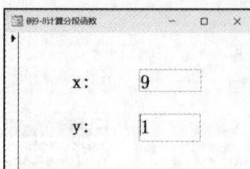
　　　（a）

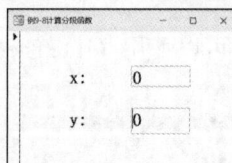
　　　（b）

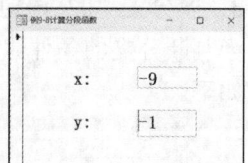
　　　（c）

图 9-21　例 9-8 的窗体

4．多分支 "Select Case" 语句

"Select Case" 语句也是多分支语句，可以根据表达式的不同值，从多个语句序列中选择一个对应的执行。多分支 "Select Case" 语句的格式如下。

```
Select Case 表达式
        Case 表达式 1
            语句序列 1
        Case 表达式 2
            语句序列 2
            ……
        Case 表达式 n
            语句序列 n
        [Case Else
            语句序列 n+1 ]
End Select
```

该语句的功能为先计算表达式的值，如果表达式的值与第 i（i = 1，2，…，n）个 Case 表达式的值匹配，则执行语句序列 i 中的语句；如果表达式的值与所有表达式中的值都不匹配，则执行语句序列 n+1。其执行过程如图 9-22 所示。

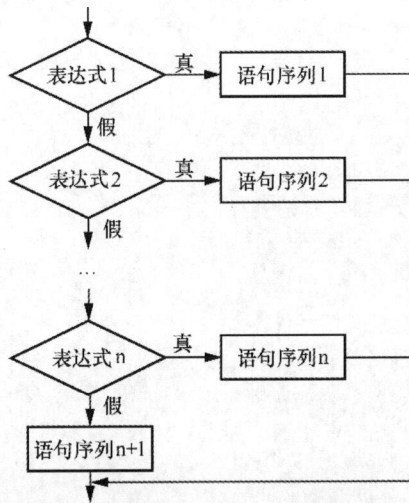

图 9-22　多分支 "Select Case" 语句的执行过程

说明如下。

（1） "Select Case" 后面的表达式只能是数字型或字符串型。

（2）语句中的表达式 1～表达式 n 应与 "Select Case" 后面的表达式具有相同的数据类型，可以采用以下的形式之一。

- 表达式。
- 用逗号分隔开的一组枚举表达式。
- 表达式 1 To 表达式 2。
- Is 关系运算符表达式。

（3） "Case" 语句是依次测试的，并执行第 1 个匹配的 "Case" 语句序列，后面即使再有符合条件的分支也不执行。

【**例9-9**】输入一个学生的成绩，显示该学生的成绩评定结果。

分析：评定的规则为：90～100为"优秀"；80～89为"良好"；70～79为"中等"；60～69为"及格"；0～59为"不及格"。采用多分支"Select Case"语句编写该程序。

具体操作步骤如下。

（1）创建一个图9-23所示的名为"例9-9学生成绩评定（多分支结构）"的窗体。

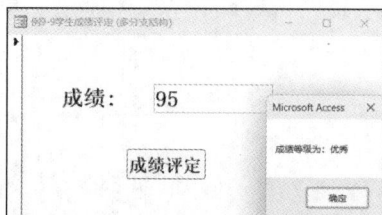

图9-23 例9-9的窗体

（2）在窗体中添加一个文本框 Text0，将其标签设置为"成绩："；添加一个命令按钮Command0，将其标题设置为"成绩评定"。

（3）为Command0命令按钮编写Click事件代码，程序代码如下。

```
Private Sub Command0_Click()
        Dim grade As String              '定义字符串变量grade，用来存储不同的等级
        Dim score As Integer
        score = Text0.Value
        Select Case score
                Case Is >= 90
                        grade = "优秀"
                Case 80 To 89
                        grade = "良好"
                Case 70 To 79
                        grade = "中等"
                Case 60 To 69
                        grade = "及格"
                Case Else
                        grade = "不及格"
        End Select
        MsgBox "成绩等级为：" + grade
        Text0.SetFocus
End Sub
```

9.6.3 循环结构

在编程中，某些语句需要重复执行多次，解决这类问题时需要使用循环结构。VBA 提供了多种形式的循环语句。

1."For…Next"语句

用"For…Next"语句可以将一段程序（循环体）重复执行指定的次数，该语句的一般格式如下。

```
For 循环变量=初值 To 终值 [Step 步长]
        循环体
Next [循环变量]
```

"For…Next"语句的执行步骤如下。

（1）将初值赋值给循环变量。

（2）将循环变量与终值比较，根据比较的结果来确定循环是否进行，比较分为以下 3 种情况。

● 步长>0 时：若循环变量≤终值，循环继续，然后执行步骤（3）；若循环变量>终值，退出循环。

● 步长=0 时：若循环变量≤终值，进行无限次的死循环；若循环变量>终值，一次也不执行循环体。

● 步长<0 时：若循环变量≥终值，循环继续，然后执行步骤（3）；若循环变量<终值，退出循环。

（3）执行循环体。如果在循环体内执行到"Exit For"语句，则直接退出循环。

（4）循环变量增加步长，即循环变量=循环变量+步长，程序转到步骤（2）执行。当缺省步长时，步长的默认值为 1。

"For…Next"语句的执行过程如图 9-24 所示。

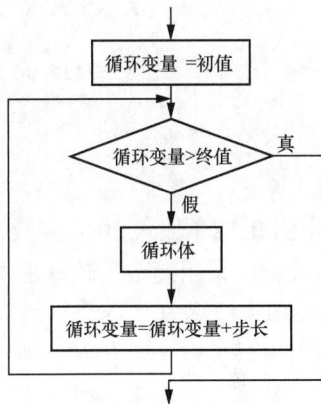

图 9-24　"For…Next"语句的执行过程

【例 9-10】求 1+2+…+100 的和，并输出结果。

具体操作步骤如下。

（1）创建一个图 9-25 所示的名为"例 9-10 求和"的窗体。

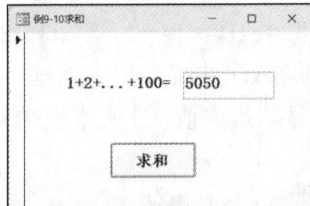

图 9-25　例 9-10 的窗体

（2）在窗体中添加一个文本框"Text1"和一个命令按钮 Command1 将文本框的标签设置为"1+2+…+100="，命令按钮的标题设置为"求和"。单击命令按钮后，在文本框 Text1 中显示结果。

（3）为命令按钮 Command1 编写 Click 事件代码，程序代码如下。

```
Private Sub Command1_Click()
    Dim i As Integer, s As Integer
    s = 0                        '用变量 s 存储求和的结果，初值设置为 0
    For i = 1 To 100             '省略步长，默认值为 1
      s = s + i
    Next i
    Text1.Value = s              '在文本框 Text1 中显示求和的结果
End Sub
```

【例 9-11】求 100 以内的偶数之和，即 2+4+…+100 的和。

具体操作步骤如下。

（1）创建一个图 9-26 所示的名为"例 9-11 偶数求和"的窗体。

（2）在窗体中添加一个文本框 Text1 和一个命令按钮 Command1。文本框的标签设置为"2+4+…+100="，命令按钮的标题设置为"偶数求和"。单击命令按钮后，在文本框 Text1 中显示结果。

（3）为命令按钮 Command1 编写 Click 事件代码，程序代码如下。

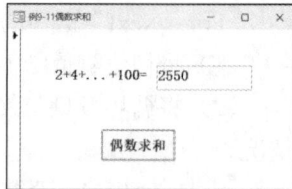

图 9-26　例 9-11 的窗体

```
Private Sub Command1_Click()
        Dim i As Integer, s As Integer
        s = 0
        For i = 2 To 100 Step 2            '循环变量 i 的初值为 2，步长为 2
                s = s + i
        Next i
        Text1.Value = s
End Sub
```

【例 9-12】输入 10 个整数，求出其中的最大值和最小值。

分析：采用逐个比较算法求最大值和最小值。首先将第 1 个数赋值给最大值和最小值变量，从第 2 个数开始逐个与最大值（最小值）进行比较，若大于最大值（小于最小值），则用该数替换最大值（最小值），直到比较完所有数据，则最大值和最小值变量中存储的就是所有数据中的最大值和最小值。

具体操作步骤如下。

（1）创建一个图 9-27 所示的名为"例 9-12 求最大值和最小值"的窗体。

（2）在窗体中添加 3 个文本框 Text1、Text2、Text3 和 1 个命令按钮 Command1。在文本框 Text1 中显示输入数据。单击命令按钮后，在文本框 Text2 中显示最大值，在文本框 Text3 中显示最小值。

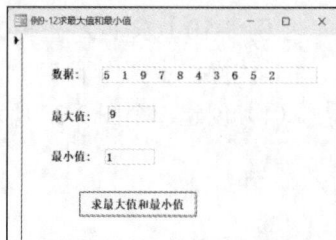

图 9-27　例 9-12 的窗体

（3）为命令按钮 Command1 编写 Click 事件代码，程序代码如下。

```
Private Sub Command1_Click()
        Dim a(1 To 10) As Integer        '定义一个有 10 个数组元素的数组，下标从 1 开始
        Dim i As Integer, max As Integer, min As Integer
        For i = 1 To 10
            a(i) = Val(InputBox("输入一个数: "))        '将输入的数据存入数组中
            Text1.Value = Text1.Value & a(i) & " "        '将输入的数据在文本框 Text1 中显示
        Next i
        max = a(1)
        min = a(1)
        For i = 2 To 10
            If a(i) > max Then max = a(i)    '若某个数组元素大于变量 max，则赋值给 max
            If a(i) < min Then min = a(i)    '若某个数组元素小于变量 min，则赋值给 min
        Next i
        Text2.Value = max                    '在文本框 Text2 中显示最大值
        Text3.Value = min                    '在文本框 Text3 中显示最小值
End Sub
```

2."While…Wend"语句

"For…Next"循环适合于用户事先知道循环次数的情况。如果事先不知道循环次数，但

知道循环的条件，可以使用"While…Wend"语句。

其语句格式如下。

```
While 条件表达式
        循环体
Wend
```

9-9　循环语句 While

图 9-28　"While…Wend"语句的执行过程

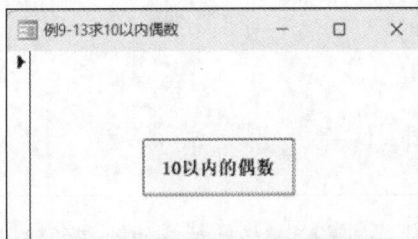

"While…Wend"语句的执行步骤如下。

（1）判断条件是否成立。如果条件成立，则执行循环体，否则转到步骤（3）执行。

（2）执行到"Wend"语句，转到步骤（1）执行。

（3）执行"Wend"语句后面的语句。

"While…Wend"语句的执行过程如图 9-28 所示。关于"While"循环，说明如下。

①　"While"循环语句本身不能修改循环条件，所以必须在循环体内设置相应的语句来修改循环条件，使得整个循环趋于结束，避免出现死循环。

②　"While"循环语句先对条件进行判断，如果条件成立，则执行循环体，否则一次也不执行循环体。

【例 9-13】输出 10 以内的全部偶数。

具体操作步骤如下。

（1）创建一个图 9-29 所示的名为"例 9-13 求 10 以内偶数"的窗体。

（2）在窗体中添加一个命令按钮 Command1，标题设置为"10 以内的偶数"。单击命令按钮后，在对话框中逐个显示 10 以内的偶数。

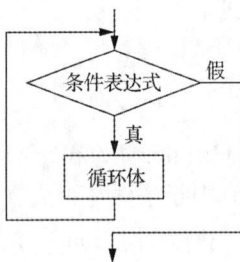

图 9-29　例 9-13 的窗体

（3）为命令按钮 Command1 编写 Click 事件代码，程序代码如下。

```
Private Sub Command1_Click()
        n = 1
        While n <= 10
            If n Mod 2 = 0 Then        '如果 n 能被 2 整除，则 n 是偶数
              MsgBox n                 '输出 n 的值
            End If
            n = n + 1                  '修改循环控制变量
        Wend
End Sub
```

3. "Do…Loop"语句

"Do…Loop"语句也是实现循环结构的语句，"Do…Loop"语句有以下两种格式。

格式 1：

```
Do While 条件表达式
   循环体
Loop
```

"Do While…Loop" 语句的执行步骤如下。

（1）判断条件是否成立。如果条件成立，则执行循环体；否则转到步骤（3）执行。

（2）执行到 "Loop" 语句，转到步骤（1）执行。

（3）执行 "Loop" 语句后面的语句。

"Do While…Loop" 语句的执行过程与 "While…Wend" 语句一致。

【例 9-14】求 n 的阶乘，即 n! =1×2×…×n。

具体操作步骤如下。

（1）创建一个图 9-30 所示的名为 "例 9-14 求 n 阶乘" 的窗体。

（2）在窗体中添加 2 个文本框 Text1、Text2 和 1 个命令按钮 Command1。在文本框 Text1 中输入一个整数，单击命令按钮后，在文本框 Text2 中显示计算出的阶乘结果。

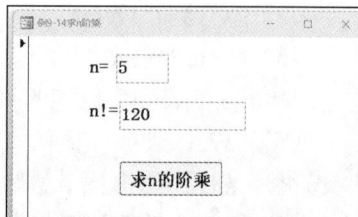

图 9-30　例 9-14 的窗体

（3）为命令按钮 Command1 编写 Click 事件代码，程序代码如下。

```
Private Sub Command1_Click()
      Dim i As Integer, n As Integer
      Dim s As Long
      i = 1
      s = 1                   '阶乘的初值设为1
      n = Text1.Value
      Do While i <= n
         s = s * i
         i = i + 1
      Loop
      Text2.Value = s     '在 Text2 中显示 n! 的值
End Sub
```

提示　程序代码运行时，如果输入整数对应的阶乘的结果超出长整型变量的范围，系统会出现 "溢出" 错误的提示，所以需要注意输入的整数范围。

格式 2：

```
Do
   循环体
Loop While 条件表达式
```

"Do …Loop While" 语句的执行步骤如下。

（1）执行循环体语句。

（2）执行到 "Loop While" 语句，判断条件是否成立。如果条件成立，则转到步骤（1）执行；如果条件不成立，则结束循环，执行 "Loop While" 语句后面的语句。

"Do …Loop While" 语句的执行过程如图 9-31 所示。

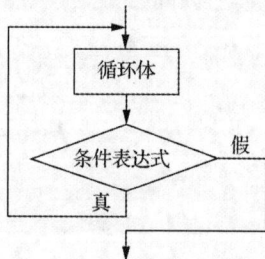

图 9-31　"Do …Loop While" 语句的执行过程

这两种格式的主要区别在于：

- "Do While…Loop" 语句是"先判断，后执行"，循环体可能一次也不被执行。
- "Do …Loop While" 语句是"先执行，后判断"，循环体至少被执行一次。

【例 9-15】输入 10 个学生的成绩，求出平均成绩并输出显示。

具体操作步骤如下。

（1）创建一个图 9-32 所示的名为"例 9-15 求学生平均成绩"的窗体。

（a）　　　　　　　　　　　　　　（b）

图 9-32　例 9-15 的窗体

（2）在窗体中添加一个命令按钮 Command1，标题设置为"平均成绩"，如图 9-32（a）所示。单击命令按钮后，先输入 10 个学生的成绩，然后在提示框中显示成绩的平均值，如图 9-32（b）所示。输入用 InputBox 函数实现，输出用 MsgBox 过程实现。

（3）为命令按钮 Command1 编写 Click 事件代码，程序代码如下。

```
Private Sub Command1_Click()
        Dim score As Integer, i As Integer, total As Integer, aver As Single
        total = 0
        i = 1
        Do
           score = Val( InputBox("请输入成绩：")) '将输入转换为数字型赋给score
           total = total + score                  '成绩进行累加
           i = i + 1
        Loop While i <= 10
        aver = total / 10                          '计算平均成绩
        MsgBox "平均成绩为：" & Str(aver)          '输出平均成绩
End Sub
```

9.7　VBA 自定义过程

VBA 除了对象本身具有的事件过程，还可以自定义过程来完成特定的操作。通常使用的过程有两种类型，即子过程和函数过程。

9.7.1　子过程声明和调用

在程序设计中，通常将某些反复使用的程序段定义成子过程，当需要使用这些程序段时，用户可调用相应的子过程，达到简化程序设计，实现程序复用的目的。

1. 子过程声明

子过程声明语句格式如下。

```
[Public|Private]  Sub 子过程名（[形参列表]）
```

```
        语句序列
End Sub
```

其中，"Public"关键字表示在程序的任何地方都可以调用该过程，"Private"关键字表示该过程只能被同一模块中的其他过程调用。调用子过程后，不返回任何值。

2．子过程调用

Sub 子过程的调用有以下两种格式。

格式 1：子过程名 [实参列表]

格式 2：Call 子过程名（[实参列表]）

> **提示** 用"Call"关键字调用时，实参必须用圆括号括起来；不用"Call"关键字调用时，不必使用圆括号。多个实参之间用逗号进行分隔。实参的个数和类型必须与形参的个数和类型保持一致。

【例 9-16】定义一个子过程 swap，实现将两个参数的值进行交换，并在一个窗体中调用该子过程。

具体操作步骤如下。

（1）创建一个图 9-33 所示的名为"例 9-16 调用过程的两数交换"的窗体。

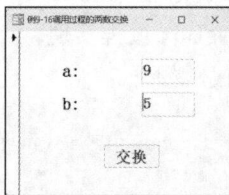
（a）
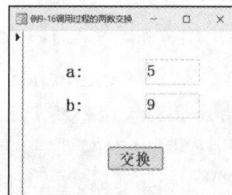
（b）

图 9-33　例 9-16 的窗体

（2）在窗体中添加 2 个文本框 Text1、Text2 和 1 个命令按钮 Command1。在文本框 Text1 和 Text2 中分别输入两个整数，单击命令按钮后调用子过程 swap，在文本框中显示两个数交换的结果。

（3）编写子过程 swap 和命令按钮 Command1 的 Click 事件代码。

子过程 swap 的代码如下。

```
Public Sub swap(x As Integer, y As Integer)
        Dim t As Integer
        t = x
        x = y
        y = t
End Sub
```

命令按钮 Command1 的 Click 事件代码如下。

```
Private Sub Command1_Click()
        Dim a As Integer, b As Integer
        a = Text1.Value
        b = Text2.Value
        swap a, b                              '调用子过程 swap
        Text1.Value = a
        Text2.Value = b
End Sub
```

9.7.2　函数声明和调用

函数也是一种过程。前文提到，VBA 中提供了大量的可以直接使用的标准函数，用户也可以根据自己的需要来定义函数以实现某些特定的功能。子过程与函数之间的区别是子过程没有返回值，而函数有返回值。

1．函数声明

函数声明的格式如下。

```
[Public|Private] Function 函数名([形参列表]) As 返回值数据类型
          语句序列
End Function
```

2．函数调用

函数的调用与标准函数的调用相同。由于函数会返回一个值，所以函数不能作为单独的语句进行调用，必须作为表达式或表达式的一部分使用。函数最简单的调用格式是将其返回值赋值给某个变量，格式如下。

```
变量=函数名([实参列表])
```

【例 9-17】计算 m!-n!。输入两个整数，计算两个数阶乘的差，编写函数实现求阶乘。

具体操作步骤如下。

（1）创建一个图 9-34 所示的名为"例 9-17 两个数阶乘的差值"的窗体。

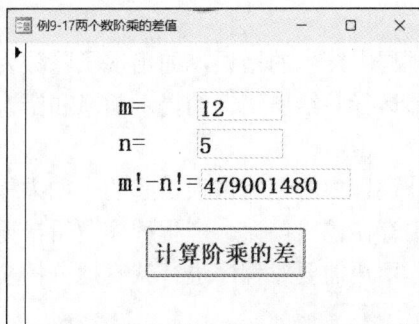

图 9-34　例 9-17 的窗体

（2）在窗体中添加 3 个文本框 Text1、Text2、Text3 和 1 个命令按钮 Command1。在文本框 Text1 和 Text2 中分别输入两个整数，单击命令按钮后，在文本框 Text3 中显示两个数阶乘的差值。

（3）编写程序代码。

求阶乘函数 f 的代码如下。

```
Public Function f(n As Integer) As Long        '求阶乘的函数，返回值为长整型
     Dim i As Integer
     f = 1
     For i = 1 To n
        f = f * i                              '与函数名同名的变量值作为函数的返回值
     Next i
End Function
```

命令按钮 Command1 对象的 Click 事件的代码如下。

```
Private Sub Command1_Click()
        Dim m As Integer, n As Integer
        Dim ca As long
        m = Text1.Value
        n = Text2.Value
        ca = f(m) - f(n)                        '两次调用 f 函数求阶乘
        Text3.Value = ca
End Sub
```

9.8　VBA 程序调试

程序在运行时可能出现各种错误，在程序中查找并改正错误的过程称为程序调试。

9.8.1　错误类型

程序中的错误主要有编译错误、运行错误和程序逻辑错误等几种类型。

1．编译错误

编译错误是在程序编写过程中出现的，主要是由语句的语法错误引起的，如命令拼写错误、括号不匹配、数据类型不匹配、"If"语句中缺少"Else"等。

编辑程序时输入了错误的语句后，编译器会随时指出。如果输入的语句显示为红色，则表示该语句出现了错误，用户需要根据系统提示及时改正。

2．运行错误

运行错误是在程序运行过程中发生的错误，如出现了除数为 0、调用函数的参数类型不符等的情况。此时系统将暂停运行并给出错误的提示信息和错误的类型。

3．程序逻辑错误

程序逻辑错误是程序设计过程中的逻辑错误引起的。如果程序运行后得到的结果与期望的结果不同，则可能是程序中存在逻辑错误。产生程序逻辑错误的原因有很多方面，这种错误是最难查找和处理的错误，用户需要对程序进行认真地分析来找出错误之处并进行改正。

9.8.2　程序调试

VBA 程序调试包括设置断点、调试工具等方法。

1．设置断点

用户在调试程序时可以为语句设置断点，当程序执行到设置了断点的语句时会暂停运行进入中断状态。

选择语句行后，为该语句设置或取消断点的方法有以下几种。

方法 1：打开"调试"菜单，单击"切换断点"选项。

方法 2：单击语句左侧的灰色边界条。

方法 3：按下 F9 键。

2．调试工具

调试工具一般是与断点配合使用的。设置断点后，当运行窗体时，系统会暂停在断点位置，这时可以使用调试工具或"调试"菜单中的相应功能来查看程序的执行过程和状态。

例如，调试求 5! 的程序代码，设置的断点如图 9-35 所示。打开"运行"菜单，单击"继续"选项，在立即窗口中显示变量 i 和 s 的值，如图 9-36 所示。本地窗口中显示出所有变量的值和类型，如图 9-37 所示。

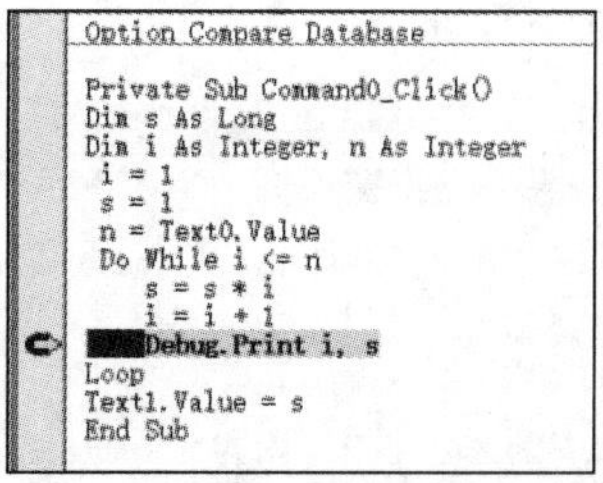

图 9-35　设置断点

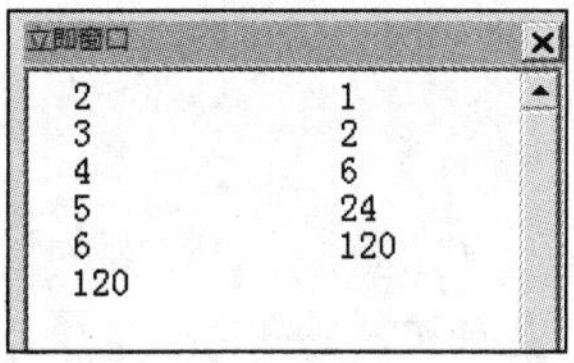

图 9-36　显示变量的值

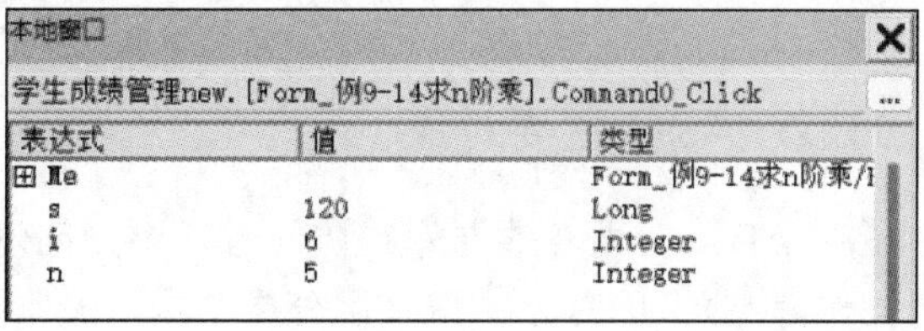

图 9-37　显示所有变量的值和类型

9.9　VBA 数据库编程

使用 VBA 编程技术访问 Access 数据库是开发数据库应用系统的重要技术手段。

9.9.1　ADO 概述

VBA 通过数据库引擎工具来支持对数据库的访问。数据库引擎是应用程序与物理数据库之间的桥梁，通过接口的方式，用户可以使用相同的数据访问和处理方式访问不同类型的数据库。主要的接口技术有：ODBC API（开放数据库互联应用编程接口）、DAO（数据访问对象）和 ADO（ActiveX 数据对象）3 种。其中 ADO 是 DAO 的后继产物，扩展了 DAO 的层次对象模型，简单易用，是当前数据库开发的主流接口技术。

1．ADO

ADO（ActiveX Data Object，ActiveX 数据访问对象）是 Microsoft 公司提供的通用数据库访问技术。ADO 是基于组件的数据库编程接口，是一个与编程语言无关的 COM 组件系统，可以很方便地连接符合 ODBC 标准的数据库。

ADO 编程模型定义一组对象，用于访问和更新数据源。它提供一系列方法完成连接数据源、执行查询命令、添加记录、更新记录、删除记录等操作。

2．在 VBA 中引用 ADO 类库

ADO 采用面向对象方法设计，在 VBA 中使用 ADO 的组件对象，需要先引用 ADO 类库。引用设置操作步骤如下。

（1）在 VBE 窗口中选择"工具"菜单中的"引用"选项，打开"引用"对话框。

（2）在"可使用的引用"列表框中勾选"Microsoft ActiveX Data Objects 6.1 Library"复

选框，如图 9-38 所示。

（3）单击"确定"按钮完成引用。

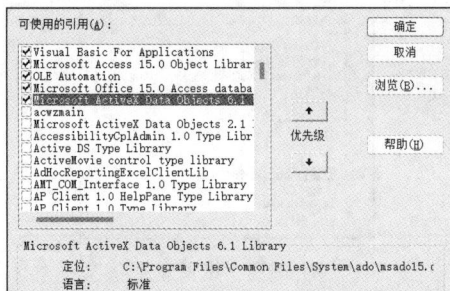

图 9-38　引用 ADO 类库

9.9.2　ADO 主要对象

使用 ADO 实现对数据库的访问时，要先创建对象实例，再通过对象实例的属性和方法进行操作。ADO 的对象模型采用分层结构，经常使用的对象有 Connection 对象、Recordset 对象和 Command 对象。

1. Connection 对象

Connection 对象的作用是建立与数据源的连接，只有连接成功后才能访问数据源。

（1）定义 Connection 对象

要创建数据源的连接，需先定义一个 Connection 对象，其方法为：

```
Dim 对象名 As ADODB.Connection
Set 对象名= New ADODB.Connection
```

例如：创建一个名为 cnn 的连接。

```
Dim cnn As ADODB.Connection
Set cnn= New ADODB.Connection
```

也可以将以上两条语句合并为一条语句。

```
Dim cnn As New ADODB.Connection
```

创建成功后，可以用 Provider 属性设置 OLE-DB 数据提供者的名称；用 ConnectionString 属性指定数据源的信息。

例如：

```
cnn.Provider="Microsoft.ACE.OLEDB.12.0"
cnn.ConnectionString="Data Source=D:\学生成绩管理.accdb"
```

如果连接的是当前数据库，可以将以上两条语句替换为一条语句。

```
Set cnn=CurrentProject.Connection
```

（2）Connection 对象的方法主要有 Open、Execute 和 Close。

① Open 方法：创建连接后调用 Open 方法打开这个连接。

例如：打开 cnn 连接。

```
cnn.Open
```

② Execute 方法：用于执行指定的 SQL 语句。

③ Close 方法：关闭与数据库的连接。

例如：关闭 cnn 连接。

```
cnn.Close
```

2. Recordset 对象

Recordset 记录集对象是最常用的 ADO 对象，从数据源获取的数据存放在 Recordset 记录集对象中。简单地说 Recordset 对象就是临时表，把查询到的数据放到 Recordset 对象后就可以自由地操作记录数据了。用户可以使用 Recordset 记录集对象的方法和属性定位到数据行，查看数据行中的值或操作记录集中的数据。

（1）创建 Recordset 记录集对象

方法为：

```
Dim 对象名 As ADODB.Recordset
Set 对象名= New ADODB.Recordset
```

例如：创建一个名为 rs 的记录集对象。

```
Dim rs As ADODB.Recordset
Set rs= New ADODB.Recordset
```

也可以将以上两条语句合并为一条语句。

```
Dim rs As New ADODB.Recordset
```

（2）打开 Recordset 对象

Open 方法用来打开 Recordset 记录集对象，其方法为：

```
对象名.Open Source, ActiveConnection, CursorType, LockType, Options
```

其中：

- Source：指定打开的记录源信息，可以是 SQL 命令、表名等。

- ActiveConnection：指定所用的连接，可以是 Connection 对象。通常连接的是当前数据库，使用的参数为：CurrentProject.Connection。

- CursorType：指定记录集中游标的移动方式。游标可以控制记录的定位，游标指向的记录称为当前记录，其参数和说明如表 9-6 所示。

表 9-6　　　　　　　　　　　　　　CursorType 参数说明

常量	值	说明
adOpenForwardOnly	0	默认值。仅限向前游标，在记录中只能向前滚动
adOpenKeyset	1	键集游标。其他用户添加和删除记录均不可见
adOpenDynamic	2	动态游标。其他用户添加、更改和删除记录均可见
adOpenStatic	3	静态游标。可用于查询数据，其他用户的操作不可见

- LockType：指定编辑过程中当前记录的锁定类型，是可选项。

- Options：指定计算 Source 参数的方式，是可选项。

3. Command 对象

连接到数据库后，Command 对象的作用是定义并执行针对数据源运行的具体命令，如 SQL 查询。它可以通过 Recordset 对象返回一个满足条件的记录集，其格式为：

```
Dim 对象名 As ADODB.Command
Set 对象名=New ADODB.Command
```

创建一个 Command 对象后，通过设置 Command 对象的 ActiveConnection 属性连接数据库（如，CurrentProject.Connection 连接当前数据库）；再通过使用 CommandText 属性来定义命令（如 SQL 语句）的可执行文本；最后调用 Command 对象的 Execute 方法执行命令并返回记录集。

例如：执行 CommandText 的 SQL 命令（查询学生的姓名、性别和入学总分）后，将查询结果存储到 rs 的记录集中。

```
Dim cmd As New ADODB.Command
cmd.ActiveConnection = CurrentProject.Connection
cmd.CommandText = "Select 姓名,性别,入学总分 From 学生表"
Set rs = cmd.Execute
```

4．Field 对象

除了上述 3 个主要的对象，可能会使用到 Field 字段对象，它包含 Recordset 记录集对象中的某一列信息，Recordset 对象的每一列对应一个 Field 对象。

Field 对象的常用属性有：Name（字段名称）和 Value（字段值）。

9.9.3　操作记录集中的数据

从数据源获取数据后我们就可以对数据进行浏览、添加、删除和更新等操作。

1．浏览记录集中的数据

（1）BOF 属性和 EOF 属性

* BOF 属性：用于检查当前游标是否在第一条记录之前，如果是，返回 True；否则返回 False。

* EOF 属性：用于检查当前游标是否在最后一条记录之后即记录集的末尾，如果是，返回 True；否则返回 False。

如果记录集为空，则 BOF 和 EOF 的值均为 True。

（2）Filter 属性

Filter 属性用来指定记录集的过滤条件，只有满足条件的记录才会被筛选出来。

例如：在 rs 的记录集中筛选出性别为“女”的学生信息。

```
rs.Filter=" 性别='女' "
```

（3）移动游标的方法

打开某个记录集时，游标自动指向第一条记录。Recordset 记录集对象提供了以下几种方法来控制游标在记录集中移动的方式。

* MoveFirst：将游标移到第一条记录。

* MoveLast：将游标移到最后一条记录。

* MoveNext：将游标移到当前记录的下一条记录。

* MovePrevious：将游标移到当前记录的上一条记录。

【例 9-18】在模块中编写子过程，显示学生表中女生的姓名、性别和入学总分。

具体操作步骤如下。

（1）创建一个模块，选择“工具”菜单中的“引用”选项，在“可使用的引用”列表框中勾选“Microsoft ActiveX Data Objects 6.1 Library”复选框。

（2）输入子过程 p 的程序代码如下。

```
Private Sub p()
```

```
        Dim rs As New ADODB.Recordset
        Dim cmd As New ADODB.Command
        cmd.ActiveConnection = CurrentProject.Connection          '连接当前数据库
        cmd.CommandText = "select 姓名,性别,入学总分 from 学生表"      '定义命令
        Set rs = cmd.Execute                                     '执行命令，返回记录集
        rs.Filter = "性别='女'"                                   '设置筛选条件，筛选出女学生
        Do While Not rs.EOF
            Debug.Print rs("姓名"), rs("性别"), rs("入学总分")      '在立即窗口中输出当前记录
            rs.MoveNext                                          '游标移动到下一条记录
        Loop
        rs.Close
End Sub
```

（3）将鼠标定位于程序代码的最后一行，然后选择"调试"菜单中的"运行到光标处"，在"立即窗口"中显示运行的结果如图 9-39 所示。

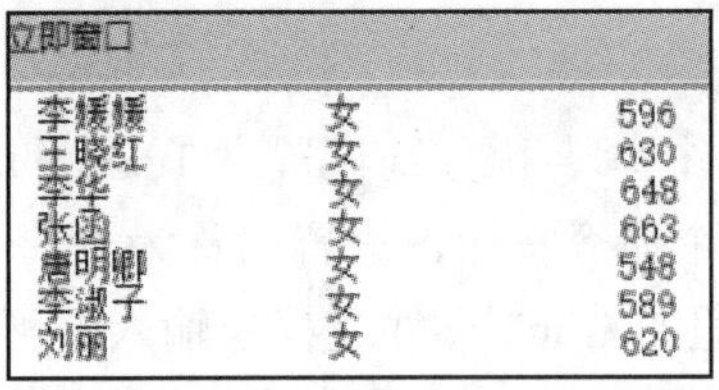

图 9-39　显示记录集中女学生的信息

2. 编辑记录集中的数据

可以使用以下的方法实现对记录集的添加、删除和更新操作。

（1）AddNew 方法

AddNew 方法用于在 Recordset 记录集对象中添加一条记录，其格式为：

```
对象名.AddNew FieldList, Values
```

其中：FieldList 是字段名称，Values 是字段值。这两项均为可选项。如果缺省这两个参数，则在记录集中添加一条空白记录。

（2）Delete 方法

Delete 方法用于删除 Recordset 记录集对象中的一条或多条记录，其格式为：

```
对象名.Delete AffectRecords
```

其中：AffectRecords 默认值为 1，只删除当前记录；如果值为 2，则删除符合 Filter 属性的记录。

（3）Update 方法

Update 方法用于将 Recordset 记录集对象中对当前记录的修改保存到数据库表中，其格式为：

```
对象名.Update
```

提示　　对 Recordset 记录集对象中的记录进行修改、删除或添加了新记录后，必须使用 Update 方法才能保存到数据库表中；否则数据库表中数据没有改变。

【例 9-19】在窗体中输入课程编号和课程名称后，在课程表中添加一条记录。

具体操作步骤如下。

（1）创建一个图 9-40 所示的名为"例 9-19 添加记录"的窗体。

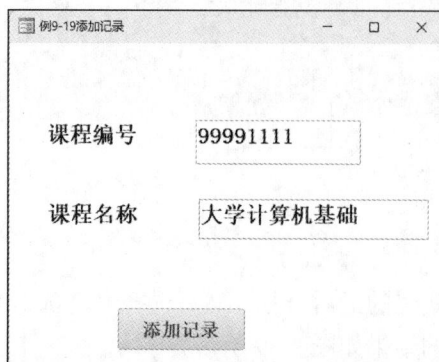

图 9-40　例 9-19 的窗体

（2）在窗体中添加两个文本框，名称分别设置为 Text1 和 Text2，标签分别设置为"课程编号"和"课程名称"；添加一个命令按钮，设置名称为 Command0，标题为"添加记录"。

（3）在 Command0 命令按钮的 Click 事件过程中输入如下的程序代码。

```
Private Sub Command0_Click()
    Dim rs As ADODB.Recordset
    Set rs = New ADODB.Recordset
    Dim strsql As String
    Dim kcbh As String, kcmc As String
    strsql = "Select * From 课程表"
    rs.Open strsql, CurrentProject.Connection, adOpenKeyset, adlockoptimistic
    kcbh = Text1.Value
    kcmc = Text2.Value
    rs.AddNew                        '添加空白记录
    rs("课程编号") = kcbh            '将输入的数据填入记录集的空白记录中
    rs("课程名称") = kcmc
    rs.Update                        '将数据集更新到数据库表中
    rs.Close
End Sub
```

（4）在窗体视图中分别输入课程编号和课程名称，单击"添加记录"按钮后，打开如图 9-41 课程表，可以看到表中已经成功添加了一条记录。

图 9-41　课程表记录

提示　在打开 Recordset 记录集对象时，LockType 属性的默认值为只读，不能添加记录，应将其设置为 adLockOptimistic 才能实现对表中数据的修改。

【例 9-20】调整课程表中部分课程的学分：将学分大于等于 4 分的减少 0.5 分；学分小于等于 2 分的增加 0.5 分。

具体操作步骤如下。

（1）创建一个图 9-42 所示的名为“例 9-20 调整学分”的窗体。

（2）在窗体中添加一个命令按钮，设置名称为 Command0，标题为“调整学分”。

（3）在 Command0 命令按钮的 Click 事件过程中输入如下的程序代码。

```
Private Sub Command0_Click()
        Dim rs As New ADODB.Recordset
        Dim fld As ADODB.Field
        Dim strsql As String
        strsql = "Select 学分 From 课程表"
        rs.Open strsql,CurrentProject.Connection, adOpenDynamic, adLockOptimistic
        Set fld = rs.Fields("学分")
        Do While Not rs.EOF
           If fld >= 4 Then
              fld = fld - 0.5
              rs.Update
            ElseIf fld <= 2 Then
                fld = fld + 0.5
                rs.Update
           End If
           rs.MoveNext
         Loop
         rs.Close
End Sub
```

（4）在窗体视图中单击“调整学分”按钮后，打开图 9-43 所示的课程表，可以看到表中原来学分为 2 的已经修改为 2.5，原来学分为 4 的已经修改为 3.5。

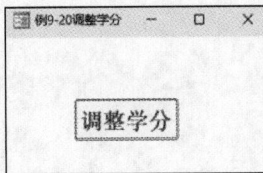

图 9-42　例 9-20 的窗体

课程表

课程编号	课程名称	学分
10101400	学术英语	3.5
10101410	通用英语	3
10300710	现代控制理论	2.5
10400350	模拟电子技术基础	3.5
10500131	证券投资学	2.5
10600200	C语言程序设计	3.5
10600450	无线网络安全	2.5
10600611	数据库应用	3.5
10700053	大学物理	3.5
10700140	高等数学	3.5
10700462	线性代数	3

图 9-43　学分修改后的课程表

【例 9-21】输入课程名称，统计选修了该课程的各分数段的人数。

具体操作步骤如下。

（1）创建一个图 9-44 所示的名为“例 9-21 统计各分数段的人数”的窗体。

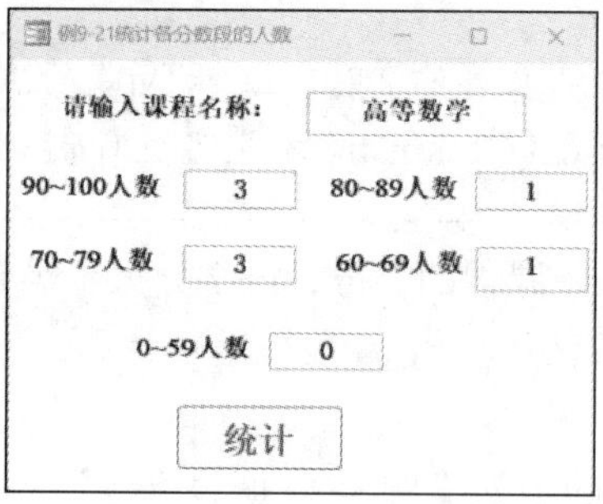

图 9-44　例 9-21 的窗体

（2）在窗体中添加 6 个文本框，名称分别设置为 Text0～Text5，其中 Text0 的标签标题设置为"请输入课程名称:"；其他 Text1～Text5 分别为 5 个分数段；添加一个命令按钮，设置名称为 Command0，标题为"统计"。

（3）在 Command0 命令按钮的 Click 事件过程中输入如下的程序代码。

```
Private Sub Command0_Click()
    Dim rs As New ADODB.Recordset
    Dim strsql As String, name As String
    Dim k1 As Integer, k2 As Integer, k3 As Integer, k4 As Integer, k5 As Integer
    Dim fld As ADODB.Field
    name = Text0.Value
    strsql="Select 成绩 From 课程表 Inner Join 选课成绩表 On 课程表.课程编号=选课成绩表.课程编号 Where 课程名称='" & name & "'"
    rs.Open strsql, CurrentProject.Connection, adOpenDynamic, adLockOptimistic, adCmdText
    Set fld = rs.Fields("成绩")
    Do While Not rs.EOF
        Select Case fld.Value
            Case Is >= 90
                k1 = k1 + 1
            Case 80 To 89
                k2 = k2 + 1
            Case 70 To 79
                k3 = k3 + 1
            Case 60 To 69
                k4 = k4 + 1
            Case Else
                k5 = k5 + 1
        End Select
        rs.MoveNext
    Loop
    Text1.Value = k1
    Text2.Value = K2
    Text3.Value = K3
    Text4.Value = k4
    Text5.Value = k5
    rs.Close
End Sub
```

（4）在窗体视图中输入课程名称"高等数学"，单击"统计"按钮后的结果如图 9-44 所示。

如果要将变量的值或控件的值传给 SQL 命令，应在 SQL 命令中引用该变量或控件，格式为："'" & 变量名 &"'"。

9.10　课堂案例：学生成绩管理数据库的 VBA 编程

在熟练掌握 VBA 的控制结构编写程序后，可以使用 ADO 接口访问数据库来解决实际的应用问题。

1．VBA 程序设计

综合应用 3 种控制结构编写程序。

【课堂案例 9-1】输入一个日期值，显示该年该月的天数。

分析：根据历法知识，每年 12 个月的天数分为 3 种情况，1、3、5、7、8、10、12 月份的天数为 31 天，4、6、9、11 月份的天数为 30 天，平年 2 月份为 28 天，闰年 2 月份为 29 天。程序采用多分支"Select Case"语句，在 2 月的情况下，需要用二分支"If"结构判断该月所在年是否为闰年。

具体操作步骤如下。

（1）创建一个图 9-45 所示的名为"课堂案例 9-1"的窗体。

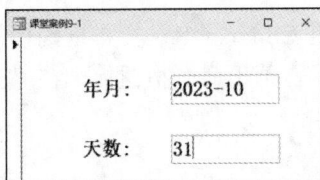
（a）

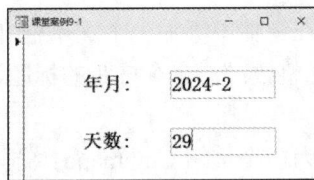
（b）

图 9-45　课堂案例 9-1 的窗体

（2）在窗体中添加两个文本框 Text1 和 Text2，其标签分别设置为"年月："和"天数："，在文本框 Text1 中进行输入，在文本框 Text2 中实现输出。

（3）为 Text2 文本框的 GotFocus 事件过程编写程序代码。

```
Private Sub Text2_GotFocus()
    Dim m As Integer, y As Integer, days As Integer
    m = Month(Text1.Value)                  ' Month()函数返回月份
    y = Year(Text1.Value)                   ' Year()函数返回年
    Select Case m
        Case 1, 3, 5, 7, 8, 10, 12
            days = 31
        Case 2                              '是 2 月时，需要判断是否为闰年
        If y Mod 4=0 And y Mod 100<>0 Or y Mod 400=0 Then
            days = 29
        Else
            days = 28
        End If
        Case 4, 6, 9, 11
            days = 30
```

```
        End Select
        Text2.Value = days
End Sub
```

（4）在窗体视图中分别输入 2023-10、2024-2 后的效果分别如图 9-45（a）、（b）所示。

【课堂案例 9-2】输入任意一个整数，判断该数是否为素数并输出判断结果。

分析：素数是指一个大于 1 的自然数，除了 1 和此整数自身外，不能被其他自然数整除。判断 x 是否为素数的算法是首先将表示素数的变量 flag 设置为 True，用 x 依次除以 n（n= 2、3、…、x-1）。如果能被整除，则说明 x 不是素数，将表示素数的变量 flag 设置为 False，退出循环体；否则 n 值增加 1，继续检测是否能够整除。循环结束后，根据 flag 的值判断是否为素数，变量 flag 为 False 时，x 不是素数，否则 x 是素数。

具体操作步骤如下。

（1）创建一个图 9-46 所示的名为"课堂案例 9-2"的窗体。

（a）   （b）

图 9-46   课堂案例 9-2 的窗体

（2）在窗体中添加一个文本框 Text1 和一个命令按钮 Command1。文本框的标签设置为"输入一个整数："，命令按钮的标题设置为"是否为素数"。单击命令按钮后，在对话框中显示结果。

（3）为命令按钮 Command1 编写 Click 事件代码如下。

```
Private Sub Command1_Click()
        Dim x As Integer, n As Integer, flag As Boolean     '变量 flag 为布尔型
        flag = True                                         '变量 flag 的初值为 True
        x = Text1.Value
        For n = 2 To x - 1
          If x Mod n = 0 Then      '如果 x 能够被 n 整除，则 x 不是素数，将 flag 赋值为 False
            flag = False
            Exit For               '已经判断出该数不是素数，退出循环过程
          End If
        Next n
        If flag = False Then             '如果 flag 的值为 False，则该数不是素数，否则该数是素数
          MsgBox Str(x) & "不是素数"
        Else
          MsgBox Str(x) & "是素数"
        End If
End Sub
```

（4）在窗体视图中分别输入 29、65，单击"是否为素数"按钮的效果分别如图 9-46（a）、（b）所示。

2. VBA 数据库编程

使用数据库访问接口 ADO 实现对学生成绩管理数据库进行编程。

【**课堂案例 9-3**】设计一个向"用户表"中添加记录的窗体。

（1）在数据库中添加一张"用户表"，用于保存每个用户的用户名和密码，其表结构如表 9-7 所示。

表 9-7　　　　　　　　　　　　　　　　　"用户表"表结构

字段名称	数据类型	字段大小	说明
用户名	短文本	20	主键
密码	短文本	10	

（2）创建一个图 9-47 所示的名为"课堂案例 9-3"的窗体。

（3）在窗体中添加两个文本框，名称分别设置为 Text1 和 Text2，将这两个文本框的标签分别设置为"用户名："和"密码："；将 Text2 的输入掩码设置为"密码"，使得无论输入任何数据，均显示若干个*号；添加一个命令按钮，设置名称为 Command1，标题为"添加记录"。

（4）为 Command1 命令按钮的 Click 事件过程输入如下的程序代码。

```
Private Sub Command1_Click()
    Dim rs As New ADODB.Recordset
    Dim strsql As String
    Dim name As String, password As String
    strsql = "Select * From 用户表"
    rs.Open strsql, CurrentProject.Connection, adOpenKeyset, adLockOptimistic
    If Text1.Value <> "" And Text2.Value <> "" Then  '检查用户名和密码是否均不为空
        name = Text1.Value
        password = Text2.Value
        rs.AddNew                               '添加一条空记录
        rs("用户名") = name
        rs("密码") = password
        rs.Update                               '将添加的记录保存到表中
    Else
        MsgBox "用户名和密码不能为空，请输入！"
        Text1.SetFocus
    End If
    rs.Close
End Sub
```

（5）在窗体视图中分别输入张丽丽、王小明、赵燕 3 个用户的信息，并单击"添加记录"按钮后，打开"用户表"可以看到添加的用户。

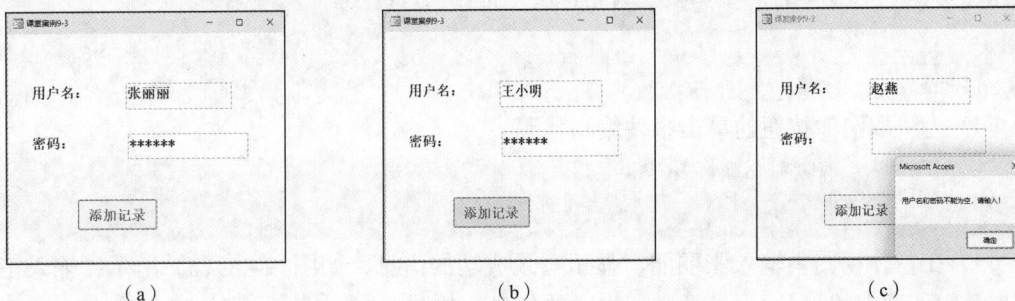

　　　　（a）　　　　　　　　　　　　（b）　　　　　　　　　　　　（c）

图 9-47　课堂案例 9-3 的窗体

【**课堂案例 9-4**】设计一个用户登录窗体。用户在该窗体中输入用户名和密码，判断在用户表中是否存在该用户，如果存在则显示欢迎使用信息；否则显示用户名或密码错误信息。

（1）创建一个图 9-48 所示的名为"课堂案例 9-4"的窗体。

（2）在窗体中添加一个标签，设置标签的标题属性为"学生成绩管理系统用户登录"；两个文本框，名称分别设置为 Text1 和 Text2，标签标题分别设置为"用户名："和"密码："，Text2 的输入掩码设置为"密码"；添加两个命令按钮，名称分别设置为 Command1 和Command2，标题分别设置为"确定"和"取消"。

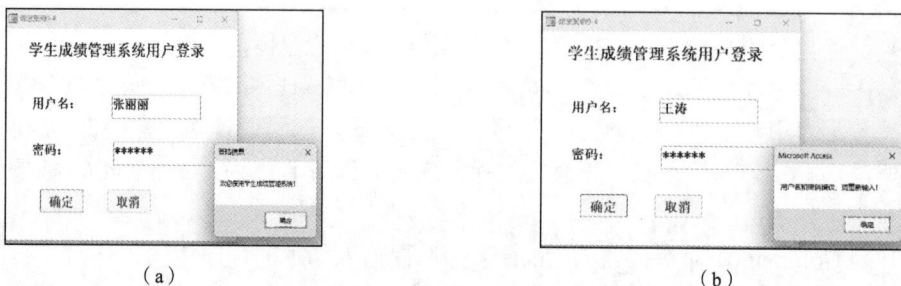

（a）　　　　　　　　　　　　　　　　　（b）

图 9-48　课堂案例 9-4 的窗体

（3）为"确定"按钮的 Click 事件编写代码。

```
Private Sub Command1_Click()
    Dim rs As New ADODB.Recordset
    Dim strsql As String
    Dim name As String, password As String
    name = Text1.Value
    password = Text2.Value
    If name = "" Or password = "" Then
        MsgBox "用户名和密码不能为空！"
    Else
        strsql = "Select * From 用户表 Where 用户名='" & name & "' and 密码='" & password
& "'"
        rs.Open strsql, CurrentProject.Connection, adOpenKeyset
        If rs.EOF Then        '如果 rs.EOF 为真，表示在用户表中没有该用户名或密码不正确
            MsgBox "用户名或密码错误，请重新输入！"
            Text1.Value = ""
            Text2.Value = ""                '清空已输入的用户名和密码
            Text1.SetFocus         '将光标设置在用户名对应的文本框中，等待用户重新输入
        Else
            MsgBox "欢迎使用学生成绩管理系统！", vbOKOnly, "登录信息"
        End If
    End If
End Sub
```

（4）为"取消"按钮的单击事件编写代码。

```
Private Sub Command2_Click()
    DoCmd.Close
End Sub
```

（5）在窗体视图中输入张丽丽，显示登录成功的信息，如图 9-48（a）所示；输入王涛（用户表中不存在的记录），显示登录失败的信息，如图 9-48（b）所示。

【理论练习】

一、单项选择题

1．如果在 VBA 中未用显式声明来定义变量的数据类型，则变量默认的数据类型是（　　）。

    A．Int　　　　　　　B．String　　　　　　C．Variant　　　　　D．Boolean

2．下列数据类型中，不属于 VBA 程序设计的是（　　）。

    A．指针型　　　　　B．变体型　　　　　C．布尔型　　　　　D．字符型

3．下列日期常量的表示形式正确的是（　　）。

    A．{2020/1/1}　　　B．2020/1/1　　　　C．"2020/1/1"　　　D．#2020-1-1#

4．下列赋值语句中正确的是（　　）。

    A．a+b=8　　　　　B．a=b=8　　　　　C．a="3"+"5"　　　D．8=a+b

5．VBA 程序中多条语句写在一行内时，需要使用（　　）符号在多个语句之间进行分隔。

    A．:　　　　　　　　B．;　　　　　　　　C．'　　　　　　　　D．&

6．将文本框 Text1 赋值为 100 的正确语句是（　　）。

    A．Text1.Caption = 100　　　　　　　　B．Text1.Name = 100

    C．Text1.SetFocus = 100　　　　　　　D．Text1.Value = 100

7．下列变量名中合法的是（　　）。

    A．a-b　　　　　　　B．3a　　　　　　　C．next　　　　　　D．a3

8．下列表达式中能够正确表示数学公式 πr^2 的是（　　）。

    A．$\pi * r ^ 2$　　　　　B．πr^2　　　　　　C．3.14 * r * r　　　D．$3.14 * r^2$

9．下列不属于对象基本特征的是（　　）。

    A．函数　　　　　　B．事件　　　　　　C．属性　　　　　　D．方法

10．使用 ADO 访问数据库时，从数据源获取的数据存放在（　　）对象中。

    A．Command　　　　B．Recordset　　　　C．Connection　　　D．Project

二、填空题

1．公式 $x = \dfrac{-b + \sqrt{b^2 - 4ac}}{2a}$ 的 VBA 表达式为＿＿＿＿＿＿。

2．Dim s(5) As Integer 定义的数组中包含了＿＿＿＿＿＿个数组元素。

3．VBA 的基本程序结构有顺序结构、选择结构和＿＿＿＿＿＿。

4．循环语句"For i = 1 To 25 Step 6"的循环体将被执行＿＿＿＿＿＿次。

5．将 Recordset 记录集对象中对当前记录的修改保存到数据库表中的方法是＿＿＿＿＿＿。

【项目实训】图书馆借还书管理数据库的 VBA 编程

一、实训目的

1．掌握输入函数、输出函数和输出过程的使用方法。

2．掌握程序控制结构的设计方法。

3．了解使用数据库访问接口 ADO 的数据库编程方法。

二、实训内容

1．创建"计算三角形面积"的窗体。输入 3 条边的值。单击命令按钮后，首先判断该 3 条边是否构成三角形，若能构成三角形，则输出三角形的面积，否则输出"不是三角形！"的信息。输出使用"MsgBox"实现。将其命名为"项目实训 9-1"。

提示：三角形的面积公式为 $\sqrt{s(s-a)(s-b)(s-c)}$ ，其中 $s=\dfrac{(a+b+c)}{2}$ 。

2．创建"学生成绩评定"的窗体。输入一个学生的成绩，单击命令按钮后，使用"MsgBox"显示该学生的成绩评定。成绩在 90～100 之间的为"优秀"，在 80～89 之间的为"良好"，在 70～79 之间的为"中等"，在 60～69 之间的为"及格"，在 0～59 之间的为"不及格"。将其命名为"项目实训 9-2"。

3．创建"求 n 以内奇数和"的窗体。输入 n 的值，输出 n 以内的所有的奇数之和。将其命名为"项目实训 9-3"。

4．使用 ADO 数据库访问编程，创建向图书表添加记录的窗体。输入图书编号、书名、作者、出版社、出版日期和定价，在图书表添加一条记录。将其命名为"项目实训 9-4"。

【实战演练】商品销售管理数据库的 VBA 编程

1．创建"华氏温度转换摄氏温度"的窗体。使用"InputBox"输入一个华氏温度 F，使用"MsgBox"输出其对应的摄氏温度 C。转换公式为"C=5(F-32)/9"。

2．创建"平方求和"的窗体。输出 $1^2+2^2+3^2+\cdots+10^2$ 的结果。

3．使用 ADO 数据库编程，创建会员注册的窗体，在窗体中输入会员的编号、昵称信息后，添加到会员表中。

4．使用 ADO 数据库编程，创建会员登录的窗体，如果输入的会员编号和昵称均正确，则弹出"欢迎！"对话框，否则弹出"会员编号或昵称错误，请重新输入"对话框。